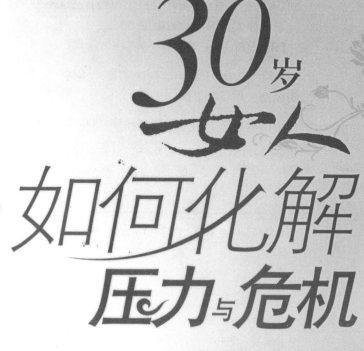

30岁女人如何化解压力与危机

Midlife Crisis at 30

［美］莉阿·麦考　柯莉·鲁宾　著

鲁刚伟　何伟　译

中国社会科学出版社

图书在版编目（CIP）数据

30 岁女人如何化解压力与危机/（美）莉阿·麦考,柯莉·鲁宾著;鲁刚伟,何伟译. —北京:中国社会科学出版社,2008.2

书名原文:Midlife Crisis at 30

ISBN 978 - 7 - 5004 - 6596 - 6

Ⅰ.30… Ⅱ.①莉…②柯…③鲁…④何… Ⅲ.女性 - 压抑（心理学） - 通俗读物 Ⅳ.B842.6 - 49

中国版本图书馆 CIP 数据核字（2007）第 190528 号

版权贸易合同登记号 图字:01 - 2005 - 3705

责任编辑 王 茵
责任校对 李小冰
封面设计 久品轩
责任印制 戴 宽

出版发行 中国社会科学出版社
社　　址 北京鼓楼西大街甲 158 号　　邮　编 100720
电　　话 010 - 84029453　　传　真 010 - 84017153
网　　址 http://www.csspw.cn
经　　销 新华书店
印　　刷 华审印刷厂　　装　订 广增装订厂
版　　次 2008 年 2 月第 1 版　　印　次 2008 年 2 月第 1 次印刷
开　　本 700×1000　1/16
印　　张 15.75　　插　页 2
字　　数 300 千字
定　　价 28.00 元

目　录

致　谢

莉阿·麦考

感谢我极为开明的亲爱的父母卡伦·麦考和迈克·麦考，他们一直支持我每一次忠实于自己判断的不合传统的职业选择，而且，都能坦然接受我的选择结果——这是他们送给我的让我感激不尽的礼物，是对我勇气的褒奖。感谢我天资聪颖的兄弟詹姆斯·麦考，我深为他自豪，他让我很小的时候就懂得了自嘲的艺术。

感谢我的家庭中给我以激励的几代女士们——我的伯祖母，在还没有多少女性投身到商务领域时，她就拥有了一家企业，而且自己经营；感谢玛丽·鲁利，她帮我母亲出色地照顾孩子，使我母亲能够全身心地投入职业生涯。感谢漂亮而富有才情的年轻女孩们——我的教女也是我的侄女们：杰姬·布兰德，莱克西·斯多克，布雷斯·鲁丽，还有特里娜、莫里以及马尔戈·奥兰多，我坚信，她们会在一个为女性提供更多机会的世界中取得令人瞩目的成功。

感谢支持我的优秀朋友和读者们；感谢阿尔伯特·加西亚，感谢你在迈阿密的家庭给予我的支持和盛情款待，感谢你们的慷慨；感谢特丽萨·梅尔斯，你用你的真知灼见激发了我的生活热情；感谢萨姆·荷兰德，感谢你的睿智，感谢你无论在我得意还是失意的时候总是用友谊围绕着我；感谢吉尔·罗伯特，感谢你组织的美妙而快乐的聚会，感谢你让我们享受了那么多难忘的周末和美好的旅行；感谢约翰·帕特里克，我忠诚的朋友，感谢你对我聪明的导引。

柯莉·鲁宾

小时候，每当我们全家一起在电视上观看奥斯卡颁奖仪式、美国妇女奖（Ms. America）或其他颁奖庆典时，父亲总是说："知道吗，某某（提及获奖者的名字）一定是个优秀的人，因为他获奖后首先感谢的是他的父母。"所以，我首先要感谢埃里克·鲁宾和谢莉·鲁宾。你们给予我的鼓励、爱、教诲和信心让我感激不尽。

我还要特别感谢我伟大的母亲贝弗莉·乔伊斯，还有我所有的兄弟姐妹们（我同时也能成为他们的朋友是多么幸运啊）：乔希和古德龙·鲁宾，亚历克西斯·鲁宾以及安德鲁·鲁宾。我还要感谢家里几位始终激励我的女性：我的婆婆帕特丽夏·雷特纳尔，我的外祖母希尔达·吉尔克，我要感谢我的祖母多萝西·鲁宾，她是我认识的最优雅的女性。

我要把我的感激之情献给充满洞见并关爱着我的读者们，他们的卓见既给了我生活上的帮助，也对我完成本项目多有助益，他们是：谢莉·鲁宾，罗谢尔·鲁宾，古德龙·鲁宾和盖尔·埃文斯。我还要感谢我的同事休·沃尔什，感谢你对我们逐渐完善起来的论点提出的敏锐观察结果。

在这里，我还要特别感谢我在美国有线新闻网（CNN）《美国早晨》（American Morning）节目和美国有线新闻网中心预约部的所有同仁，他们是一个超常敬业的新闻工作团体，也是一个让人愉快的群体。

最后，我同样真诚地要感谢我的丈夫亚当，感谢你对我的全力支持和理解，感谢你给予我的超乎想象的爱。

共同致谢

莉阿·麦考和柯莉·鲁宾要一同感谢一些特别的人。首先，我们要感谢我们的出版经纪人伊丽莎白·卡普兰，感谢她对本书的全身心支持——感谢她对本书令人难忘、卓有成效的支持和传扬，感谢她陪伴我们走过每一步。我们还要感谢塔米·布斯·考文——罗戴尔出版公司（RODALE）的副总裁和总编，感谢她的远见卓识，感谢她对本书出版必要性的信念。感谢我们天才的编辑玛丽斯·范·阿尔斯特，感谢她为我们创造的良好工作条件，感谢她对我们的关切和给予以我们的灵活性，非常感谢！感谢本书的书评家凯茜·格隆和路易丝·布雷佛曼，你们的热情和创造力让我们没齿难忘。

在此，莉阿·麦考想对劳拉·英格拉哈姆，柯莉·鲁宾想对乔伊·蒂本纳蒂托表示深深的谢意——感谢两位挚友在我们生活的每一步为我们提供的帮助和支持，感谢你们对本书持续的热情和支持，感谢你们总是让我们脱离困境。

我们要特别感谢玛丽·布伦纳，感谢你先于我们抱定的对本书的信念，感谢你在本书写作的全程对我们的鼓励和帮助。

最后，我们要感谢与我们分享她们故事的所有女士们，感谢我们的同代人向我们坦诚披露她们的生活故事，还要感谢新女性俱乐部（New Girl's Club）的女性们，感谢她们的坦诚，感谢她们与我们分享从多年的历练中学到的经验和给予我们的启示。

导　言

为什么"婴儿潮"时期出生的人的女儿们垮了下来，
而不是重整旗鼓直面动荡？

每一代人都有自己的故事，我们这一代当然也不例外。过去 30 年来，在琼·贝兹[①]和莉儿·金[②]之间，女性的成功标准似乎完全改变了。我们的母亲们点燃了反抗性别歧视和职业歧视战争的导火索，她们烧掉胸罩，挣脱胸衣的束缚，向华盛顿当局发起挑战，最终，她们为职业女性赢得了前所未有的发展机会。我们的母亲们为职业妇女踢开了锁闭发展空间的大门，借助这个优势，我们的母亲之后的那一代女性，也是我们之前的那一代女性——现在四十多岁的妇女——开始向"按部就班"的工作时间发难，她们为照顾子女争取到了全新的工作时间表，与此同时，那些职业妇女还进入了抵达职业发展全新高度的群体。我们这一代女性则面临着如何取得进步并完成我们上一代女性未竟事业的双重现实，我们的故事已经开始演绎了，但是，我们尚不清楚我们的故事会有一个什么样的结局。

从充满反叛精神不受传统约束的那一代女性，到充当性解放急先锋的嬉皮士，其他时代的女性已经打破了游戏规则，为自己拓展了新的发展疆域，她们用同样的声音搏杀，取得了想望的成果。现在，像我们一样年轻的一代女性，正在为新一轮的突破常规奋力搏击，正在与逐渐显现出来的社会动荡角力。但是，我们这一代人的故事却是以迥然相异的方式演绎的，完全不同于我们祖母那一代人，不同于我们母亲那一代人，也不同于我们姐姐那一代人。我们目前面临的剧

---

① Joan Baez，1941 年出生于纽约，被誉为"民谣天后"，曾经积极参加美国的女权运动。她竭力把音乐和社会道德融合起来，继承了民歌运动中旧左派的传统风格，并把这种风格传给了 20 世纪 60 年代的新左派，对积极行动主义和音乐界的影响都很深远。——译者注（全书脚注均为译者注。）

② Lil' Kim，美国著名饶舌歌手，1996 年成功推出自己的首张专辑。

变是静悄悄地发生的，这很奇怪，因为二十多岁三十左右岁的女性还没有认识到，她们所面临的发展障碍和她们无所适从的茫然，与共同面对的而且是意义深远的文化变革海啸所造成的个人两难困境之间有什么关联性。

过去两年来，我们采访了一百多位受过大学教育的女性，她们的年龄介于25岁到37岁之间，她们的工资收入水平、种族、居住地域和职业经验各异。尽管我们访谈的每一位女性讲述的故事大异其趣，不过，从她们的故事中间，还是显现出了一条惊人相似的主线。她们都成长于妇女解放运动年代的前后，她们从小受到的教育让她们所有的人都相信，她们的未来发展空间只受制于她们自己的选择，而社会环境不会成为她们发展的桎梏。然而，不管这些女性取得了多么显赫的成功，她们都描述了同一种感觉——她们深陷于"线性"的也就是一元化的生活情境中，这种生活境况与她们曾经的向往大相径庭。从华尔街的证券经纪人到俄亥俄州克利夫兰的教师，从波士顿的作家到阿拉巴马州的律师，从安居郊区的全职母亲到好莱坞的制片人，我们采访的女性都有共同的困惑——她们的生活与她们的预期和当初的向往为什么如此不相一致，同时，她们还都怀有一种深深的恐惧——她们选择的道路正把她们引入歧途。当她们的年龄接近30岁或者30岁刚出头的时候，她们都感觉到，成功的标准已经发生了变化，而且这种变化是突然的、富有戏剧性的。我们从访谈中发现，整个这一代女性都在确认危机所在，不过，她们是每个人单独行动的。

这一代女性所面临的困境，在很大程度上可以归因为一个无处不在的冲突：根据催化剂调查公司（Catalyst）的最新调查结果，年龄在25岁到35岁之间的女性中，有75％的人认为，她们的职业生涯干扰了她们的个人生活，此外，超过三分之一的人觉得，她们的职业生活和个人生活之间的冲突非常严重，难以调和。尽管所有年代的职业女性一直在不懈地追求，试图在爱情和权力、职业和家庭之间的情感"雷区地带"游走自如，但是，"婴儿潮"时期出生的人的女儿们正在经历的冲突则是完全不同的。对于成功的空间不会受到"墙壁"和"玻璃屋顶"的束缚，只会受到自己选择约束的这代女性说来，"戏法"的玩法已经完全变了。我们母亲那一代女性，在谈到她们所面临的试图在工作和养育孩子之间达成平衡的经历时说，她们的压力是缓慢到来的，她们的焦灼是规律性的。而与此形成对比的是，1700万 X 一代的女性则在她们职业生涯的初期就要面临同样的压力和焦虑的折磨，经常地，她们面临的这种困境在她们结婚之前或者生育子女之前就出现了。而3500万 Y 一代的女性——也就是那些出生于1977年和1994年之间的女性——注定在短短的几年之后也会经历同样的境况。

那么，到底是什么东西在推动这种"隆隆作响的危机"呢？首先，标志成年

"事件"发生的时间表，只经过了一代人的时间就发生了彻底的变化。过去，女性成年生活的主要"里程碑"式事件——结婚、生育子女和做出关于职业选择的决策，其发生时间今天已经很清楚地扩展到了一个人的整个一生。过去，大多数女性在她们 20 岁出头的年龄结婚，而且预期她们的事业（如果她们有职业的话）可以在未来的数十年内慢慢地完成。但是，对女性婚姻、生育子女以及挣得收入能力时间表的最新人口调查数据显示，今天的青年女性要在一个非常逼仄的时期内，就要对结婚、生育子女以及确定自己职业方向等问题做出决定——这个时期就是她们 30 岁生日的前后。与此同时，在我们的社会中，30 岁左右的单身女性数量比以往任何时候都多。最后，近来的研究成果揭示出，对浪漫关系的期待和获得职业成功之间的冲突，更加剧了逐渐显现在 X 一代和 Y 一代女性生活中的紧张情绪。

女性面临的困境在我们的访谈过程中表露无遗，我们这一代女性所经历的无处不在的紧张、焦虑，在很大程度上与社会与经济之间留连不去的矛盾相关联，这种矛盾持续影响着各种年龄的女性——这种矛盾是"已经变化了的"评价女性进步的标准，和存在于老旧的公司结构以及僵化的"一切保持原样"的社会传统之间无法弥合的裂隙。我们在研究中发现，尽管女性的各项权利得到了显著的提升，然而，在我们这一代的女性之间，人们很少就依然存在于社会系统中的真正发展障碍和裂隙进行坦诚的讨论，虽然我们拥有从前人那里传承下来的机会。

过去 30 年来的某些阶段，人们的观念发生了根本性的变化。当其他年代的女性把世界视为一幅莫奈的绘画作品的时候，今天，20 多岁和 30 左右岁的女性则将同样的世界看成是色彩斑斓但相互之间没有任何联系的斑点组合。因为她们缺乏对大背景的正确判断，从而，当"已经变化了的"标准和"一切保持原样"的传统之间的冲突不可避免地出现在我们的生活中时，我们这一代的女性常常把由来已久的文化问题当作我们个人的缺陷而自怨自责。如果在 30 岁左右的时候，我们还没有如愿获得理想的职业，我们还没有练就完美的身材，我们还没有找到出色的郎君，我们还没有环绕膝下的可爱子女，我们不是向"社会标准系统"本身提出质疑，而是质疑我们自己是不是出了什么问题。

与我们的母亲们在我们目前的年龄所面临的清晰可辨的发展障碍不同，我们现在遭遇的阻碍女性发展的障碍是以更不经意的而且微妙得多的方式出现的。面对这样的宏观背景，年轻的女性非但不想循着蛛丝马迹辨识、揭穿盘桓已久的不平等待遇，她们反更愿意向其皈依。

某些自然法则是同样适用于母亲和女儿的，比如，裙边的款式和时尚的潮流，但每一种行为都有与其对等的反应，而导致相反的行为。"婴儿潮"时期出生的女性的成长年代，是以性别角色界定分明为标志的，她们在成年后的早期对此进行了抗争。X 一代成长的年代，则正值女性解放运动进行得如火如荼的时期，她们在自己的成长经历中笃信，她们未来的发展空间如果不是命中注定会无限广阔的话，至少，在她们力所能及的范围内也不会有任何制约。她们从小受到的教育是要依靠自己，所以，她们成了勇于实践的"行动者"一代——她们这一代女性以自己解决问题而自豪。但是，她们这种独立精神的欠缺则是，当她们碰到问题的时候，她们总是倾向于责怪自己。因为她们的自责倾向，她们这一代的文化以这样一种形态表现出来——背景相近的人纷纷垮了下去，而没有形成一场社会运动。

我们采访的人都在寻求如何掌控生活——看起来与我们上一代的女性迥然不同的生活的实用建议。有些人在寻找摆脱困境的指导原则——如何在她们令人瞩目的事业发展与照顾子女之间游走自如，同时，又不至于牺牲任何一方面。有些人考虑到，因为她们是家庭中的主要或者惟一的收入来源，所以，正对富有创造性的为人母的解决方案孜孜以求。其他人则正对"新版童话"不得不达成妥协，在她们的童话新编中，"白马王子"或许会带着前一场婚姻的两个孩子站到自己面前，或者梦中的"白马王子"会比她们预想得晚些到来。本书试图弄清楚过去30 年来的某些变化，此外，本书还想发现正在"浮出水面"的判定一个人个人生活和职业生涯是否成功的有效标准。我们之前的一代女性做出的明智选择，为我们提供了空前的机会，让我们获得了更多的独立性，本书试图将它们展示出来；然而，与此同时，我们也面临着她们带给我们的始料不及的太多选择，本书将对这种"副作用"给予检视。最后，本书想勾勒出我们这一代人肩负的使命——超越我们每个人面临的中年生活危机，通过群体的协同努力，让我们传承到的某些发展机会更加现实、切实。

在本书的"第一部"中，所有向我们诉说的 X 一代女性都用自身的经历强调了我们面临的重大议题。在那些故事中，有些是没有任何删节的个人故事"完全版"，为保护我们访谈对象的身份和隐私，我们将有些故事的关键细节做了改动。我们所有采访对象的关切所在都是同样的，每个人都正在演绎她们各自版本的"30 岁的中年危机"故事。

我们从研究中发现的很清楚的一点就是，生活是个循环——女性们极力想避免重犯母亲们曾经犯过的错误，同时，她们意识到自己又没有演绎出上一代人演绎出的故事，这时候，她们矫枉过正地为自己创造出了新问题。所以，每一代人都应该从另一代人那里学很多东西。在本书的前六章，我们将要探讨我们面临的新问题和旧有问题的"新变种"，正在如何影响 X/Y 一代职业女性的生活；本书的第二部分——"新女性俱乐部",为职业女性提供了解决生活问题极富操作性的建议,这些建议来自那些优秀的、卓有成就的而且勇敢的职业女性,她们与 30 岁的我们分享了自己在职业生涯中获得的宝贵启示。这些真正取得了成功的女性,用自己的语言,向我们娓娓道出她们转变自己的发展方向、从头再来的故事,与我们分享了她们从中得到的启发。

忘了《菲尔医生》① 的"偏方"和 12 步计划吧,引领人们摆脱危机的指南针来自于现实世界,来自于那些赢得了尊重并取得了成功的职业女性,来自于她们经历考验、失误但依然保持乐观的真实故事。理财顾问和作家苏茜·欧曼(Suze Orman)向我们解释了她为什么觉得自己已经"拥有了一切",尽管她最值钱的财产不过是一幢 900 平方英尺的公寓。《时尚》杂志的朱莉娅·里德向我们披露了她如何在 29 岁的时候取消了一场险些酿成错误的婚礼的故事——那本应该是南方美人的一场引人入胜的婚礼,她告诉我们她如何踏上了一段意外之旅,并终于在 42 岁的时候,与心心相印的如意郎君共同踏上了红地毯。记者和作家玛丽·布伦纳在棒球赛赛季跟随波士顿红袜队(Boston Red Sox)随队采访的旅程,为我们所有的人如何在勇气和优雅之间达成平衡带来了重要启示,她用自己的经历告诉了我们"展示自己"的重要性。

那些职业母亲——有很好的工作同时也在养育孩子的职业女性——或许可以从伯纳丁·希利博士(Dr. Bernadine Healy)——美国国家卫生研究院(the National Institutes of Health)历史上的首位女性领导者——那里学到如何在工作和为人母之间达到完美的平衡,她职业生涯的发展期恰好与她成为单身母亲的时期同步。杰拉尔丁·费拉罗(Geraldine Ferraro)——集政治家、商业领导者和有影响力的思想家于一身的杰出女性——让我们分享了她从自己只上过八年级的母亲那里得到的建议,她从母亲的建议中获得了战胜癌症的无穷勇气。这些女性以及更多的成功女性,用自己的睿智、洞见和幽默感,从全新的角度,对我们这一代人所面临的个人生活与职业发展的挑战进行了全方位解读。

当然,本书并不想为人们提供清晰而完美的解决方案,因为我们两位作者很清楚,就我们所面临的问题而言,根本不存在什么清晰而完美的解决方案。相反,我们只是想就一代人的故事启动一场有意义的讨论,只是想和处于危机情境中的职业女性一同发现束缚我们发展的文化脉流,同时唤起我们的抗争力量。

---

① Dr. Phil,为美国的一档电视访谈节目,旨在为遇到问题的女性提供摆脱困境的方法和建议。

第 一 部

30 岁的中年危机

为什么是现在？

第一章

一代人遭受的重压

有些事情似乎不对劲儿。

为美国有线新闻网（CNN）一个新节目准备开播而一同工作的时候，我们（莉阿·麦考和柯莉·鲁宾）走到了一起。那时候，莉阿·麦考刚刚上了《职业女性》（Working Women）杂志《值得关注的人：20位不到30岁的女性》特刊的封面，柯莉·鲁宾新婚燕尔，全身心浸润在爱的幸福里。我们两个被认为是工作勤勉并取得了一定成就的聪明女性。在别人看来，我们两个人的生活"对路"、完满，可对我们两个人来说，为什么觉得有些事情失控了呢？出了什么问题？

起初，我们自己并没有意识到碰到了问题，当然对此懵懂无知。当生活就是空空的健怡可乐罐、味道寡淡的中国餐馆外卖、一天12小时的工作组合而成的折磨时，我们很难深刻地思考什么。事实上，我们太筋疲力尽了，根本不知道是什么东西把我们推向了崩溃的边缘。相反，我们全神贯注于手头的工作，像新兵训练营里被组合在一起的两个士兵一样，对面临的工作完成期限、会议和工作量，我们两人之间互表怜悯。

很难说清事情为什么不对劲，当我们翻阅落实到纸面上的工作时，一切看起来都没什么问题，但是，我们所遭遇问题的一部分确实是显而易见的——我们的职业生活正以一种不可抗逆的方式侵蚀我们的个人生活，此外，我们开始极为真切地感觉到这种冲突产生的后果。一个多月以来，柯莉·鲁宾一直没有按时回家与丈夫吃晚饭，为此，她丈夫提起了警觉，问她是不是有什么暧昧的隐情，当然，只是半开玩笑地问。莉阿·麦考在六个月的时间里，只能安排出三次约会的时间。有一次，她斗胆约了一个好朋友下班后一起吃晚饭，因为她的工作正处于紧要关头，那次约会她迟到了，而晚餐的气氛被她响个不停的手机和传呼机搅得兴致全无。服务生免费送给她朋友一瓶墨尔乐红葡萄酒①，并告诉莉阿·麦考，要懂得享受生活。

不过，即使没有法国服务生的嗔怪，即使没有丈夫的孤寂，我们也能认识到，没有讨价还价余地的工作需要，正在侵蚀同样不可调和的同时也是更重要的作为朋友、妻子、女儿的责任。我们知道，我们的生活境况出奇地不和谐，但是，我们只能让自己浸润于品位脱俗的梦幻——"去加勒比海度假，开一个冰镇果汁朗姆酒聚会"的梦幻之中，我们太忙了，太心烦意乱了，根本不可能制订出逃避工作责任的计划。尽管电视新闻行业对其从业人员有自身的特定需要，但后来，我们想到（而且我们找到了足够的证据），数百位女性——医院的护士、法律事务所的律师、公共利益组织中的社会工作者、金融界的经纪人，或者自己经营企业的业主——都在经历着和我们一样的生活，都在感受着生活受到"碾压"的痛楚。

就在不久前，我们在生活中的选择，似乎比拉斯韦加斯的自助餐可供选择的食品还要丰富，但是，我们在 30 岁生日前后，都开始意识到我们承传下来的和自己赢得的发展机会以及选择，充满了不可预知的"机关"。最初，我们不知道如何确切描述什么地方出了问题，也不知道如何解决，不过，有一点已经昭然若揭了：如果我们不开始学着将个人生活、社会生活和职业生活协调起来，那么，可能五年以后，我们就会蜕变成坐在桃木办公桌另一端的那种怒气冲天的女人，她们在回到清冷的公寓孤独地享用猪排之前，在结束了标准的、一天 12 个小时的工作以后，还在质疑自己下属的职业操守。

后来，有天晚上，在莉阿·麦考的办公室，我们丢下纠缠着我们的工作，开始坦诚地交流各自的感受。那时候，莉阿·麦考是柯莉·鲁宾的上司，许久以前，她曾经获得了一份收益不菲的工作合同。她在签合同时感受到了难以想象的压力，不过，她知道，对她的职业生涯来说，那是没有任何理由回绝的"正确事情"，尤其是在那个经济衰退时期。同时，她对合同条款具有法律效力的约束倍感恐惧——"要工作还是要生活"。

要知道，那时候莉阿·麦考二十五六岁，她对那个工作机会和即将面临的职业挑战充满感激，而且迫不及待地想得到更多。只要她沿着正确的方向勤恳工作，她认为，她的个人生活会在她准备好了的时候"水到渠成"。出于某些理由，她以为，在她 30 岁生日的前后，事情自然会"适得其所"。不过，随着时间的流

---

① 一种无甜味的红葡萄酒，用原产于法国南部及意大利的一种葡萄制成。

逝，30 岁来了，之后，30 岁又过去了，她的生活并没有改变，生活的大部分都尚未"得其所"，依然处于"飘摇"的状态。她开始回想起自己的大学时代，上大学时，当她意识到自己错误地估计了完成一篇第二天就要上交的 20 页论文需要花费的时间以后，她的内心会充满恐慌，或许，她会请教授给她宽限一段时间。但是，当你想追寻幸福和爱情的时候，谁会给你宽延限期呢？

柯莉·鲁宾幸福地走进了婚姻殿堂，不过，她也走进了进退维谷或是常常感到恐慌的尴尬境地。她向莉阿·麦考倾诉，她和丈夫想开始一个全新的家庭生活，但是，她很担心如何才能打理好已经饱受折磨的生活，除非她辞掉工作，否则，不可避免地，她的孩子从星期一到星期五要被电视和保姆带大，就像她自己曾经历过的一样。她并不想为此辞掉工作，可是，她也的确不能找到一条可以兼顾两方面、两全其美的"中庸之道"。

我们两个人是问题的解决者，而不是怨声载道的受害者，为了前行，为了开辟出解决这些问题根本的途径，我们已经尝试过了各种方法，但失败了。当我们在美国有线新闻网碰到一起时，两个人之前都换了工作，各自的社交网络也是重新建立起来的，我们甚至搬到了其他城市以寻求更好的机会。然而，我们发现，生活又轮回到了同样的起点，我们感觉到，未来也不会有什么改观，虽然我们不想就这么把自己托付给未来。尽管我们感觉到，我们的挫败感就像电影《土拨鼠日》（Groundhog Day）（也译为《偷天情缘》）中的比尔·默里①的遭际一样，然而，我们还认识到，我们并不是唯一有这种感觉的人，因为在其他领域工作的朋友们，那些同样引人注目的女性，也正在经历着"版本"不同但实质无异的两难处境。我们都强烈地感觉到，我们虽然舍弃了生活，然而，无论何时，每当我们试图将生活引入到更有目的性的方向时，努力都是徒劳的原地踏步。

莫可名状的问题

那个晚上，我们达成了共识——找到问题解决方案的唯一途径，就是完全理清我们是如何从开始走到现在的境地的。所以，我们开始观照、审视我们自己和朋友们的生活，我们开始以新闻工作者的职业敏感探究这一问题。就像面对所有严肃的主题一样，我们通过为我们的使命命名开始了相关信息的搜寻工作，在那个不眠之夜，在我们头脑中诞生的"我并不疯狂研究计划"看起来是个不错的起点。随后，我们用了一星期时间，研究相关资料和数据，通过频繁地收发电子邮

---

① 美国演员，在《土拨鼠日》中扮演一位处处受挫的电视台天气预报播报员。

件交换发现成果。一旦我们自以为找到了与我们经历相关联的背景资料时，我们很快就发现，问题比答案要多得多。

我们发现，记载女性在工作领域取得难以置信进步的新闻故事并不少，不过，当我们对其进行深度挖掘时，发现有些统计数字并没有引起足够的关注。20世纪60年代，受过大学教育的新娘平均年龄是22岁，而今天，这一统计数字是28岁。女性生育子女的年龄也顺延了。1970年，绝大多数受过大学教育的女性生育第一个孩子的年龄是在30岁生日之前，现在，同样是受过大学教育的女性，绝大多数人则是在30岁生日之后才生育第一个孩子。此外，在X一代身为母亲的人中，辞掉工作与孩子待在家里的女性占到了相当高的比例。2000年的一次人口普查结果显示，自1976年以来，年龄在30岁到35岁之间、受过大学教育的女性引发了职业母亲辞掉工作的最大浪潮。

与此同时，婚姻的状况也发生了改变。过去30年来，年龄在30岁到34岁的单身女性的数量增加了两倍，此外，未婚同居的女性数量增长了1000%。

综合来看，这些统计数据表明，在整整一代人中，某些事情确实发生了根本变化。对于"婴儿潮"时期出生的女性来说，她们生活中的重大事件——结婚、生儿育女和对职业发展做出选择的发生时期，可以从她们二十多岁一直贯穿到三十多岁甚至年龄更大的时候。但是，对我们这一代职业女性来说，所有这些改变生活里程碑式的重大事件，却要在同一时间，也就是在我们30岁的时候发生。

尽管我们的早期研究毋庸置疑地表明，在我们这一代人中间，某些新情况和某些重大的动荡正在发生，可是，很显然，"色彩斑斓的斑点"尚没有被联系起来——尤其没有被我们这一代人的某个人联系起来。曾经有几位不属于我们这一代的著名社会学家，研究过这些人口统计数字的新动向，但是，关注这些议题的，基本上只是那些有政治目的的人，他们并没有为这些问题的解决提供任何建设性的方案，只是想利用这些数据为达到自己的政治目的"扰乱视听"。

当我们开始采访其他25岁到37岁受过大学教育的女性时，研究范围得到了扩展。近两年来，我们和全国各地的女性交流过——从商界女性到全职母亲，从律师事务所的合伙人到社会工作者，从企业家到研究生，从办公室经理到艺术家，等等。她们大多来自中产阶级家庭，而且成长过程几乎都受到了有益于心智发展的观念的熏陶，她们都接受了女性未来的发展空间将极为广阔的开明观点的熏染。

在这些访谈中，当逐渐深入到核心领域之后，我们发现，比起之前自行研究发现的结果，比起最初的推断和判断，比起任何刻板的数据，通过访谈得到的成果意义要深远得多，也更有趣。坦率地说，我们接触到的访谈对象所表达出来的焦虑感受是令人惊异的，也是不可抵御的，后来，我们采访的时候，开始为访谈对象带上纸巾，因为她们很多人最终会泣不成声。但是，就是通过这些访谈——这些在咖啡店和餐厅进行的访谈，这些在城里的高楼和郊区住宅中进行的访谈，这些在写字楼里和草坪上进行的访谈——我们开始认识到，很多 X 一代和 Y 一代的女性有多么灰心沮丧、多么无所适从，她们又是多么鲜有机会袒露自己的疑虑和困惑。我们在本书中讨论的，并不是疲惫不堪的女性讲述的"陈词滥调"式的故事，而是流动在我们这一代女性中间显见的、对于生活方向的真实困惑和迷乱的暗流。

我们这一代女性，并不是遭受共同的莫可名状的痛苦折磨的第一代女性，说明这一点很重要。《纽约时报》1963 年的一篇书评写道："这个世界变化如此深刻、广泛，以至于我们很难记起来这些变化都叫什么名字。"贝蒂·弗里丹通过研究整个一代女性群体遭遇的、而不是某个人遇到的莫可名状的社会问题，认识到了这些问题的严重性。在《女性的奥秘》（*The Feminie Mystique*）一书中，贝蒂·弗里丹的研究成果说明，这一现象的普遍性是最终解决这些问题的基础：

> ……一位四个孩子的母亲和其他四位母亲在离纽约 15 英里的郊区喝咖啡，我听到她以绝望和平静的语调说到"这个问题"。其他人都知道，不需要任何铺垫也知道，她谈到的问题不是她和丈夫的问题，不是孩子的问题，也不是她的家庭问题。突然间，她们意识到，她们都面临着同样的问题，可问题又不可名状。她们开始吞吞吐吐地谈论她们的困境，后来，当她们从幼儿园接完孩子，把孩子送回家睡觉以后，有两个人泣不成声，因为她们知道了她们并不是挣扎在这种困境中唯一的人而如释重负。渐渐地，我开始认识到，在美国，无以计数的女性正面临着这个同样的问题。

感谢贝蒂·弗里丹的探索，感谢和她同时代的女性，现在，我们这一代女性面临的，则是完全不同的一系列共同问题和忧虑。具有讽刺意味的是，我们这一代的有些女性所面临的莫可名状但又无处不在的新困境，来源于这样一种共同的挫败感——未能实现那些激发了女性成功欲望的梦想和期望。就像优秀的父母会让自己的孩子树立基本的、而且是不可剥夺的相信自己的信念一样，"婴儿潮"时期出生的女性，也就是我们母亲那一代人，为我们灌输了这样的信念：在我们的未来，一切皆有可能。但是，在 30 岁左右逼仄的时期，一下子就要做出关于婚姻、孩子和事业发展的决定时，即便是在其他方面能保持镇定的能力超群的女性也发现，她们被推到了恐慌的悬崖边，即使是那些个人经历令人难忘的人也感觉到，她们根本没有办法完全利用"一切皆有可能"的信念所赋予她们的机会，无法像这一信念"承诺"的那样，在工作的成就和生活的和谐上达成平衡。

当仔细思考了至少一百位女性的故事中所蕴含的共同点以后，我们认识到，或许，我们跌跌撞撞地贸然闯进了一个"莫可名状问题"的领地。考虑一段时间后，我们弄清楚这个问题是什么了。

我们是处于"30 岁的中年危机"的一代人。

为什么是 30 岁？

越来越多的女性在 30 岁时接受心理治疗的次数，比她们一生中的任何其他年龄段都多。耶鲁大学的心理学家丹尼尔·利文森（Daniel Levinson）在其名为《女人一生的季节》（*Seasons of a Woman's Life*）的著述中，将女性的 30 岁称为"一个独有的艰难过渡时期"。对于年轻的职业女性来说，这段时间是"从中等危机发展到严重危机"的时期。他在描述我们面临的困境时说，我们的恐慌，并不只是"'应付'单一的、充满压力的环境或者'调整'自己以适应这种环境的问题，而是来源于一个人的生活出了问题的经历"。从本质上说，这是一个我们早期对于成年生活的幻想和期望，与真正的成年生活现实发生碰撞的时期。30 岁是我们一生的"里程碑"，就是在这个时期，你意识到，时装表演秀结束了——这就是你的真实生活。

我们都知道，很多四十好几的女性还在持续庆祝她们"29 岁的生日"，她们选择这样一个年龄是有理由的。但是，如果我们还没有痛楚地感知到我们正处在人生的十字路口，那么，豪马克公司（Hallmark）① 自会用一系列的生日贺卡和生日聚会纪念品来提醒我们。事实上，莉阿·麦考和柯莉·鲁宾都从好意的亲友那里收到过同样的"豪马克 30 岁生日邮寄品"。生日贺卡的封面是一群参加生日聚会的朋友，所有人都举起了啤酒，一个参加聚会狂欢的人大叫着："这还不算完！"打开生日贺卡，里面的画面是一个空荡荡的房间，变形了的饮料罐，还有一张低垂下来的皱纸，上面写着："结束了！30 岁生日快乐！"足够了，一切尽在不言中。

---

① 也译为贺曼公司，公司成立于 1910 年，其业务包括贺卡、文具、服装、寝具、化妆品、电子贺卡、电脑软件、数码娱乐以及电视频道等多元化产品。目前，是全球最有创意的贺卡公司，在一百多个国家用三十多种语言发行豪马克贺卡。

当然，生物的本性在这个唤醒我们的"叫声"中扮演了重要角色。到现在，我们两人觉得，任何关于"按部就班"的谈话都像是贝蒂·克罗克①的烹饪菜谱一样，充满怀旧色彩。但是，当我们亲眼看到，我们的女上司，或者年龄更大些的朋友们，开始想要孩子可因为年龄太大而不能怀孕时，当看到她们为此而颓唐时，我们忍不住要想，或许，那句该死的话可能有些道理："从非洲草原上最原始的社会，到华尔街最残酷的公司，对女性来说，生育能力的高峰都是 25 岁。"新泽西州新不伦瑞克拉特格斯大学的人类学家海伦·费希尔博士解释说："因为在那个年龄段，女性的大脑开始感受到迫切的生殖欲望。今天的年轻女性——既希望成为价值的生产者也希望成为人类的生产者的女性——这时候刚刚完成学业，或者在她们接近 30 岁的时候，刚刚开始赢得真正的升迁机会。对她们来说，时间的流逝确实让她们感到迷乱和无所适从，所显示出来的现象就是，她们被两个世界拼命拉扯。"

但是，我们并不是最先意识到 30 岁是一个"恶名昭彰"的分界线的。最近，柯莉·鲁宾找到了她母亲二十五六岁时候拍的一张照片。照片中，她母亲光彩照人地对着照相机，那是一个生气勃勃的美丽姑娘，留着长长的卷发，穿着一件上面写着"别相信任何 30 岁以上的人"的 T 恤衫。看着照片，柯莉·鲁宾想，如果她母亲拍完那张照片后有人给她一个"水晶球"，让她"偷窥"一下她 30 岁以后的生活状况，也就是她 T 恤衫上的文字所宣称的那个"不再可信"的年龄以后的生活，她会做何反应呢？如果那时候她透过"水晶球"看到了自己的生活情境：30 岁生日的时候，她已经离婚了，独自生活着，而她的前夫正抚养他们的两个孩子，那么，她会在那以后的生活中做出完全不同的抉择吗？柯莉·鲁宾只有到了 30 岁以后才明白，导致她母亲做出抉择的冲突到底是什么。

就像我们这一代之前的所有人一样，我们都曾发誓绝不会重犯父母犯过的错误，但是，当柯莉·鲁宾想到她自己的生活时，想到她朋友们的生活的时候，她还是感到纳闷儿：为了避免重犯父母的错误，我们自己又制造出了什么新问题呢？

女性力量的诞生

我们不能确切地说明让 X 一代女性饱受烦扰的问题是什么，我们没有能力解决那些问题，也不能征服那些让我们不胜其烦的问题。我们之所以在这些方面如

---

① Betty Crocker，被誉为美国第一烹饪夫人，著有多部烹饪书籍。

此低能，部分源于"一切皆有可能"是我们青年时代信奉的绝对箴言和图腾。父母这样告诉我们，老师这样教导我们，足球教练也这样对我们说。在"9·11"恐怖袭击事件发生前，除了发生在海湾地区"像电子游戏一样"的简短战争外，我们一直生活在一个"天下无敌"的空幻世界中。在这个世界中，战争和经济灾难离我们相当遥远，对我们生活的影响微乎其微，当然，每个人都会遭受这样那样的挫折，都会经历这样那样的失望，但是，对我们大多数人来说，很少有问题是不能凭借努力的工作或者借助深刻的内省而得以解决的。此外，我们成年生活的早期是以"互联网百万富翁辈出"为标志的，那是一个让人匪夷所思的"非理性繁荣"时期，25 岁的互联网英雄赫然登上《福布斯》杂志的封面，那时候，我们有充分的理由相信，"天上掉馅饼"式的美梦一定可以成真。

"一切皆有可能"是一个经过深思熟虑后形成的教条，这条箴言形成的早期，其出发点是善良的。让我们回到 20 世纪 70 年代，那时，我们中的很多人都还在上小学。那个时期，女性浩浩荡荡地进入到各个职业领域，20 世纪 60 年代女权运动的力量为她们摧毁了自身发展的阻碍。海伦·蕾蒂（Helen Reddy）因为其轰动一时的作品《我是个女人》而赢得了格莱美大奖，朱蒂·布卢姆（Judy Blume）的《主啊，你在吗？我是玛格利特》（*Are You There God? It's Me, Margaret*），成了我们庆祝自己开始萌动的对性的渴求的初级读本，而《女士》（*Ms.*）杂志在那一时期的订阅量达到了创纪录的 500000 份。面对当时所处的宏观背景，我们在"婴儿潮"时期出生的母亲们，开始以与她们成长方式迥然不同的方式教育我们，她们不会为我们选择什么样的成长手册而感到困惑。

讲述私奔故事的儿童畅销书《你和我，自由放飞》（*Free to Be…You and Me*，也译为《放轻松，做自己》）告诉我们，威廉就应该有一个漂亮女友，为此哭泣也没有什么大不了，书中的妈妈们都是有工作的人。作为"女性基金会"发起的一个项目，这本书为一代女孩展示了未来的梦想境界——女性可以"自由成长"……可以成为任何类型的人。批评家也为马洛·托马斯①的现代版童话大唱赞歌。一位《新闻周刊》的评论家写道："是的，今年，人们为孩子准备了释放想象力、增强自我意识、而且最没有性含义的礼物……这个想法是要把少年从性别角色的老一套观念中解放出来，所以，现在我们有了这本动听的歌曲和故事的合集。"从任何角度来看，这种评论都是成人传达给孩子们的目的明确、音调高亢的福音。

---

① Marlo Thomas，美国著名的儿童教育家、心理学家，著有《放轻松，做自己》、《放轻松，拥抱家庭》等著作。

也是在 20 世纪 70 年代，妇女运动将注意力转移到女生在学校所面临的障碍上。女权主义者顽强地向数学和科学类学科对女生的歧视发起挑战，此外，她们还将女性的成就和故事编入学生的阅读书目中。尽管儿童电视出品人没有正式地与妇女运动结成联盟，不过，1969 年首度播出的《芝麻街》节目，还是反映出了那个时代的教育趋势①。节目开始播出时，没有透露饼干怪物、大鸟和奥斯卡等人物的性别并不奇怪。

与此同时，非凡的女性形象开始出现在文化产品中，这些形象将魔力和力量整合到一起。"法力无边"的琳达·卡特②穿着极少的衣服，既深谙捕获坏男人之道，又长于装扮自己，同时，她还可以用她魔力神奇的手镯让子弹偏离方向。安吉·迪金森③和查理的天使一边与邪恶势力搏斗，一边翻看着美轮美奂的裸体图片，而她们能力超凡的超声波耳朵，可以令人艳羡地捕获到远处的窃窃私语。那时候，在我们少年的头脑中总是盘桓着这样的念头：如果我们每天都严格遵循"燧石牌维生素"④ 养生法，是不是有朝一日我们也可以获得那些超自然的法力呢？

《第九教育修正法案》（Title Ⅸ）⑤ 确保我们至少可以"表演完美的大掼篮"。1973 年，全国妇女组织又将女性的触角伸展到更为广阔的范围，她们把少年棒球联赛推向了球场，而且再次获得了一个成功的"本垒打"：现在，女性已经可以正式地奔跑在曾经只由男生统治的球场上。这些在政治和法律上取得的里程碑式的战略性胜利是显见的，而且也是富有戏剧性的。1972 年，只有不到 30万女学生参加学校的体育项目，到 2000 年，260 万女生在打棒球、踢足球、打篮球和参加田径项目。当女性参加体育项目的潮流奔涌而来时，钱财也滚滚而来。到 2002 年，1.8 亿美元奖学金授予了年轻的女运动员，此外，致命球队的教练会定期出现在中学比赛的赛场边，以期能找到下一个米娅·哈姆⑥或者谢乐尔·斯沃普斯⑦。

《第九教育修正法案》在社会和文化领域产生的影响也显而易见。体育项目

---

① 《芝麻街》于 1969 年 11 月首播，旨在教授儿童一些必要的知识和为人的道理。剧中人物全是形态各异、长相滑稽的木偶。由于该剧深谙儿童心理，充满童趣，一经公演便大受小朋友欢迎，成为寓教于乐节目的典范，长演不衰。

② 前美国小姐，演员，曾扮演过女超人、神奇女侠等影视形象。

③ 美国电影演员，曾经在多部匪警、打斗和女侠影片中出演角色。

④ 拜耳制药公司旗下的知名品牌。

⑤ 1972 年通过的教育修正案，该法案禁止一般公立中小学在特殊课程——比如体育、性教育——以外实施男女分班教学，以确保受教育机会均等，防止性别歧视，使女生享有同等受教育的权利。

⑥ Mia Hamm，美国女足球运动员。

⑦ Sheryl Swoopes，美国著名女篮球运动员。

从根本上塑造了我们如何与女性竞争的理念，塑造了我们如何与男性结成团队的理念。"毫无疑问，1972 年，对女性来说，《第九教育修正法案》开启了一个女性争取权利的运动。"位于纽约的"妇女体育运动基金会"的总经理唐娜·罗皮亚诺说，"这一运动发展的征兆就是比莉·吉恩·金①和博比·里格斯②的比赛。这个事实表明，女性在重压之不仅下不会溃败，而且还表明了体育运动所产生的力量。《第九教育修正法案》的成功让整整一代女性对自身的竞争能力获得了自信，而且她们的自信远不止局限于体育运动领域。"

但是，"一切皆有可能"的"亲"女性信念也进入了与体育运动、政治、超级英雄和儿童节目毫不相关的领域。1965 年到 1979 年间，随着离婚率的翻倍，母亲们根本不需要借助任何其他人的生活经验，只需观照一下自己的生活境况，只需看一看朋友们的生活情境，她们就能清楚地意识到，她们不能只把我们培养成妻子和母亲。芭芭拉·达福·怀特海德（Barbara Dafoe Whitehead）博士是拉特格斯大学"全国婚姻项目"的联合负责人之一，她还是优秀的社会历史学家，在名为《为什么没有好男人剩下？》（*Why There No Good Men Left*）一书中，她写道："离婚在母亲们如何培养自己的女儿为成功的成年生活做准备的思想中产生了影响。同样地，离婚还传达出一个不容否认的事实，这是给女性上的一课，那就是婚姻对女性来说，是个靠不住的'经济伙伴关系'，婚姻并不是女性稳定的'生活假期'。离婚率上升的事实告诉人们，婚姻远远不是人身安全的'赌注'，婚姻更像是一场赌博。再有，这场赌博对传统型的妻子来说风险最大。"

因此，安居郊外的母亲们、老师们、"女童子军"的领导者们，甚至连孩子的奶奶们，都以令人惊异的速度，开始有意识、精确地从意志力的角度引导女孩子为成人生活做准备，在她们的眼里，女性的成人生活包括婚恋和事业的发展。所有这些影响都集中在我们这一代女性的成长过程中，最终，靠自己而"拥有一切"似乎是个合情合理的理念，靠自己"拥有一切"也是个合乎情理的未来计划。

当然，在我们这些小学四年级学生的头脑中，尚不清楚世界正在发生什么不同寻常的变化。我们可以踢足球，可以了解苏珊·安东尼③的故事，而且在地理课上可以得到特别关照，这些似乎都没有什么大不了的。然而，那些"有意识地培养我们的群体"确实不过只能在一定限度内影响我们的日常生活。在全国范围

---

① Billie Jean King，美国著名女网球运动员，是女子网球职业巡回赛的创始人，被誉为网坛传奇人物。
② Bobby Riggs，著名女网球运动员。
③ Susan B. Anthony，1820—1906，美国女权运动倡导者，全美妇女选举权协会会长，她的最大贡献在于发起了女权运动联盟。

内，居住在郊区社区的女孩子可以分成两个截然不同的阵营：有芭比娃娃的女孩子和没有芭比娃娃的女孩子，那些没有芭比娃娃的女孩子的母亲们认为，芭比娃娃的"塑料乳房"会造成女儿们有关自尊的问题。因此，像柯莉·鲁宾一样生活在没有芭比娃娃社区的小姑娘们，总是花很多时间偷看像莉阿·麦考一样有芭比娃娃的孩子们如何为芭比娃娃陈设家里的摆设。

在我们当年的游戏世界里，芭比是个年轻的职业女性。某一天，她是个闻名全球的时装设计师，另一天，她会是个兽医。芭比非常有魅力，而且非常优秀，在她粉色"巡洋舰"汽车的广告中，她总是坐在驾驶者的位置上（无论是从象征意义上还是从实际角度说）。在结束了一天换好几套衣服、令人激动的办公室工作后，芭比会去找她那位让人艳羡的男朋友肯，他们在回到"梦幻住所"之前，要一起吃一顿浪漫的晚餐。芭比有自己的房子，有跑车，有非常好的工作，此外，她还有一个让人嫉妒得要死的大衣橱。那个年代，我们也可能会装扮海伦·格蕾·布朗①。如果那就是成年生活的样子，我们总是急不可耐地要长大！

芭比给出的两个热情洋溢的生活原则，让二十多岁的我们深表赞同。是的，我们不停地工作，可工作的同时，我们忽略了生活中非常重要的某些方面，不过，我们相信，以后会得到补偿的。我们丝毫不怀疑，等到了 30 岁时，"色彩斑斓的斑点"自会组合成一幅绚丽的画卷。

我们还有很多东西需要学习。

"离婚保险单"

作为第一代在父母离异的环境中成长起来的女性，我们有一些不确定的特点。过去 30 年来，结婚率大幅下降，今天，离婚率则已经稳步攀升到一个让人沮丧的高度，这是一个 25 年结婚庆典像白头海雕或者像白犀牛一样稀少的年代。对于 X 一代的人来说，离婚率的上升是可以与"经济大萧条"和"水门事件"等社会事件相"媲美"的事实。不同的是，可以用于描述我们未来特性的这场"婚姻革命"，是发生在我们家庭的私人空间中的。在离婚的家庭中，孩子们之间没有像战争中的老兵间那样的手足亲情，没有伍德斯托克大型摇滚音乐节上的那种姐妹情谊。即使是那些父母没有离异家庭中的孩子们，也生活在紧张不安中，

---

① Helen Gurley Brown，从 1965 年担任《Cosmopotan 时尚》杂志编辑开始，历时 20 年的时间，将这本女性杂志打造成全球最为畅销的五本杂志之一，取得了巨大的商业成功。作为获得"美国终生成就奖"荣誉的第一位出版界女性，海伦·格蕾·布朗被美国人称作"传媒史中的传奇人物"。

常常觉得，一度认为是永恒的东西随时都可能发生变故。

我们在讨论这一议题的时候相当谨慎，因为已经有太多的大部头报告论述过离婚如何影响家庭和社会的问题。对政治家、批评家和传教士说来，所谓的家庭破裂已经成了所有邪恶的温床，已经成了罪恶的渊薮。我们不想加入到这样的论争中，也不想与那些把一切都归罪于父母的哀鸣声一唱一和，因为事实上，每个家庭都以完全不同的方式来处理离婚问题。然而，为了真正弄清楚为什么我们这一代的很多人，被我们这个群体将向何处去的思考折磨得心力交瘁，我们必须看一下，我们这个群体是从何而来的。

因为我们这一代女性中的很多人，在还没有开始练习如何穿胸罩的时候，就了解了婚姻关系是如何解体的过程，所以，婚姻动荡的"余震"在她们二十七八岁和 30 岁出头的时候，又神出鬼没地萦绕在心头并不奇怪，那正是很多女性准备走上结婚红地毯的年龄。加利福尼亚的"过渡家庭帮助中心"的发起者和总经理、心理学家朱迪思·沃勒斯汀（Judith Wallerstein）博士，就离婚对家庭的影响课题已经研究了三十多年。在她标志性的畅销著作《离婚的意外遗产》（*The Unexpected Legacy of Divorce*）中，她总结到，离婚家庭的孩子经常在他们二十四五岁到二十八九岁期间，对父母的离异经历情绪上反应更为激烈，而这种反应比他们父母离异发生时来得更为强烈。朱迪思·沃勒斯汀博士将这种延迟反应称为"沉睡效果"，她在一篇评论文章中说："人们通常认为，离婚不过是个短暂的危机，一旦离异的父母重新组建了家庭，他们的孩子就可以从离婚的打击中完全恢复过来，我们的研究成果对这个谎言提出了质疑，因为情况并非如此……离婚家庭的孩子们在其成年生活中而不是之前的生活中所遭受的痛楚是最严重的。"

作为一代人，我们从听到的离婚故事中抽离出的核心内容是：离婚最经常发生在那些结婚时过于年轻的夫妇中间，发生在那些结婚以后很快就要孩子的夫妇中间，也就是说，不成熟的人的婚姻关系更容易破裂。因此，我们将我们大学时代以后的生活定位于这样的宏观文化背景上：以适当的理由与适当的男性结婚的途径，就是先将精力集中在自己身上。不像以前的几代女性，她们可以很年轻的时候就结婚，并且认为在婚后的日子里，她们可以和丈夫一同成长，而我们访谈过的女性则相信，在走上结婚红地毯之前，按照自己的意愿和方式生活，是保障婚姻关系持久的最佳途径。从本质上说，"婴儿潮"时期出生的人的女儿们，已经把她们母亲的游戏规则完全颠倒过来了。有意无意地，我们似乎都在寻求某种"离婚保险单"一类的东西，通过全神贯注于我们的职业生涯，通过追求让我们充满激情的个人理想，通过推迟结婚年龄从而掌控自己生活的企图，看起来是求得"保险单"的得当方式。

对"离婚保险单"的追求，部分解释了为什么只是过了一个时代，女性的结婚时间表就发生了如此深刻的变化。柯莉·鲁宾的继母谢莉对此有很精辟的概述："虽然我和我的女友在校园里是激进分子，不过，我记得我们谈过，最好在25岁之前就结婚。现在，如果我最小的女儿要在25岁的时候结婚，我会担心的。"

其实，谢莉大可不必为此忧心忡忡，因为在我们采访过的近期毕业的女大学生中，大多数人的头脑里还从来没想过，婚礼钟声会很快鸣响。这些二十多岁的姑娘们告诉我们，在她们想与他人一起生活之前，她们要把自己的几个重要事情做好。在我们的采访对象中，年龄稍微大些的女性，尤其是那些生活在城市里的职业女性说，她们在30岁生日前后的日子里，甚至都不会去严肃考虑关于结婚的事情。考虑到一般女性的生育能力在27岁的时候开始下降，这种推迟结婚年龄的取向所隐含的潜在代价实在不能低估。

芭芭拉·达福·怀特海德博士在其引起广泛关注的《离婚文化》（*The Divorce Culture*）一书中写道："离婚的潮流显示出，向浪漫关系中的投资，尤其是那些向承载着义务和责任的、永久性关系的投资，是极具风险的投资。所以，最保险的投资就成了向自己投资。"在现实中，"向自己投资"无可争议地就成了向自己的职业生涯投资，我们访谈过的很多女性在她们二十多岁到三十岁的那段时间一直身体力行。这种"投资"取向也反映在拉特格斯大学和盖洛普公司（Gallup）联合调查的结果中：在二十多岁的女性中，有65%的人认为，在结婚之前从财务上获得"独立"对她们说来极为重要，82%的人说，将财务安全的希望寄托在婚姻上对女性来说并不是明智的选择。

为了发起向成功的总攻，我们还必须成为工作中的佼佼者，我们中的很多人在公司"爬升"的速度，即使是在10年前也是无法想象的。当我们受到婴儿潮时期出生的女性在职业上获得成功的激励时，当我们受到空前的发展机会感召的时候，X/Y一代女性的第一条"圣训"就成了："你不能浪费任何机会!"事实上，我们也确实没有蹉跎岁月。

但是，全身心地投入工作让我们与很多"副作用"不期而遇。我们很多同龄人忙于参加各种会议、出席公务在身的公司活动，或者试图早日实现开办自己的餐饮企业/唱片公司/画廊的梦想，而与此同时，却忘了在自己的掌上电脑里输入"享受生活"的提示信息。之所以这样，并不是因为X/Y一代职业女性头脑浅薄，也不是因为她们过于关注自我，我们并不是那种你在电视上经常看到的穿着周仰杰①和莫罗·伯拉尼克②的姑娘（我们要忙碌得多，根本没有时间为某些品牌的鞋子着迷，也没有时间每天晚上都去喝上一杯 12 美元的"四海为家"③）。当然，我们一路打拼过来，也见识了沿途的美妙风景——去西部滑雪、在楠塔基特水域航海④、与如意郎君缱绻而居。但是，周末和假期总是不能进入我们的生活，我们一直在一路狂奔，去追求更高的学位，去追寻我们的梦想，去竞争总经理的头衔，所以，根本没有多少时间可以用来培育深厚的爱情。在我们访谈过的职业女性中，即使是那些最幸福的人，独自一人挨过周末夜晚的数量也远比你想象得还要多。

30 岁的女人相当于 50 岁的男人？

要参加拉拉队的排练，要出席学生会会议，要上钢琴课，还要参加学校排演的《第四十二街》的舞蹈彩排，莉阿·麦考每天在学校里度过的 12 个小时被排得满满的。后来，她以优异的成绩从乔治城大学法学院毕业，而且还是班里年龄最小的学生。她甚至想"跳跃前进"，想在毕业之前，就去纽约，去就职早已等待着她的那份法律电视节目制作人的工作。莉阿·麦考步履匆匆。

29 岁的时候，莉阿·麦考的一切都很顺遂：一份很好的工作，不断增长的薪水，在业界建立起来的知名度，等等。但是，似乎有什么东西不对劲，自少年时开始，莉阿·麦考就一直马不停蹄地快速前进，所以，她很清楚，如果现在她不"暂时停下来"，想一想自己的生活选择问题，想一想自己要面对的首要问题，她可能永远都不会有机会了，尽管一轮新的经济衰退正像暴风雨来临前的乌云一样滚滚而来，尽管当她临近 30 岁生日的时候，这轮经济衰退的涟漪将波及她的职业发展道路选择，但莉阿·麦考觉得，这些外部变化依然无助于她消解自己的焦灼感。

在一轮通过电子邮件与自己的中年男性老板进行的讨论中，莉阿·麦考试图让老板明白为什么那项特别的工作并不适合自己，期间，莉阿·麦考无意中得到了新的启示。她在电子邮件中写道："对女人说来，进入 30 岁的门槛，就像男人

---

① Jimmy Choo，也译为杰米，同品牌鞋的设计师，该品牌皮鞋价格昂贵，深得名流宠爱，并在很多影视作品中出现。

② 也译为马诺洛·伯拉尼克（Manolo Blahnik），人称为高跟鞋中的贵族品牌，其设计师马诺洛一直是时装界的传奇人物，被誉为世界上最伟大的鞋匠，他设计的鞋典雅别致，流淌着性感的线条。

③ "四海为家"为一种果汁甜酒。

④ Nantucket，美国马萨诸塞东南一岛屿，位于科德角以南。直到 19 世纪 50 年代中期都是一个捕鲸业中心，现今是深受欢迎的游览胜地。

撞进了 50 岁。"当她点击"发送"按钮的时候，她意识到，为什么这种说法并不是空穴来风。到了 30 岁，莉阿·麦考和我们访谈过的其他职业女性开始探究自己的职业发展未来，因为她们在这时开始质疑，怎么才能将丈夫和孩子最终纳入到自己的职业生活现实中，因为自己创造出的这种职业生活既复杂，而且又常常搞得自己筋疲力尽。作为一个群体，我们对独立和自力更生的推崇，并不意味着婚姻和为人母对我们来说不再是首要议题：在二十多岁的职业女性中，有 90% 的人认为，结婚和生儿育女是她们获得幸福"极为重要的"关键。所以，虽然我们很多人的价值观依然与传统观念一脉相承，但是，就如何将我们的价值观与职业发展的匆匆步履协调起来的议题，并没有清楚的原则可供遵循。

职业女性在 30 岁时的感受，恰恰是男人在 50 岁时，因为觉得无力掌控某些事情（他的头发开始灰白起来，不断地脱发，体重也开始增加）而生发的失落感的真实写照。50 岁的男人感觉到了权力和力量的流逝和转移，他看到，更年轻的、更富有热情的也更有资格（同时工资也更低的）的小伙子，开始在职场中形成了对自己的威胁。他很清楚，如果他现在不能在职场中竭尽全力地突破，自己很快就会"靠边儿站"。这种逼仄而紧迫的感觉，恰恰是莉阿·麦考考虑下一步的重要行动应该如何实施时的感觉。但是，并不像她父亲那一代人，他们的中年危机源于对"自己的时间都跑到哪儿去了"的困惑，我们这一代人提前到来的中年危机，则是出于对以后的时间不知道应该如何安排的惊恐。

垮了下来

具有讽刺意味的是，整整一代正在遭受中年危机折磨的有着良好职业背景的职业女性，之所以深受危机之苦，部分原因在于年轻时接受的"一切皆有可能"的训诫，从很多方面来说是切实可信的。人类历史上，第一次出现了法律事务所女性合伙人、女副总统、女总会计师，以及 30 岁刚出头就当上了高级经理人的女性，此外，很多职业女性还在二十多岁的时候就获得了相当可观的收入。然而，无论年轻的职业女性在组织中的头衔如何，我们的调查和研究结果告诉我们，在全国范围内，很多受过大学教育的职业女性在其 30 岁左右的时候普遍认为，"一切皆有可能"的理想太过虚缈，难以实现。一次又一次地，我们的访谈对象向我们坦承，她们日常生活的某些方面，正在与她们固守的价值观和一直在追求的高远目标渐行渐远、相互冲突。有些人谈到，她们的职业生活与个人生活似乎发生了很难调和的冲突。30 岁中年危机现象的普遍存在告诉我们，我们都在经受着日渐强烈的焦灼感的折磨，这种焦灼感源于我们在迫切寻找通往更高境界

的途径——没有任何标示的出路而不得时的恐慌。

"自力更生"、"依靠自己"的精神一直引导着我们两人——以及我们访谈过的大多数职业女性的行为，因为在孩提时代，成人们就教导我们，要自己解决问题。在中学时代、在大学里甚至在初入职场的时候，这种原则确实屡试不爽。但是，当我们闯进了30岁的门槛以后，当我们与不可避免的、远不是自己可以掌控的矛盾不期而遇的时候——无论这种矛盾是由于老旧的公司文化所带来的系统性问题，还是因为我们对"工作/生活"的期望与现实之间出现的难以弥合的落差和断层，我们独立解决问题的能力（"我做错了什么？"以及"我怎么才能做得更好？"）就变得不再所向披靡，不再能切实解决问题了。

纽约大学的社会学家凯瑟琳·吉尔森（Kathleen Gerson）博士领导了一项名为"性别解放那一代人的子女"的研究项目，这个项目的研究对象是18岁到30岁年轻人，研究结果"对我们为什么会在问题面前表现得萎靡不振的现象"提供了某些解释。凯瑟琳·吉尔森博士解释说，从某种程度上说，整个世界在我们成长的过程中，发生了颠覆性的变化。现在的年轻女性依然认为，她们的职业生涯将会持续很长的时间，她们的婚姻会是平等的，她们也都会生儿育女。但是，尽管某些事情发生了根本性的变化，有些环节则"依然故我"，而美国的公司文化就没有跟上时代变迁的脚步。在各种组织中，他们非但没有为女性创造出更便于承担家庭责任的新工作模式，而且大部分大型公司只为那些"一根筋"的工作狂提供平等的工作机会。凯瑟琳·吉尔森博士指出，事实上，历史上最长的工作时间更变本加厉地增加了职业女性的紧迫感。

我们的策略是"各自为战"

你或许会问，为什么X/Y一代女性不联合起来，为每周四天工作日的目标起而抗争呢？为什么我们不吁请挪威人享受的那种慷慨休假政策呢？我们为什么不请求在每家公司都设立幼儿园呢？我们在调查的早期就发现，虽然我们的同龄人很显然都面临同样的问题，然而，我们却没有考量其中的宏观背景，相反，我们将自己的焦虑独自吞下，我们只关注自己的生活状态，更不用说呼吁普遍的变革了。我们访谈过的职业女性并不缺乏社会良知，但是，当她们在生活中遇到难题的时候，她们以往的经验常常让她从本位的角度来判断自己的处境。在一次访谈中，国家广播公司新闻频道（NBC News）的副总裁谢丽尔·高尔德（Cheryl Gould），谈到她的同龄人（婴儿潮时期出生的人）与现代的年轻职业女性在面对问题时的不同态度取向："我们那一代人更富有政治热情，我们常常将改变某些事物视为政治运动，当工作中的某些环节必须变革时，如果你认为你自己也是变革力量的一部分，那么，你会感觉到自己承担着创建美好未来的使命。"

康奈尔大学的荣誉退休教授、社会学家伯纳德·罗森（Bernard C. Rosen）博士在其名为《面具和镜子：X一代和变色龙人格》（*Masks and Mirrors：Generation X and the Chameleon Personality*）的著作中，探讨了X一代人的心路历程，他在书中解释道："婴儿潮时期出生的那一代人确信，他们可以改变世界，而且事实上他们也确实改变了世界。而X一代人则认为自己无力改变世界。"扬克洛维奇调查公司（Yankelovich）最近进行的一项调查佐证了伯纳德·罗森博士的判断：X一代做了母亲的女性中，有53%的人认为，一个人的主要责任是对自己和孩子负责，而不是改变世界，而在婴儿潮时期出生的人中，持同样观念的人仅为28%。婴儿潮时期出生的人对改变世界持更乐观的态度，而讲求实际的X一代人对整个社会系统的信任度则要低得多，因此他们不试图去改变世界，而是转而各自为战，保护自身的利益。

当然，我们这一代人也确实有足够的理由对国会山持怀疑态度。毕竟，当我们还在幼儿园的时候，就听说了"水门事件"，成年以后，又经历了"伊朗门丑闻"（*Iran - Contra*）①，而当我们初入职场的时候，总统和一个实习生有染的绯闻又在全国闹得沸沸扬扬。此外，加里·康迪特②之流的阴暗世界展现在我们面前并没有给我们的生活带来什么有益影响，不是吗？更不用说"治国精英"了，人们忍不住会想，在这样的现时政府中——42位参议员以及2004年的几位民主党总统候选人都是百万富翁，内阁成员中有10%的人身价超过1000万美元，普通人的位置在哪儿？同样，光彩照人的首席执行官们也无法让人信赖③，我们不相信他们会满足我们的生活需要，即使他们明明知道我们的问题所在。就连美联储主席阿兰·格林斯潘也承认，"毫无责任感的贪婪"已经把持了公司董事会会议。所以，我们已经很清楚了：要解决自己的问题，我们似乎只能靠自己了。

---

① 1987年，美国人得知里根政府曾秘密向伊朗出售武器，试图为美国人质换取人身自由，这些人质被伊朗霍梅尼政府所控制的激进组织囚禁于黎巴嫩。后来的调查披露，这些武器交易中所得的款项被转移到尼加拉瓜反政府武装组织的手里，但此前，美国国会早已禁止此类性质的军事援助。这便是日后掀起轩然大波的"伊朗门丑闻"。

② Gary Condit，美参议员，平时给人以风度翩翩的印象，后爆出他与24岁的政府实习生坎德拉·列维（Chandra Levy）发生过不当性关系，加里·康迪特对此也予以承认。后来，坎德拉·列维突然从公众面前消失。该事件引起了美国各界的强烈关注。

③ 我们一下子就会想到安然公司的肯·雷（Ken Lay）、世通公司的伯纳德·埃博斯（Bernard Ebbers）和泰科国际公司（Tyco）的丹尼斯·克茨洛斯基（Dennis Kozlowski），丹尼斯·克茨洛斯基曾经担任泰科国际公司的首席执行官，他在即将受到偷逃销售税的指控之前辞去了领导者职位，他和公司的首席财务官从公司获得了6亿美元的非法收入。

期望断层

最近，莉阿·麦考出席了一个为广播电视界女性举办的午餐会，期间，芭芭拉·沃尔特斯[1]谈到了一份调查报告的内容，那份报告谈到了运气在事业成功中所扮演的角色。报告显示，在婴儿潮时期出生的职业女性中，大部分卓有成就的人将自己的成功归之于运气，但是，婴儿潮时期出生的事业有成的男性则认为，运气在他们的成功中几乎没有作用。宗毓华[2]和莱斯莉·斯塔尔[3]都笑着对在座的女士们说，她们在电视界的成功完全是因为她们"撞上了好运"，起因是哥伦比亚广播公司的那次积极行动——"他们需要一个亚洲人代表，需要一位金发女郎，而且他们还需要一位肖伯纳式的理想主义者和人道主义者"。她们打趣说。

现在想起来，她们当时的交谈虽然轻松愉快，不过，她们之间的对话也反映了不同年代职业女性对期望断层或者说期望差异的认识。不像那次午餐会上的女性们（也就是我们母亲那一代女性），我们从来都不是工作场所的唯一女性员工，没人问我们打字技巧如何，也没人让我们给端杯咖啡什么的。事实上，在莉阿·麦考的职业经历中，她的女上司比男上司还多。所以，作为不同时代的职业女性，我们在事业的发展上可以走多远，以及应该走多远，完全根植于不同的文化背景。

《乱世佳人》的作者玛格丽特·米切尔，以及其他深谙人类傲慢与谦逊品格的人曾经说过："生活没有义务满足你的期望。"那次午餐会上的职业女性（婴儿潮时期出生的女性）深知，玛格丽特·米切尔为我们揭示了一个真理，所以，她们一直勤勉工作，但是，她们同时也明白，有些事情是自己无力掌控的，也因此，当她们谈到运气在自己的成功中扮演的角色时，依然谈笑风生。不过，对我们这一代职业女性来说，似乎没有注意这种重要细节。直到现在，我们中的大多数人依然怀有这样的假设：我们可以成为任何人，只要我们足够优秀。当然，我们也知道，"天时、地利"确实有助于我们取得成功，但是，在我们的头脑中，我们总是把成功完全寄望于奋斗和优秀的品质，而且一直固守着这样的假设。毕竟，我们自从第一次参加足球队的时候就接受了"女性力量"训练营的训练。

---

[1] Barbara Walters，美国广播公司著名电视节目主持人。
[2] Connie Chung，英文名为康妮·宗，著名华裔新闻节目女主持人，曾先后在哥伦比亚广播公司、国家广播公司和美国广播公司三大无线电视网担任新闻主播。
[3] Leslie Stahl，哥伦比亚广播公司著名节目主持人。

但是，从我们青年时代起就一直激励我们的"一切皆有可能"的"符咒"，却有意淡化和忽略了我们即将面对的社会障碍，所以，当事情并没有按照我们精心谋划的图景展现在面前的时候，我们不会将其归咎于社会，相反，我们会自怨自艾。这正是二十多岁及三十岁左右受过大学教育的职业女性正在经历的心路历程，她们觉得，所有的"游戏规则"顷刻间都变得面目全非了。另外，当突如其来的新经济泡沫破裂也在同时期发生时，她们的烦恼变得更为难以忍受。正像随处可见的股票行情显示板不断提示我们的，纳斯达克以及上市公司正在溃败，同样，我们的"个人资产"也在不断"缩水"，而且我们遭遇的问题是我们不曾预见过的，是令我们迷惑不解的，同时也是无法自行处理的。30岁的中年危机就是我们这个群体试图重新站稳"脚跟"时遇到的困境。

整个社会体系的失败

首先，在我们的个人生活中，我们觉得自己受到了"诱饵调包手法"的欺骗，人们告诉我们，一切都来得及，但是，后来，曾经在二十多岁时被认为前途无量的职业女性，在三十岁左右的时候开始被人视为"老处女"。当眼看着身边的朋友们开始成双结对、步入婚姻的时候，突然间，我们很难再找到优秀的如意郎君了。我们还在拼尽全力挣钱以偿还按揭贷款的美妙公寓，不再那么迷人了，它们看起来小得令人生厌，而且一派凄清。生活在城市中的女孩子开始渴望真正的家，而不是只有两个房间的家。曾经鼓励我们独立生活的父母现在常常告诉我们说，他们从《时代》杂志上看到了令人惊恐的统计数字，年薪达到或者超过100000美元的职业女性中，只有8%的人是在30岁以后结婚的，其中，35岁以后结婚的人只有3%。

其次，当我们试图从朋友那里得到些许帮助的时候，我们发现，那些曾引领流行文化潮流的先锋们现正在心无旁骛地走自己的路。瑞秋（Rachel）和罗斯（Ross）有了自己的宝宝，莫妮卡（Monica）和钱德勒（Chandler）正在准备领养一个孩子[①]。《时尚》杂志为年轻的妈妈们推出了一期特刊，封面上，一位超级模特牵着她蹒跚学步的儿子。著名奢侈品品牌古奇（Gucci）发动了一场渗透到所有角落的广告战役，主角就是人们的"终极配饰"——一个胖嘟嘟、灿烂笑着的婴儿。与此同时，坎迪斯·布什奈尔[②]出现在《纽约时报》的"婚约誓言板

[①] 雷切尔、罗斯、莫妮卡和钱德勒均为美国热播电视剧《六人行》中的人物。
[②] Candace Bushnell，坎迪斯·布什奈尔：美国畅销书女作家，为美国热播电视剧《欲望城市》的原著作者。

块"，帕特丽夏·菲尔德①正在为萨拉·杰西卡·帕克②设计孕妇装，奥尔森姐妹③站在时代的潮头，双双登上《名利场》（Vanity Fair）和《福布斯》杂志的影响力排行榜。布丽奇特·琼斯④和她那群单身主义同党，突然间就像不再流行的衣服垫肩和暖腿套一样，做"鸟兽散"了。

而在此期间，我们中的很多人丢了工作，而那些幸运保住工作的人在经济衰退面前也一筹莫展。一年前，在办公室还被视为"黄金姑娘"的年轻职业女性，在经济动荡面前，也很难赢得从弱者到强者的蜕变。当你 27 岁时，当你满脑子都是出色创想时，人们会认为你是个能干的"小妹妹"，那时候，你看似前途无量，你的工作对组织很有建设性，另外，我们也要面对这样的事实，你是个相对便宜得多的劳动力。但是，将你纳入到职位升迁的体系、为你加薪则完全是另一回事儿。尽管公司层级体系的老旧框架已经松动，不过，它们并没有被击溃，没有消失，而一旦你即将登上官僚阶梯的某个"横档"，好了，它们会用某些很微妙甚至明目张胆的方式猛烈地攻击你。因此，很多勤勉工作的年轻职业女性（接受了长达 10 年每天工作 12 个小时的劳务合同，而且希望自己不久就能得到回报的职业女性）发现，她们一头撞上了从未预想过的公司政策"南墙"。自从毕业以后，就一直觉得安全无忧的知识精英也失去了安全感。

虽然并不是每个人都想在 30 岁时为自己设定竞选副总统或者成为法律事务所合伙人的职业发展目标，但是，30 岁出头的时候，自己的职业发展路径从某种程度上说已经清晰可辨的压力，对几乎所有职业女性来说，却都是普遍感受得到的。当你二十多岁的时候，如果你常常搜寻其他工作机会，常常企图跳槽，你的行为还是可以得到社会认可的，但是，30 岁以后，这样的"恩典"很快就消失了。现在，毕业后曾经尝试过很多职业的职业女性谈到，她们有一种在某个适合的工作上安顿下来的迫切愿望。而在这时候，"期望的断层"就产生了，无论你在公司的职位如何。

在我们中间，即使是那些 20 岁出头时就抱定清晰的传统从业观念的职业女性，也没能幸免遭受同样压力的侵扰。我们曾经和许多追求激情表达、放荡不羁的文化人交流过，他们也感觉到，自己受到的社会压力比以往任何时候来得都更强烈。社会对超过 30 岁的职业女性的判断也发生了有趣的变化，描述她们的形

---

① Patricia Field，美国著名时装设计师，为电视剧《欲望城市》的服装设计师。
② Sarah Jessica Parker，美国演艺明星，《欲望城市》中的第一女主角。
③ Olsen，奥尔森姐妹是对漂亮的孪生女孩，出生于加利福尼亚的中产家庭，自小进入演艺圈，出演过很多角色。
④ Bridget Jones，影片《布丽奇特·琼斯单身日记：理性边缘》的女主角，该片也译为《BJ 单身日记 2：理性边缘》Bridget Jones: The Edge of Reason。

容词开始出现变化——一度"抱负远大"的演员/电影制片人/音乐家/作家，超过30岁以后，开始被公众视为"赶超崇拜者的人"或者"业余艺术爱好者"，尤其当她们还没有在什么影片中担任主角、没有制作过自己的影片、没有发行过一张唱片，或者还没有写出她们那代人的《战争与和平》的时候。

我们这一代人所遭遇的"莫可名状的问题"，在结婚和生儿育女之后变得更为严重。作为"性别解放那代人的女儿"，也是被职业母亲带大的最大群体，我们必须走上一条全新的、更富有创造性的道路，以便在我们自身的职业发展和养育孩子之间达成更好的平衡，不是吗？不！还记得那些人口普查统计数据吗——那些受过大学教育的X一代职业母亲们，正数量空前地离开职场，这就是故事的开始。在接下来的几章，我们将探究"职业—家庭"如何平衡的问题，并要回答一个盘桓在很多母亲和女儿们（也包括经济学家、历史学家、作家和政治家）头脑中的问题：为什么如此之多的X一代职业母亲辞掉了工作？是市场和职场的变化造成了职业母亲潮涌般地退守家中吗？还是我们正在见证"脖子上挂钥匙的那代孩子"终于对社会生活发起了对抗？

最后，全球发生的重大事件，即20世纪90年代后期和新千年的初期，对我们迫切需要了解自己生活意义的渴望，无疑从情感上产生了深刻的影响。当我们直面突发的经济衰退时，当我们面对"9·11"事件以后的生活时，我们这些以鲜明的独立个性而存在的一代人，以某种极富戏剧化的方式，在共同的失落感和挫败感面前被"集结"了起来。我们所有的人，无论每个人的选择是什么，无论每个人如何感知这个世界，无论每个人还怀有什么样的恐惧和遗憾，都开始在同一时间意识到，只要我们还想看重自己的影响力，我们就该认真改变我们的生活了。

现在，到了我们崛起的时候了。

30 岁以后

当我们两人都陷入各自的生活危机时，我们都听过很多次约翰·列侬那段对生活的著名表达："生活就是当你忙着制订其他计划时发生在你身上的事情。"回顾过去几年我们得到的教训，想及过去几年发生的事情，现在，我们相信了。最后，我们得到了这样的结论：生活并不是秩序井然的事件组合，从它最为凌乱的组合中间，我们还有很多东西要学。但是，这样的认知并不是X/Y一代"成就童话"完结的标志，也不意味着我们会因此沉浸于感伤的怀旧情怀中，更不意味着我们会陷于"珍妮·奥斯丁式"①的焦虑无法自拔。相反,这样的觉醒标志着一个新篇章的开始,在这个新篇章中,像我们一样的职业女性开始认识到,生活,是一场马拉松,需要持久的耐力和坚忍,而不是一个令人透不过气来的疯狂冲刺,因为生活永远都不会有那么一条我们都曾希望横在远处的终点线。

尽管我们认识到,"拥有一切"是比"圣杯"更为虚缈、更难求的境界(至少我们这样认为),不过,通过调查和研究我们也发现,很多充满悟性、令人鼓舞甚至有些疲惫不堪的职业女性还是从生活的迷局中获得了重要发现,我们从他们的故事中可以得到很多启发和教益。此外,我们以前认为相互独立的问题,以及完全是个人化的成功案例,实际上可以引导其他职业女性获得自己的重要发现,可以帮助她们自行做出决策。通过给"莫可名状的问题"一个清晰定义的尝试,我们希望,本书有助于年轻的职业女性更好地了解,即使当她们看似已经拥有了很多、已经志得意满的时候,她们为什么还会觉得如此困惑、如此无能为力。

30 岁或许确实是进行自我评价和求变的转折点,但是,它同时也是一个"再生"的机遇。30 岁的时候,J. K. 罗琳(J. K. Rowling)——凭借《哈里·波特》系列作品成为亿万富翁和作家——在孩子小睡时在餐巾纸上潦草地写着儿童故事;30 岁的时候,九次格莱美奖得主谢乐尔·克劳(Sheryl Crow)还是一个名不见经传的歌手;30 岁的时候,玛德琳·奥尔布赖特——最终成为美国历史上第一位女性国务卿,同时也是美国政府历史上职位最高的女性——还没有从法学院毕业;直到 34 岁,莎朗·斯通(Sharon Stone)才以其令人毛骨悚然的性题材影片《本能》为自己赢得了显赫声名,才得以笑傲年轻人统辖下的好莱坞。

因为某些习惯很难根绝,同时,我们中的大部分人依然不想放弃"你不应该浪费任何一个机会"的"誓约",所以,我们更不应该低估我们即将面临的可能机会。有一点已经变得十分明显了:在 30 岁的时候,你仍有足够的时间实现自己的梦想,这个年龄可以让你对自己的目标有更清楚的判定,同时,也让你更专注。

不过,不要误会,在这场"游戏"中,我们需要翻越的"门槛",从来没有像现在这么高过。对自由选择生活方式的这场论争该偃旗息鼓了。事实上,觉得通往美好未来的大门已经闭锁的无奈正是我们写作本书的初衷,虽然我们并没有足够的学识对未来做出从逻辑上说必然会出现的情形的判断,不能睿智而精明地

---

① 珍妮·奥斯丁:1775—1817,英国女作家,以其对中产阶级的行为方式、道德观念的深刻观察及其讽刺、机智、细致的文风而著名。《傲慢与偏见》及《爱玛》为其小说的代表作。

预测未来。此外，尽管我们现在很清楚，就我们所面临的困境而言，并不存在简单的答案，不过，我们确实了解某些不容否认的事实。在接下来的章节中，我们将与你共同探讨我们的观察所得，就像它们给予了我们帮助一样，我们希望，它们也会对你有所裨益。

当我们将所有的信息详细记录、讨论、分析以后，我们从我们这一代人所面临的 30 岁的中年危机中得到的最重要启示就是：当我们 30 岁的时候，它确实发生了。不过，我们所有的人，那些追随女权解放运动脚步、同时也是受到女权运动结果很大影响的一代女性，都还有时间摆脱危机，只要我们有勇气利用自己的控制力和展示自己，不断提高应对难以预料的生活律动的技巧。如果我们愿意倾听那些一路走来颇有心得的职业女性的心声，如果我们肯于向她们学习，那么，我们就可以宣称"一切皆有可能"的梦想——我们极为推崇但尚不明晰的梦想——终能实现。

第二章

新玻璃屋顶

柯莉·鲁宾出生前几个月，她的外祖母来看怀孕的女儿和当律师的女婿以及蹒跚学步的第一个外孙子乔希。柯莉·鲁宾的外祖母是个小学图书馆的图书管理员，接近退休年龄时，思想越发激进起来，在教研室，或许因为太过激昂地谈论肯·凯西①、大卫·威斯科特②和贝蒂·弗里丹的书，她成了无伤大雅的流言攻击的中心人物。

那个周末，柯莉·鲁宾的母亲和外祖母一起去超市购物。她们在货架间边走边聊，柯莉·鲁宾的外祖母问她的母亲："近来你喜欢吃什么冰淇淋？"

柯莉·鲁宾的母亲从硕大的冰柜中拿出一盒"布雷耶"③，那是一种一半是巧克力一半是香草的冰淇淋，对外祖母说："我总是买这种，这种冰淇淋很好，埃里克喜欢吃巧克力的，乔希喜欢吃香草口味的。"

"是的，可你喜欢吃什么样的冰淇淋呢，贝芙？"

柯莉·鲁宾的母亲一时没明白外祖母的意思。"我刚告诉你了，这种冰淇淋就很好。乔希喜欢吃香草口味的，埃里克喜欢吃巧克力的。"

外祖母不依不饶地追问："我知道，可你自己呢？"

柯莉·鲁宾的母亲这时候明显有些不高兴，把布雷耶冰淇淋放进购物车，不耐烦地说："巧克力的给埃里克，香草的给乔希。这种就很好。"

---

① Ken Kesey，美国著名"垮掉派"作家，发表于1962年的小说《飞越杜鹃窝》，被认为深受当时美国反传统、反秩序、反主流的文化思潮影响。

② David Viscott，国际知名学者，同时担任一个曾获艾美奖的脱口秀节目主持人，出版过《情感语言》、《如何与另一个人相处》、《冒险》和《情感的自由》等多部著作。

③ Breyers，美国知名冰淇淋品牌。

柯莉·鲁宾的外祖母那些天非常"好斗"，她没有让柯莉·鲁宾的母亲轻易逃脱："贝芙，我是说，你到底喜欢吃什么冰淇淋呢？"

这就是事实的症结所在：柯莉·鲁宾的母亲不知道如何作答。在她模糊的记忆中，她只记得当她还是个孩子的时候，在纽约市布朗克斯区的家里，吃过开心果冰淇淋蛋筒，她不知道她喜欢吃其他什么样的冰淇淋。就是在那一刻，在纽约城外奥尔巴尼（Albany）一家超市的冷冻食品区，有什么东西触动了柯莉·鲁宾的母亲，她知道，是到了有所改变的时候了。

20世纪70年代，从格洛丽亚·斯泰纳姆①到玛丽·泰勒（Mary Tyler），所有的人都信奉这样的论断："冰淇淋的选择困境"将女性解放之路直接引向了办公室。这也正是柯莉·鲁宾的母亲以及和她情况相似的1300万女性在1975年到1985年间的追求所在。旧金山的心理学家和作家伊里尼·菲利普森②博士写道："从20世纪60年代末期开始，大部分女权运动开始将注意力锁定在女性的独立和自主决定权上，通常表现为热衷于参加工作……女权主义者们义无反顾地投身于工作中。职业女性最终发现，正是在工作场所，她们既可以取得和男性平等的地位，而且，还可以满足自己在家庭中无法得到的自我实现愿望和成就感。"

我们的母亲们付出了艰苦卓绝的努力，为此，她们的女儿们才传承了这样一个充满机会的世界，尽管30年已经过去了，我们依然应该感谢她们。今天，在教育领域，一个新的"性别断层"又浮出水面：在大部分标准化的考试中，女生的得分普遍超过了男生；在大学校园和研究生院，女生的数量也超过了男生。离莉阿·麦考的居所几个街区远的一栋大楼上，《科兹莫女孩》（Cosmo Girl，也译为《娇点Cosmo Girl》和《时尚娇点Cosmo Girl》）杂志制作了这样一个醒目的户外广告牌，我们可以将其视为当代女性新潮流的外在表现，上面写着："尊重她吧！有一天，她会管理你的公司事务。"此外，女性获得的权力还造就了她们创造收入的能力，现在，有近30%的职业女性比她们的丈夫挣钱更多。

是的，我们已经走过了很长的路程，但是，姐妹们，我们还必须看到这样的事实：有很多事情并没有什么改变。虽然女性的发展空间已经得到了实质性的拓展，但是，企业文化和社会习俗还有很多"依然故我"，两者之间形成的久远断层把我们这一代女性引向了新的十字路口。

---

① Gloria Steinem，美国妇女运动领袖、著名政论家和作家。
② Ilene Philipson，社会学与临床心理学双博士，曾任教于加州大学柏克莱分校和圣克鲁兹分校以及纽约大学。现为临床心理治疗专家，并担任柏克莱工作家庭研究中心研究员。

最新的统计数据为我们观照我们同代人的困境提供了便捷的视角：在 25 岁到 37 岁的女性中，有 75% 的人认为，她们的工作扰乱了她们的个人生活，其中，超过三分之一的人觉得，工作与生活的冲突相当严重。辞去工作的职业母亲数量创造了新纪录，一个又一个的调查、一项又一项的研究、一次又一次的统计都反复证明，只要能保证工作时间的安排更富弹性，30 岁左右的职业女性会欣然接受薪水较低、职务也不那么显赫的工作。看到公司的高层经理人选择放弃为母之道的现实，看到很多职业生涯正如日中天的职业女性放弃工作回家养育子女的现状，现在二三十岁的女性得出了颇令人忧虑的结论：她们不但根本不可能"拥有一切"，而且她们只能做出非此即彼的抉择。

具有讽刺意味的是，我们再一次要用"非黑即白"的两元判断来观照这个世界，我们再一次遇到了"巧克力和香草"的命题。

新玻璃屋顶

我们撞上了"新玻璃屋顶"，它让那些渴望除工作以外拥有完美生活的职业女性充满挫败感，它不允许那些女性拥有除工作以外的美好生活。尽管其他年代的职业女性同样要与超长的工作时间和性别歧视斗争，但是，我们这一代的特殊背景——既有空前的工作机会，又要忍受世界上最长的工作时间——引发了我们对自己生活的质疑，让我们对自己的生活情境大感意外，而且让我们对生活的选择充满了矛盾心理。感谢我们前一代的女性，正是因为她们的努力，X/Y 一代的女性才无须再怀疑他们是否可以成为首席执行官、神经外科医生或者参议员了，不过我们所面临的问题是，女性担当这些职位到底要付出多大的代价？

麦当劳公司的律师和西北大学校友会的活跃分子凯斯瑞恩·马斯纳（Kathryn Mlsna）告诉我们，她注意到，那些向她寻求帮助的大学毕业生就应该优先考虑什么问题的心态发生了变化。10 年前，大多数女大学毕业生向她提出的问题和男生提出的问题没有什么两样，从根本上说，他们都想在向"《财富》500 强企业"申请体面工作的过程中求得他人的帮助。现在，这种心态已经完全变了，她说，即使是那些成绩优异的女大学毕业生，向她提出的也是职业选择策略的系列新问题，表达的也是全新的关切和忧虑，她们想从她那里得到她们怎样才能设计一个既有意义又不牺牲个人生活的切实建议。

最近，31 岁的埃伦（Ellen）多次向自己提出过这个问题。客观地说，你不会觉得她也会陷入三十左右的生活危机中。她是一位身材窈窕的加利福尼亚金发女郎，天生丽质，颇有卡梅隆·迪亚茨①的风范，她的微笑极为迷人，身着佛瑞德·西格尔②套装，戴着古奇太阳镜，让她看起来超凡脱俗，更重要的是，她非常聪明，颇富才情，她非常清楚好莱坞的游戏规则，而且，数年来，她在那种惨烈的、反复无常的竞争环境中一直如鱼得水、游刃自如。

尽管人们很容易就此对她艳羡不已，不过，一个人的外在表象常常很有欺骗性。她曾经走遍好莱坞的黄砖路，窥探在幕后工作的男人们和女人们的状态，结果让她大失所望。当她预想前面的生活时，她丝毫没有为自己的未来激动不已、心荡神驰，相反，她吓得半死。

❖ 埃伦（ELLEN），31 岁
纪实节目制片人
洛杉矶，加利福尼亚州

我上中学的时候，被大家评为"最有望获得奥斯卡奖"的女生。我确实一直想当一个演员，不过，还没来到洛杉矶的时候，我就意识到，幕后的工作更有意思，所以，我改了主意。我的第一份工作是制作谈话节目，后来，开始做纪实类电视节目。现在，我的工作就是关注新动态，并帮助同事根据出现的新情况制作新的单期节目和系列节目。

我讨厌抱怨，因为我知道，从很多方面说来，我都应该心满意足了。在洛杉矶，还有很多非常有才情的人在找饭碗，所以，我对自己的收入水平很满意。尽管我到现在还没有找到如意郎君，不过，和我约会的男友还是让家乡的朋友印象深刻，那是一些经常去看洛杉矶湖人队的比赛、经常参加电影首映式的家伙。和他们约会，让我很快乐，但是，迄今为止，我还没和他们中的哪一个确定恋爱关系。坦白地说，都是我的错，在我的生活里，我确实没有时间来打理这类事情。

在这个圈子里工作了 10 年以后，我早就成了"这道风景"的一部分，而且成功地建立了非常好的关系网。只要我愿意，一周里的任何一个晚上我都可以跑到"天空酒吧"放松自己，而且我也经常去典雅的"常春藤"与"不可一世"

---

① Cameron Diaz，1972 年 8 月 30 日生于美国加州的好莱坞明星，具有古巴、西班牙、德国、英国及美国印第安人血统，因出演同名电影被称为"霹雳娇娃"。
② Fred Segal，洛杉矶最高档的时装名店。

的人共进午餐。尽管我在洛杉矶生活得很滋润，可我并不开心。现在的一切曾经就是我的渴望，可为什么觉得有些事情如此不对劲儿呢？有一段时间，我对自己的迷失状态无计可施。

去年，当我去参加一个颇负盛名的午餐会时，我受到深深的触动，那是一次招待好莱坞女性的盛大午餐会。这次活动非同小可，满屋子都是艾美奖①和美国电影演员协会奖（SAG）女得主，甚至还有几位奥斯卡奖获得者，那个场面确实令人难忘。在那儿，我和一位我成年以后一直崇拜有加的女性坐在同一张桌子上。但是，当服务生上西班牙凉菜汤的时候，我环顾左右，开始琢磨她们的生活。她们中没有几个人是结了婚的，和我坐在同一张桌子上的人中有三位是已婚的，其中一位的丈夫是个声名狼藉的骗子，据说要和好莱坞的每一位女模特上床，目前正试图转行进入电影业；另一位已经是第三次结婚了。当我听她们聊天的时候，我能感觉到，她们对生活都感到很失望。我邻座的那位离了婚的导演和我大谈特谈她的生育障碍治疗问题，确实，她说得太多了些。我向她微笑着，不时点点头，我让她不必为此担心，"42岁的女人当然可以怀孕……你看看麦当娜和艾曼②。你根本不用担心。"我语气肯定地对她说。大厅里那些有孩子的女性们呢？她们在工作中耗费了太多的时间，我真的怀疑，她们到底有多少时间留给自己的孩子。

她们的着装都很华美得体，阿玛尼的套装，塞露迪③的皮鞋，远远看去，非同凡响，但是，近距离打量她们你会发现，这些女性看起来疲惫不堪，她们过度使用了保妥适④，要知道，她们的年龄不过才40出头儿。我意识到，我正快速地向她们靠拢，我很快也会成为她们中的一员。

之后，我又看了看大厅的其他地方，我看到，一群年轻的、相貌娇好的助理们正在大厅休息室等候着，等她们的老板用完午餐，我看她们的时候，她们也看了看我。这些女孩子们正在追求我曾经渴望过的工作，她们在求索的道路上也正阔步前行，只是她们比我要年轻七八岁。

离开午餐会以后，我第一次感到真切的惶恐向我袭来。

平生第一次，我开始意识到，我的生活中存在着巨大的、幽深的断层和黑洞，那是一种伤感的、近乎无望的感觉。我可以在最后一分钟在一些知名的餐厅

---

① 美国电视艺术和科学学会每年颁发给在电视节目上有突出成就者的奖项。
② Iman，著名模特。
③ Cerruti，与设计师同名的品牌，其产品被人认为是优雅、气派的代表，在香水、时装等很多时尚领域设计和生产自己品牌的产品，已经成为一个代表性的国际时尚品牌。
④ Botox，美国眼力健（ALLergan）公司研制的美容除皱药物，在美容医学中能用于消除皱纹。

订上座位，可我不知道如何烹饪；我之所以选择了洛杉矶而不是纽约，是因为我想离大海更近些，但是，我居然有两年都没去过海滨了！除了《名利场》或者《好莱坞记者》（*Hollywood Reporter*）以外，我几乎没时间看其他的东西，除了节目大纲和脚本以外，我已经很长时间没写过任何东西了。

除此之外，人们制作纪实类节目的迷狂几乎把我推到了危崖边，现在，谁都可以制作电视节目，风光不再的老摇滚明星，吃臭虫的家伙们，寻求刺激和冒险经历的人，甚至用色相骗取钱财的女人以及孤注一掷的"女光棍儿"！再有，那些制作带来七位数收入的节目制作人还都很年轻。平生第一次，我觉得自己老了。

自此，我开始觉悟到，有些事情非改变不可了。我需要离开洛杉矶休整一段时间，或者找一份更有深度的工作。尽管我目前的工作对我清偿抵押贷款很有帮助，可我在工作中耗费的时间太多了。此外，我还想去电影学院读书，我想成为一个剧作家，不过我现在的工作和我的理想风马牛不相及。至少，我也该养一条狗，到海滨走走了，否则，我会成为对生活环境毫无感知能力的"僵尸"的。

埃伦自从进入她所在的圈子以后，职业的发展就一直很顺遂，她找到了发展自己的捷径。但是，当她试图在娱乐业获得更大的成功时，当她对成功进行定义的时候，她发现自己迷失了。埃伦所面临的危机与那次午餐盛会上那些成功女性30岁时所面临的危机是完全不同的，正是她们的成功，让埃伦有充分的理由确信自己也能在业内青云直上。但是，与此同时，埃伦看到，很多她认为已经"拥有了一切"的人实际上付出了惨痛的代价。因此，埃伦没有为自己在午餐会上赢得了一个席位的成功庆贺，相反，她觉得有一股惶恐的感觉向自己袭来，她的惊恐源于如果沿着成功之路继续走下去，她必须付出社会生活和情感生活中的潜在代价。

还好，埃伦目前的困境从细节上看似乎依然很迷人，表面上她依然显得很成功，但是，让她惶恐的因素却是普遍存在的，是任何人都无法回避的。现在，埃伦以及她的很多同龄人都在试图从生活的迷局中发现通往成功的一条更宽宥的道路。时政记者和小说《最后的炸弹》（*The Lastest Bombshell*）的作者密歇尔·米切尔（Michele Mitchell）表达了同样的冲突性观念："尽管我对'婴儿潮'时期出生的女性所取得的成就充满衷的钦佩，而且，尽管我很清楚我因之享受到了机会如此之多的世界，从而应该对她们的努力心存感激，但是，这并不意味着我也要像她们一样，为了自己职业上的发展不得不做出很大的个人牺牲。这是一个完全不同的时代，我们这个年龄的女性并不想象上一代女性那样生活。"尽管现

在就明确说出年轻的职业女性将如何改写游戏规则还为时尚早,不过,我们从自己的研究中发现了这样一个非常清楚的迹象:X/Y 一代女性,也就是追求女权主义梦想的一代人,似乎开始质疑,按照目前标准衡量,成功的代价是不是太过高昂了。

超长的工作时间

据《芝加哥论坛报》报道,最近,日本人将"过劳死"(也称之为"职业性猝死")(karoshi)收入了字典,"过劳死"意为"死于过度工作"。从 2000 年到现在,尽管《牛津英语词典》收录了 3500 个新词汇——包括"ass – backwards"(粗俗的俚语,意为"向后的"、"倒序的"、"混乱的"),"asymmetrical warfare"("不对称战争":意指交战双方军力悬殊,因此较弱一方使用非传统战术如恐怖活动等的战争),"fashionista"("超级时尚迷"),"bling – bling"(意指奢华的珠宝,意思近似于"够闪、够亮、够炫"),"mochaccino"("摩卡奇诺咖啡":苦涩又甜美的独特咖啡,正如其名,摩卡奇诺咖啡是由摩卡咖啡与卡布奇诺咖啡调和而成)和"bunny – boiler"〔"兔女郎":意指追求抛弃了自己的男人几达变态程度的女人。这个短语源于 1987 年的一部名为《致命诱惑》(*Fatal Attraction*)的电影,女主角疯狂追求前男友,其中有一段她将小兔子煮掉的情节〕等,不过,在英语中尚没有与"过劳死"相对应的词汇。在英语中没有"过劳死"这样的语汇并不是无关痛痒的小问题,因为联合国最近的一个研究结果显示,美国人每周的工作时间比包括日本在内的任何工业化国家员工的工作时间都长,事实上,美国雇员在工作上所耗费的时间每年比德国雇员平均要多 12.5 星期,比英国雇员平均多 6.5 星期。可作为一个民族,我们让"活力四射的美丽女郎"看起来却像懒鬼,感谢现代科技的发展,电子邮件、移动电话、笔记本电脑和传呼机无形中让人们的工作时间无限延伸了,让人们的工作场所也无限延展开来。

尽管 X/Y 一代肯定不是近来唯一感觉到时间紧迫得让人透不过气来的人,但是,认识到这样的事实是至关重要的:我们成年以后,时间紧张给我们带来的压迫感确实呈几何级数增长。自 20 世纪 70 年代初以来,人们可供自由支配的时间减少了 40% 多,大量的研究结果表明,我们现在的工作时间远远长于我们的父母处在职业发展类似阶段时的工作时间。对我们说来,似乎永远有还不完的贷款,尤其是当市场的环境发生了重大变迁以后,我们不敢奢望也能享受到父母曾经享受过的有安全保障的田园式工作。在充满激烈竞争的现代市场环境中,即使是在业界颇具资质的同代人,如教育领域的从业者,或科技企业的雇员,在 30

岁之前，都不止一次被解雇过。就像其他时代的员工奋力抵御"大萧条"和20世纪80年代的经济衰退所造成的"余震"一样，超长的工作时间，加之过去几年发生的经济低迷，让很多勤勉工作的 X 一代从业者觉得，美轮美奂的"美国梦"成了他们挥之不去的梦魇，在这样的噩梦中，他们竭尽全力狂奔，紧张得透不过气来，但是，当他们"醒来"时发现，他们不过是在原地打转儿。

　　而我们，作为职业女性，则正在遭受更为深重的"过劳死"早期流行症状的折磨。前所未有的超长工作时间和业已存在的"新玻璃屋顶"取代了性别歧视，成了年轻职业女性发展和职务升迁的首要障碍。不像最初的"玻璃屋顶"是以显见的、清楚的"路障"为表象的，"新玻璃屋顶"则是更为微妙、更难以捉摸的一系列陷阱，而且它的影响常常以极具欺骗性的语汇——"自愿选择"表现出来。

　　我们还是不要自欺欺人吧。在那场盛大的午餐会上，与埃伦坐在一起的大部分成功女性并不是自愿"选择"单身或者没有子女的生活状态的，尽管她们在工作中花费了过多的时间无疑是造成她们目前生活状态的重要原因。2000 年进行的一项人口普查结果显示，自 20 世纪 90 年代以来，无子女的职业女性数量大幅攀升。那么，这部分人中，哪些人受到的影响最严重呢？是的，是那些年收入高于75000 美元的职业女性。埃伦在这个问题上的态度还是很精明的，她没有认同他人持有的成功价值观表象，相反，她在想，她的成功是否可以以减少同龄人付出的代价为前提。

　　这种情感冲突的心态并不是埃伦独有的，这种情感冲突所产生的强烈影响，像四散开去的涟漪一样，整整一代受过大学教育的女性都不能幸免。女会计师、女律师、女政评作家、女面点厨师以及女建筑师等等，分布在各地的、各行各业职业女性都在孜孜以求，以期找到这样一条生活之路：用无数起早贪黑的加班和不得休息的周末，在几年内迅速积累工作经验，从而确立自己的职业地位，同时，又不必进一步牺牲（对某些人而言，是不必完全牺牲）个人生活或者家庭生活。

　　这个特别的命题就是莉阿·麦考和柯莉·鲁宾对我们这一代职业女性的生存状态提出质疑的切入点，通过向很多成功而且幸福的女性提出"你是怎么把生活打理得如此之好的"的问题，我们了解到，在职业生活和个人生活之间达成完美的平衡从来都不是轻而易举的事情，但是，这样的平衡确实是可能达到的境界。在本书的第二部"新女性俱乐部"中，这些女性令人鼓舞的成功故事为我们提供了富有实效的建议和创造性的解决方案，最重要的，让我们充满了希望和期待。

　　但是，冲破"新玻璃屋顶"的关键所在是要明白，支承"新玻璃屋顶"的是比老板和工作对我们不断加码的要求复杂得多的问题，它的根源在社会、经济和心理织成的网络中盘根错节，所以，要想拆解那些死结，弄清我们什么时候无意中扮演了结成那些死结的角色是很重要的。随着不断揭示我们这一代人所面临的普遍困境，有些问题也变得越来越清楚，X/Y 一代女性在工作中不断投入的情感间接地支撑了"新玻璃屋顶"，同时，社会生活情状的迅速变化也迂回地支撑了"新玻璃屋顶"，而社会生活的新变化，让我们不得不面对古老的霍布斯①式选择的新版本。

X/Y 一代的近邻：办公室

过去 30 年来，当我们从工业社会转向信息社会的时候，企业文化也发生了巨大的变化。过去，任何行业的雇员，无论是西屋电气公司的工程师，国家农场保险公司②的销售人员，还是供职于一家备受尊敬的医院的内科医生，他们都能通过勤勉的工作来清偿自己的贷款，因为他们有安稳的工作和与企业的互惠关系做保障，从而，忠诚的雇员会因为长期供职于一家企业而顺利到达富有标志意义的各个重要阶段：按供职年限增加薪水，按部就班的职务提升和盛大的退休晚会，还会得到众所周知的金表。

相反，那些在 20 世纪 90 年代进入职场的年轻人在 32 岁之前平均要换九次工作。X 一代进入职场时，正值一个各种情况变幻无常的特殊时期，这个时期的特色就是经济状况动荡不定、企业的合并和购并大行其道、企业的贪婪无所不在，与此同时，社会制度的根基正处于重建时期（健康福利制度的变化和教育系统的私有化就是最为显著的例子）。这个全新的世界给人们造成了很多新的压力，我们中的很多人生活在永远都需要"证实自我价值"的状态——要么去一家新公司赢得尊重和提升的机会，要么随遇而安、保住已有的工作。

具有讽刺意味的是，尽管公司对我们承担的责任和义务越来越少，但我们对公司所承担的责任和义务却在不断增加。工作场所已经不再只是一个获取收入、满足"养家糊口"需要的地方了。推迟结婚和生育的青年女性数量比历史上任何时期都多，很多人为追求职业发展的机会移居到远方的城市，办公室事实上已经成了我们的邻居。当我们的父母在我们这个年龄的时候，他们可能早就结婚了，而且也有了孩子，晚上回家还能一起玩玩扑克牌，但是，对很多当代青年职业女

---

① Hobbesian，英国哲学家。
② State Farm，也译为"州农保险公司"，为美国最大的汽车保险公司。

性而言，办公室已经成了她们最重要的生活舞台。

因为超负荷的工作需要我们在办公室耗费太多的时间，所以，很自然地，我们与同事的关系常常超出在工作上的联系。比如，莉阿·麦考在新泽西的美国全国广播公司有线电视新闻网（MSNBC）制作的谈话节目中，充当女嘉宾角色的就是她最亲密的一个朋友。在柯莉·鲁宾的婚礼上，女傧相就是柯莉·鲁宾在亚特兰大美国有线新闻网工作时与她的办公室隔两个门的同事。在华盛顿特区，报道美国国会新闻的记者数量不断增加，他们组成了多支棒球队，各个办公室球队之间的"联赛赛程"的复杂程度丝毫不亚于在佛罗里达进行的选举议程。这些比赛以及赛后一同到当地酒吧狂欢的过程，就像总统例行的就职演说一样，已经成了华盛顿社会生活约定俗成的"制度"。

虽然我们上面谈到的例子是自发形成的联系，但是，公司的人力资源管理部门则在有意识地营造同样的体系，他们的研究结果表明，雇员之间的社会联系最能反映他们对工作的满意度。因此，为了聘用到优秀的雇员，为了能留住优秀的员工，他们不遗余力地在工作场所营造出更有助于形成社区氛围的企业文化。当七位数的生意在鸡尾酒酒会的餐巾纸上草签完成的时候，当二十多岁的雇员们赛完足球一起去日本餐馆吃寿司的时候，这种管理哲学被互联网时代的对新交流方式趋之若鹜的人发挥到了极致。

目前，虽然公司在营造公司文化氛围上面不再像以前那么"大把烧钱"，不过 X/Y 一代的雇员还是希望在公司中能享受到同志之情。随着公司对强化雇员之间关系廉价方法的不断追求，他们似乎可以"无所不用其极"，甚至在工作场所搞起了"拉郎配"一类的游戏。时代华纳公司的一本名叫《关键词杂志》（keywords：magazine）的内部通讯上，最近一期封面的通栏大字标题赫然写着："让我们爱吧！这是'美国在线——时代华纳'的情人节！"在这期全公司发行的内部出版物中，有描摹五对时代华纳同事坠入情网经过的故事，因为故事把他们的经历渲染得过分滥情、过分缠绵悱恻而令人生厌；还包括一个女同性恋聚会的故事；此外，这一期中还刊载了某位男性经理与其女下属演绎的浪漫故事（感谢上帝，他们最后结婚了，否则，这样一则浪漫故事说不定就成了另一个经典的性骚扰案例）。

当然，公司的这些努力和作为并不一定是有害的，但是，它们也并非完全无害。当我们的个人生活与我们的职业生活紧密搅缠在一起的时候，某些朦胧的情感地带就应运而生了，很多 X/Y 一代的职业女性由于过分依赖因为裁员或者职位的变动随时都可能崩塌的社会关系而吞下了苦果。终于，我们中的很多人不可避免地陷入了这样的圈套：我们的生活越来越多地取决于我们做什么工作，从而，我们对情感安全和收入保障的诉求越来越危险地全部维系在我们的工作上。

莉齐（Lizzie）就是一位让人无可挑剔的职业女性，她很在意自己的穿着，打扮得总是衣冠楚楚、不染纤尘，即使是晚上去"7—11"超市，也总是打扮得一丝不苟。她是个讨价还价的行家，颇长于在市场上"淘货"，满满一柜子品牌女装就是她能力的最好证明，追求开司米羊绒毛衣和杜雷裙装的热情就像一颗"热导导弹"，从不言放弃，从罗伊曼商店（Loehman's）和 T. J. 迈克斯（T. J Maxx)① 总是"满载而归"。尽管莉齐看起来很像出身于得克萨斯州的望族名门，是个举手投足间总能不经意流露出优雅气质的古典型美人，但实际上，她的成长经历却与名门背景相去甚远，而且她是完全凭借令人难以想象的努力为自己创造出令人艳羡的稳定生活的。我们遇到她的时候，她刚刚被一家制药公司的市场部裁员下来，这种变故让她非常郁闷。

> ❖ 莉齐（LIZZIE），30 岁
> 失业
> 达拉斯，得克萨斯州

当我大学毕业的时候，有四份工作我可以选择。最令我心动的是纽约一家大型广告公司的工作，那家公司擅长制作时尚产品的广告。那是我梦寐以求的工作，但是，这份工作是四份中工资最低的，可我得还上大学的贷款。我是一位单身母亲的女儿，为了供我上教会中学，之后供我上大学，我母亲干了两份工作，所以，我很清楚，是我该承担责任的时候了。我算了一笔账，我要选择工资最高的工作，而且工作所在地的消费和房租还要最便宜，所以，我最终选择了在得克萨斯州一家公司的市场部工作。这份工作的薪水不错，福利待遇也很好，而且日常开支也不多，难道这不是一个完美的"公式"吗？我对自己说，我要先在那儿工作几年，等我可以开始轻松偿还助学贷款时，我就去纽约，或者去芝加哥。那都是八年以前的事情了，可是，你看，我现在还是在达拉斯。

快到 30 岁的时候，我已经有好多套伴娘的衣服了，不过，我并不特别在乎独身的状况，因为我觉得重要的是要先独立，之后再去考虑婚姻问题。我不想依

---

① 罗伊曼商店和 T. J. 迈克斯均为名牌商品折扣店。

靠任何人，我的哲学就是工作。我甚至还买了一套顶层的房子，房子得装修装修，不过，那确实是一个快乐社区里的理想居所，这套房子和我小时候居住的位于圣安东尼奥郊区的公寓比起来，简直是天壤之别。当我让母亲来看那套房子的时候，她由衷地为我自豪。我母亲的品位不凡，但是，除了跟我受教育有关的事情以外，她实在没钱再去考虑其他事情了。每过一段时间，我父亲就会给我们寄一张支票来，不过从根本上说，我们母女完全要靠自己。

当我 29 岁时，我很喜欢我的工作，那时候，我想，只要我专心致志，继续勤勉地工作，我的工作会越做越好。每当老板星期五下午找到我让我在周末写一份报告时，我从来都是眼都不眨地接受任务。我很清楚怎么解决问题，我分得清轻重，所以，我总是心情舒畅地做好工作。头儿们很喜欢我这点，所以，我开始工作不久，上司就分配给我很多重要的工作，此外，人们也很尊重我。我把大部分时间都花在了工作上，但是，我并没有觉得我付出了很多，因为我大部分同事也在那儿加班加点。尽管有时候我干到很晚，不过，我身边总有同样也在加班的同事，加完班我们可以一起去喝点什么。

现在回想起来，我当初应该敦促我的老板兑现提升我的承诺，而且我绝对应该那时候就变现我手里的职工优先认股权，因为那时候，公司的股票价格还不错。另外，我当时的确不应该认为事情总会那么顺遂，因为在很短的时间内，很多情况都发生了很大变化，现在，我觉得我的世界完全分崩离析了。

从根本上说，我是被欺骗了，到现在我还是不愿意相信这一点。我知道，那时候公司正准备出售，不过所有的人都告诉我说，我的工作不会有什么问题。每当我对自己的工作表示忧虑的时候，他们总是告诉我不必担心，说企业被人购并会给我们创造更好的发展机会。但是，结果根本就不是那么回事儿，考虑到我做出了那么多牺牲，我在公司确实取得了很多成功，而且赢得了那么多的尊重，我就更是不能相信我会得到现在这种结果。

裁员以后，大家各奔东西，做"鸟散状"了，所以，我的大部分朋友也都走了。客观地说，不景气的状况是无法回避的现实，找到新工作的机会也很渺茫。工作一直是我生活的中心，所以，我得很难堪地承认，没有了工作对我意味着多么大的损失。

我现在该去往何方？没了工作，我买的房子对我来说已经成了毫无必要的奢侈品，所以，我把房子卖了，而且赔了不少钱。现在，我身边没有亲密的朋友，没有男朋友。尽管我有母亲的"前车之鉴"，而且我的目的也很明确，但是，我最终还是没能逃脱我母亲 30 岁时的状况：失业，独自一人。我一直以为我的选择没错，我一直以为自己很聪明，可现在，我真不知道下一步该如何走了。

或许，莉齐供职的公司太冷酷了，也许，你会觉得"莉齐简直倒霉透顶了"。不过，用一个我们以为已经过去了的时代里流行的不朽语汇来说，"都是经济惹的祸"，可我们这么说实在于事无补。毕竟，过去几年来，有成千上万的雇员——工作勤恳的、聪明的而且是优秀的雇员——被降格使用，甚至索性被裁掉，所以，我们在建议莉齐当初应该更有先见之明之前，在给莉齐开具疗救伤痛的"处方"之前，应该更深入地挖掘一下她故事中的内涵。她并不是生活在真空中，此外，她也不是近来唯一一个从工作中遭受惨痛挫败的人。心理学家伊里尼·菲利普森博士为数百个强烈地觉得自己被所供职的公司抛弃了、出卖了的年轻男女进行过心理治疗。她在自己名为《我们嫁给了工作》（*Married to the Job*）的著作中探索了造成人们这种心理疾患的原因所在：

> 我们的情感生活逐渐被工作"殖民化"并不只是个人的心理问题……在工作中的投入越来越多是一个广泛存在的社会潮流，而这个潮流尚没有被人们充分地认识和理解。离婚、亲密关系的逐渐疏离、社会生活的支离破碎和社区生活的日渐没落，以及我们希望在一个社区找到归属感的愿望和与人合作的渴望，驱策着我们在工作中寻求人们之间相互关系的价值和和睦的关系。以所供职的公司来界定自己的身份……将同事作为自己友谊关系的主导来源，将自尊维系在上司的赞许上面，全身心浸润于公司文化氛围中以替代社区的归属感，等等，正在逐渐成为美国人生活的主流特色。

就像莉齐一样，那些积极寻求财务独立，同时试图从非正式关系网寻求帮助和支持的职业女性，经常因为过度投入工作而成为最容易遭受痛楚的牺牲品，常常最容易成为自己所付出的潜在代价的受害者。莉齐是为了清偿贷款而义无反顾地一头扎进工作中的，大部分陷入同样困境的职业女性全身心投入到工作中的最初动机也都是很值得赞许的，然而，在那些超负荷职业生活的地方，一个根本性的变化悄然发生了——她们生活的世界在渐渐萎缩，她们的工作渐渐在她们的情感生活中扮演了大得完全不成比例的角色。随着时间一年又一年地过去，她们因为加班加点地工作，因为自愿放弃周末的休息时间承担工作中的职责，因为不讲条件和报酬就接受额外的工作任务，她们不断得到老板的赞许和赏识。不像那些因为受到有强烈控制欲男性的"蛊惑"而陷入糟糕爱情关系中的女性，那些勤勉工作的职业女性最终发现，她们已经和工作"自愿结缘"了，她们的工作掌控了她们日常生活的大部分，而且左右着她们大部分的自我感觉。这种变化有助于解释莉齐何以买得起一个公寓，然而，她去纽约或者芝加哥工作的旧梦最鲜活的表现，只不过停留在看看电视剧《纽约重案组》而已，或者和痴迷于棒球运动的男朋友一起，偶尔看看芝加哥小熊队（Cubs）的比赛实况转播。

尽管有些人或许觉得莉齐太过争强好胜、太过野心勃勃了，但是，我们的访谈对象中还有很多像莉齐一样的职业女性，她们认为自己就应该勤恳地工作，认为自己选择每天 12 个小时的工作是理所当然的，直到工作的泥潭完全吞没她们之前，直到某些意外——比如，公司裁员，或者 30 岁的中年危机——让她们猛醒之前，她们并没有意识到自己做出的牺牲所带来的潜在影响。此外，像莉齐一样的职业女性大都是很有才情的人，她们与自己选择的职业和所在专业领域的关系过从甚密，以至于她们认为保持这种关系也已经成了她们的工作。最终，她们成了公共关系专家莉齐，总制片人苏西（Suzy），或者医术高超的外科医生凯利（Kelly）。

声名显赫的庭审律师和有线法制频道①的前主持人瑞姬·柯里曼（Rikki Klieman），在她的自传《美梦成真：一位不懈追求的女性改变命运的故事》（*Fairy Tales Can Come True：How a Driven Woman Changed Her Destiny*）中解释了这种现象。"我是个庭审律师。让我去海滩吧，让我去登山吧，那才是本真的我。可现在，我是庭审律师瑞姬·柯里曼，"她写道，"如果你把我的头衔去掉，我还有什么呢？我是谁呢？"

在莉阿·麦考与瑞姬·柯里曼进行的访谈中，瑞姬·柯里曼进一步谈到，一旦你开始用自己的职业头衔来确立自己的身份，你会发现，自己的个人生活与对职业成功的渴望越来越难以分开。"有职业头衔界定自己的身份确实令人骄傲。"她说，"但是，如果你达到这种'境界'完全是靠无休无止的工作，如果你每天晚上上床睡觉之前想到的唯一事情就是你的工作，那么，你的生活一定是一塌糊涂的。"

公司政策往往设计得"很巧妙"，通常总是超出某一个雇员的掌控范围，考虑到这种现实，瑞姬·柯里曼指出，有时候，即使是最有责任感的员工，即使是工作最有献身精神的雇员，也得不到工作安稳的保障，也不一定得到职位升迁的嘉奖。"虽然这么说有陈词滥调之嫌，不过，事实确实就是这样——给刻苦工作雇员的唯一奖赏就是更艰苦的工作。"她说："你当然可以倾尽全力地干活儿，但

---

① Court TV，1991 年开播，由美国在线时代华纳公司和自由媒体集团共同拥有，是一个每天 24 小时播出的有线频道。频道创建之初，以"公众服务"为宗旨，将镜头对准法庭，编播制作低成本的法庭审讯现场节目，旨在向公众反映法庭审讯的真实过程，以帮助观众了解司法程序。

是，只有那些取得老板欢心的员工才有升迁的机会。在某一个管理体系下，你可能是个'新娘'，不过，在另一种管理制度中，你可能是个'女傧相'，如果能明白这一点，那么，你就总能玩转游戏。"

瑞姬·柯里曼的观察结果和提供的建议适用于所有年龄的职业女性，不过，她们对 X 一代女性的工作状态尤其一语中的，因为在我们的成长过程中，有两个社会趋势也在同步形成。家庭生活和邻里关系有逐渐淡出美国人日常生活中心地带的趋势，人们出席在教堂举办的宗教仪式的频度大幅下降，而每个家庭拥有电视机的数量像离婚率一样，直线攀升。与此同时，美国人在工作中投入的时间则创造了新的世界纪录。当人们觉得家庭生活越来越难以把握的时候，很多人以埋头工作对此做出回应，毕竟，工作场所的规则看似要清楚得多。

30 年过去了，人们蜷坐其中、埋头工作的小隔间已经成了普遍存在的"篱笆"和"隔离墙"。尽管雇员在工作中很容易就受到"社区精神"的感召，尤其是当你周边的人都穿着印有公司标识的 T 恤衫，当大家都兴高采烈地来上班，当大家都在公司棒球队打球的时候，但归根结底，企业文化和真正的社区还是相去甚远的，记住这一点非常重要。企业文化的终极目的是为了满足公司运营的需要，公司运营需要的终极指向是运营结果，而不是什么团队精神，不是什么雇员之间的浪漫关系，也不是什么个人的发展。因此，年轻的职业女性要记住，办公室并不是真正的社区，哪怕他们允许你带着自己的宠物狗上班。

脖子上挂钥匙孩子的"后遗症"？

1998 年，在巴纳德学院（Barnard College）的毕业典礼上，作为巴纳德学院的校友和卓有成就的新闻记者，乔伊斯·伯尼克（Joyce Purnick）告诫坐在台下所有即将走进职场的姑娘们说："如果我有家庭，我能绝对肯定地说，我一定不会去当《纽约时报》都市版的编辑。"她说："在几乎所有竞争性的职业中，有孩子的女性总是在事业的发展上渐行渐远、丢城失地，很少有例外，这种现象在我工作的领域已经习以为常了。在像新闻记者这种需要全身心投入的职业中，有孩子的女性不可能像男性一样投入那么多的时间和精力。"

当我们看到乔伊斯·伯尼克的演讲内容时，起初，我们觉得她的论断未免太武断、太悲观了，我们觉得，事情还不至于糟到那种程度吧，因为有很多有孩子的职业女性看似把生活打理得很好。但是，当我们审视自己所在行业——电视传播网的那些头面人物时，当我们观察那些普通雇员时，情况确实令人惊悚。奥普拉·温弗莉①和黛安·索耶②根本没孩子，宗毓华和芭芭拉·沃特斯四十岁左右的时候收养了别人的孩子。10 年前，作为哥伦比亚广播公司《60 分钟》节目的唯一女记者，梅雷迪思·维埃拉（Meredith Viera）像一颗冉冉升起的新星，在业界声名日隆，但是，当她生了第二个孩子以后要求做兼职工作时，遭到了解雇。在这个成功的群体中，两个孩子的母亲卡蒂·库里克③似乎是个例外。虽然我们并不清楚让这些成功的职业女性做出那些决定的复杂原因是什么，不过，在这样一个个人的选择也会成为公众谈资的行业，乔伊斯·伯尼克的论断似乎不无道理。

资深新闻记者和作家佩吉·奥瑞斯坦（Peggy Orenstein）在她的名为《变迁：在变动的世界中，女性对性、工作、爱情和孩子的观念变迁》（*Flux*：*Women on Sex*，*Work*，*Love*，*Kids*，*and Life in a Half - Changed World*）一书中，描述了这些职业女性个人选择的特征。她断言，所有的职业女性在某些阶段都不可避免地要遭遇"事业—孩子/工作—生活"的冲突，无论她们自以为对自己生活的掌控有多么精到。"职业女性在 30 岁出头儿的年龄，在工作和生活之间做出选择的难度会变得更大……不管她的具体状况如何——无论她是单身，还是已婚；无论她正在热切地渴望取得事业上的成功，还是准备'收缩战线'；无论她是否有孩子——在平等的观念和传统的束缚之间发生的冲突都会让她们倍感痛楚"。

在我们这一代人成长的过程中，恰逢性别角色在家庭和办公室、在法庭和流行文化中受到广泛质疑的时期，即便如此，X/Y 一代女性也不能从自己的雄心与传统之间所发生的冲突中幸免逃脱。相反，我们采访过的职业女性就如何在工作和家庭之间达成完美的平衡问题，形成了自己矛盾重重的信念，这些信念反映了她们从小受到的"强势女孩"教育的影响，同时，也反映了她们与传统型的祖母一起度过的美好时光所产生的影响。

"生活就是工作：不同时代人的工作态度和生活态度的综合性研究"是拉德克利夫中心（Radcliffe Center）对公共政策产生影响的研究项目，同时，也是一个民意调查项目，该项目量化了我们从前人那里传承来的对文化变迁的困惑，同时，就家庭生活和职业发展之间如何达成平衡的问题，该项目为我们描述了"已经变化了的方面"与"依然保持原来状态的方面"之间究竟有多宽的"断层"：在接受调查的人中，有 96% 的人认为，父母在养育子女的问题上应该承担同样的

---

① Oprah Winfrey，美国著名的脱口秀主持人、作家和演员。

② Diane Sawyer，黛安·索耶：美国广播公司著名节目主持人。

③ Katie Couric，美国全国广播公司早间旗舰节目《今天》主持人，年薪达 1400 万美元，一度被称为"美国新闻界打工皇后"。

责任，然而，68％的人还认为，某一个人应该留在家里哺育子女。该项民意调查的实施者认识到，他们得到的结果相互矛盾，所以，他们又实施了另一轮问卷调查，他们很快发现，人们就留在家里哺育子女的"某一个人"应该是谁的问题几乎没有任何异议。因此，无论我们是否喜欢，我们所面临的问题，就像职业女性由来已久一直面对的问题一样，就是如何在爱情与权力、工作和家庭之间游走自如。

正如佩吉·奥瑞斯坦描述到的，如果说这种两难处境让我们"倍感痛楚"的话，那么，艾米丽（Emily）就是在经受双倍的痛楚。艾米丽是位 28 岁的职业女性，留着一头漂亮的褐色卷发，明亮的绿眼睛在图书管理员风格的性感眼镜后面熠熠生辉，人们很容易想到，她何以当选为波士顿大学女大学生联谊会的主席。艾米丽是个非常友善同时也很坚定的人，但是，最近，她觉得自己失去了立足点。她正处在职务大幅提升的当口，与此同时，她还正准备怀孕生孩子，她很清楚，她的下一步行动会对自己以后的生活产生重大的影响。因为有过在意大利学习在工作中如何向潜在的客户打冷不防电话的经历，所以，艾米丽在机会面前从不退缩。可是，现在，她却为选择哪一条道路大伤脑筋。"这种情形就像你在星巴克点咖啡，那里有太多的选择。通常情况下，我可能会点加些香草、肉桂的泡沫咖啡，不过最近，我一生中的重大抉择和决定确实让我无所适从，所以，我现在只想点些没有咖啡因的咖啡。"

❖ 艾米丽（EMILY），28 岁
销售经纪人
波士顿，马萨诸塞州

我小时候看了很多电视节目，我知道，我这么说很奇怪，但是，我想，关于童年，我最清楚的记忆就是 70 年代的电视连续剧、肥皂剧和动画片。影视作品中的布雷迪·本特（Brady Bunch）和杰斐逊（Jeffersons）就是我意念中的家庭成员，我还清楚地记得，我从学校是如何跑回家，看《总医院》（General Hospital）里卢克（Luke）和劳拉（Laura）结婚的那一段情节的。

我是个脖子上挂钥匙的孩子，每天，我都坐晚班校车从学校回家，我自己开门进屋，做一个花生酱香蕉三明治，一直到晚上 7：30，我都坐在电视机前。之后，我会上楼呆在自己的房间里，所以，当我母亲 8：00 左右回家的时候，她会以为我整个下午都在做作业。我的考试成绩总是很好，不过，事实上，我得到那么高的考分根本用不着多么刻苦，我看电视的时间比学习的时间多多了。

我父母为我报名参加了几乎所有的"活动班"，我在幼年女童子军的演出里，扮演过一棵树，我是学校合唱团的团员，我还是足球队的右前锋。我可没得过满屋子的奖品，不过，我父母依然尽职尽责地去看我的比赛和演唱会，他们甚至还把我在艺术课上画的画装裱起来，请相信我，我的那些画确实很"老道"。

当我是个孩子的时候，我有一种朦胧的感觉，那就是我母亲的工作非常重要，可是，我并不知道，她当时正奋力冲破"玻璃屋顶"以及其他的束缚，我所知道的就是她很少在家。我父亲也很少在家，但是，我朋友们的父亲也一样很少在家，所以，我并没觉得我们的生活有多么奇怪。

我记得有一次我在学校生病了，我吐得满课桌都是，所有的孩子都取笑我，那个情形简直糟透了。他们把我送到了学校医务室，我只是不停地哭，不停地哭，因为我觉得我病得太厉害了，因为我知道，那学期剩下的时间里，别人会给我起"呕吐虫"之类的外号的（确实，我真的被他们起了这样的外号）。好了，还是长话短说吧，我还记得，我听到学校医务室的护士一遍又一遍地给我父母的办公室打电话，可是，不知道怎么了，他们两人都不在。我记得，我当时把脸埋在粗糙的黄色纸质枕头里饮泣，免得让护士听见。最后，我们的邻居马拉诺斯基夫人来到学校，把我接回了家。检查的结果是，我得了阑尾炎，手术后，我用了四个星期的时间才恢复过来。

我不想一遍又一遍地抱怨我的童年过得有多么艰难，因为情况并不是那样的。我爱我的父母，事实上，我母亲参加工作让我变得很有独立性，而且，我由衷地为她和她取得的成就感到自豪。但是，另一方面，我也很清楚，我当时确实是个很孤单的孩子，所以，我有时候忍不住想，生活对我确实有些不太公平。从某种程度上说，我母亲把她的职业发展置于我的童年之上，所以，我忍不住每过一段时间就从心底对此感到愤恨。

我丈夫和他的姐妹们都是由留在家里的母亲带大的，我发现，我很嫉妒他们之间的亲密关系，嫉妒他们有那么多逐年录制的家庭录像，嫉妒他们出过那么多滑稽的笑话，嫉妒他们有那么多家庭故事。具有讽刺意味的是，我的大姑小姑们却觉得她们母亲的生活太过压抑、太过单调了，所以，她们常常在父母面前炫耀自己的职场生活。

杰克和我都很想生个孩子，这个念头让我们两人激动不已，我总是迫不及待地想怀孕。每次，只要我想到我们将真的有个宝宝的时候，我总是激动得泪流满面。我很难把这种感受说清楚，因为我以前从来没有经历过这种情感，从来没有

过这么强烈的愿望。

现在，当我目不转睛地看着窗外蹒跚学步的小家伙走过的时候，当我神情专注地看着在街上流连的小孩儿的时候，我总是越来越迫切地想辞去工作，当一个留在家里的妈妈，我想创造我还没有享受过的生活。

我的工作是销售共有基金，我很喜欢这份工作，而且我干得也很好。现在，我正处在大幅提升的当口，我的职位即将发生变化，这是我梦寐以求的。我知道，我的父母会为我感到骄傲的，我丈夫也是。再说，我不想撒谎，对年轻夫妇来说，我的薪水和福利可以让我们过上非常富裕的生活。但是，坦白地说，我的内心深处有什么东西正在躁动不安，这时候，我确实不知道我该走向何方了。

如果我放弃了这次升职机会，或者如果我辞掉了工作，我很清楚我母亲和大姑小姑们会怎么评价我，她们不会理解我的选择的。表面上，她们会做得很得体，但是，我知道，她们看不起那些做兼职工作的人，她们看不起那些在家带孩子的女人。去年的感恩节，我把自己的想法告诉了她们，她们对我"群起而攻之"，她们说我浪费了所受到的所有教育，我会就此变得很乏味，会整天想着大吵大闹，云云。

我的想法总是挥之不去，可又常常为此感到愧疚。我是说，人们培养了我，我也为完善自己付出了很多努力，如果我现在就终止我的职业生涯，那么，公司为什么还要在年轻的职业女性身上投入时间和金钱呢？如果我们生活中的"决战"——无论我们是否意识到了决战阶段的来临——就是义无反顾地追求自己的梦想，就是放弃一切去做自己认为真正重要的事情，那么，放弃每星期工作 60 个小时的工作又算得了什么呢？

我丈夫说，我完全要自己选择，他说，无论我想干什么，他都会支持我，当然，对此我很感激，但是，问题是我根本不知道应该去做什么。一方面，我想开创一个更有利于孩子成长的新生活，而这次职位的升迁只能意味着更长的工作时间，更频繁地出差，这些恰好是我不希望遇到的。另一方面，我在这份工作上确实已经勤勉工作了很长时间。其他的不说，无论我做出了什么样的选择，我都很担心几年以后，我会对自己患得患失地说："我当时的机会可真多呀，我怎么就放弃了呢？"

艾米丽的两难处境如今已经变得屡见不鲜了，寻找问题解决方案的艰辛努力既与她生儿育女的个人信念一脉相承，又与她的财富现实息息相关，而这种选择的困惑让每一个工作的母亲都无法逃避。事实上，在 Google 上输入"工作—家庭平衡"这样一个短语所产生的链接，比输入"母乳喂养"所产生的搜索结果要多400万个。

但是，我们这一代职业女性的境遇，为工作与承担家庭责任之间的传统冲突又添加了新内容。一方面，我们成长的过程一直受到"一切皆有可能"符咒的感召，另一方面，在职业生涯与养育儿女之间达成平衡确实复杂、混乱得难以掌控，这两方面的冲突，让我们中的很多人觉得因为没有能力实现自己的理想而愧疚不已。此外，我们的研究表明，很多年轻的职业女性在为自己的发展和家庭生活的美满扫清障碍的时候，她们对母亲当初的选择怀有一种不可思议的矛盾心理。一方面，那些冲破"玻璃屋顶"的职业女性们已经成年的女儿（比如，像艾米丽一样的职业女性），在做出辞去工作的决定时怀有一种"罪恶感"，因为她们就是职业女性的女儿；另一方面，盘桓在她们头脑中挥之不去的"脖子上挂钥匙"的经历则将她们的抉择引向另一个方向。

最近进行的人口调查结果显示，当 X 一代做了母亲的职业女性做出的有关职业生涯的选择直接关系到自己与孩子共度时间的长短时，她们更倾向于琼·克莱维尔（June Cleaver）（在家养育子女的传统母亲形象），而不是墨菲·布朗（Murphy Brown）（带有女权主义色彩的职业女性形象）。现在，三十岁左右做了母亲的职业女性正以前所未有的势头放弃自己的职业生涯，我们看到，过去的几年，生育了孩子的职业女性辞去工作的数量，是自 1976 年以来最多的时期。自1961 年以来，生育了第一个孩子后依然坚持工作的职业女性数量也首次出现了下滑（我们需要在此说明很重要的一点：这种劳动力大量流失的调查对象主要集中于年龄在 30 到 44 岁的已婚妇女，而且她们至少曾经受过一年的大学教育）。

考虑到女性生物性的节律，造成这种人口统计结果变迁的原因在于女性的选择结果，而大部分做了母亲的职业女性，在做出自己的选择时，她们的年龄接近30 岁，而不是 44 岁，很可能，她们在最终选择待在家与孩子在一起之前，就经历了某些危机。尽管目前得出这种趋势将走向哪里的结论还为时尚早，不过，这项研究毋庸置疑地表明了 X 一代职业母亲们的价值取向：无论她们的社会经济状况如何，当她们的工作需要她们牺牲太多家庭生活时，这一代的职业女性都会选择辞去工作，或者减少工作时间——只要她们能够承负得起。

"暂停"以及再度开始

那些丈夫的收入足以支持两个人生活的已婚女性，并不是造成职业生涯暂时中断趋势的唯一人群。颇有建树的年轻职业女性——那些在自己的领域位高权重的职业女性——也在成群结队地离开自己的工作，她们也开始对"成功"的含义

提出质疑。

在《商业周刊》的一篇文章中，斯坦福大学工商管理硕士项目的领导者莎朗·霍夫曼（Sharon Hoffman）谈到，职业女性离开工作成为家庭主妇的趋势已经演变得如火如荼，她甚至为这些女性专门创编了一个语汇——"暂停"（或者称为"搁置"）。同样的，哈佛商学院的迈拉·哈特（Myra Hart）教授最近进行的一项研究（研究成果也发表于《商业周刊》）发现，在哈佛商学院 1981 级、1986 级和 1991 级的所有女毕业生中，只有 38％ 的人还在做全职工作。商学院校友会的论坛为这个研究结果配上了一幅插图：一位女性总经理正拎着公文包冲出办公室，办公室的门上写着"五分钟之后回来"，"分钟"的字样在画面中延展开去，变成了"年"的字样。如果说事实胜于雄辩，那么，雄心勃勃的年轻职业女性一定会纳闷儿：为什么"如何同时拥有一切"不列为商学院课程的必修课呢？

有人或许觉得职业女性的这种选择变化不是好兆头。乍看起来，这些选择"暂停"职业生涯的职业女性，对那些为获得工作中的平等权利苦苦奋争的人来说，似乎有些令人失望。然而，这种尚处于萌芽状态的新趋势并不意味着职业女性的倒退，也不意味着她们正在缴械投降。相反，这种趋势可能恰好象征着女性从业理念的进步，因为这种趋势在最高层的商务人士中正在变得越来越普遍。过去几年来，在 108 位作为"最有权力的女性"出现在《财富》杂志的商界成功女性中，至少有 20 位已经离开了自己的显赫职位，而且，她们大都是自愿离职的。在这些人中，包括百事可乐北美公司的前首席执行官布林达·巴尼斯（Brenda Barnes），她回到了伊利诺伊州的家里，全神贯注于家庭生活；还有富达投资公司私人投资部（Fidelity Personal Investments）的前总裁盖尔·麦戈文（Gail McGovern），她选择了一份节奏更慢的学术性工作；扬雅集团（Young and Rubica）的董事会主席和首席执行官安·弗杰（Ann Fudge），休完两年的长假以后，在最近一次被外界视为"发表宣言"的访谈中表明了自己的观点。"我们需要重新定义权力的概念。"她在自己的办公室解释说，随后，她提出了一个重大的疑问："难道我们一定要用男性的成功标准来衡量自己吗？"

安·弗杰说的确实很有道理。如果说女权主义的目标就是自由选择，那么，要想取得从更广阔、更综合以及更女性化的角度上重新定义成功标准的胜利，在工作领域的战略性突破就是第一步。因为职场生活的第一次变迁出现在"同工同酬"、"男女平等"的运动如火如荼进行的时候，所以，下一步的行动很可能有"男女有别"的理念或者"更具有个人偏好色彩"的理念相伴左右。此外，我们或许会看到这一天的到来，人们的价值完全超越了他们的头衔和薪酬水平，而诸如"更独立"的状态和"富有弹性的工作"也会备受尊重。事实上，我们已经看到，在公司的最高管理层中，有26%的女性不想获得职位的升迁，即使是那些最有望被《财富》杂志评为"最有权力的女性"也宣称，她们不想成为下一个卡莉·费奥瑞娜[①]，她们也没有运营管理大公司的远大志向，所以，人们可能会想，《财富》杂志的编辑是不是不久就得创编一套评定权力大小的新标准了呢。

当然，很多职业女性还会在公司的最高管理层一如既往地追求传统意义上的成功，但是，另一方面，即使是像通用电气公司这样的业界巨人也开始认识到，如果不能为公司高层管理人员制订更有利于家庭生活的新政策，如果不为她们提供更富有弹性的工作安排，公司很难留住才华横溢的女性领导者。与此同时，过去10年来，尽管德勤会计师事务所（Deloitte and Touche）女性职员的数量增长了五倍——从97人增加到了567人，但是，公司享受弹性工作时间的职员人数还是增加了一倍多。最近，IBM公司也开始如法炮制，公司保证为员工提供156个星期的"保留工作"期，以便他们更好地享受家庭生活。首席执行官萨利·克劳切克（Sallie Krawcheck）（在《财富》杂志"最有权力的女性"名单上排名第14位，同时，也是该名单中排名上升速度最快的女性）谈道："如果美国的公司能认识到，而且切实使职业女性不必非穷其全部的职业生涯才能抵达权力顶峰的话，或许，有一天，我们会站在高山之巅的。"

不过，在这种政策成为常态而不只是例外之前，做了母亲的职业女性只要可能，会选择"B方案"，以自雇的方式来继续自己的职业生涯。自1997年以来，由女性所有或者合作拥有的企业数量大幅增加了11%，是同期企业数量增加水平的近两倍。我们看到了在这些数字背后演绎的故事：很多职业女性虽然辞去了工作，但是，她们并没有就此放弃自己的追求，她们只不过是抛弃了公司运营中的僵化规则而已。同时，通过按照自己的主张来改写那些运营规则，这些女性企业家已经开始重新定义企业的运作方式和组织方式了。

从"强势女孩"到"强势母亲"

当人们想象女性取得进步以后的状态时，人们或许不会想到在新泽西州某城市郊区举办的"妈妈和我"培训班（为母之道培训班）。然而，从很多方面来说，33岁的利萨（Lisa）所在的群体都是我们这一代人的缩影——女性通过绘制更具个人色彩的职业成功路线图，向"非此即彼"的选择发起挑战。利萨告诉我们，在这个"妈妈和我"培训班上，她的同学包括玛丽·埃伦（Mary El-

---

① Carly Fiorina，惠普公司首席执行官。

len）——一位前公共关系部总经理，现在，在家为他人提供兼职的咨询服务；扎拉——一位前股票经纪人，现在，在附近的社区经营着一家服装专卖店。

利萨曾经是一位公诉人，思维敏捷，反应机敏，而且对重大犯罪的公诉有着可圈可点的记录。她说，她休完育儿假以后也不会很快返回以前的工作岗位，不过，就像我们访谈过的很多选择留在家里的、做了母亲的职业女性一样，利萨并没有把留在家里养育孩子当作永远的选择。因为她以往的工作业绩确实出类拔萃，而且她在自己的专业领域备受尊敬，所以，她对几年以后，当她儿子上学后自己再度复出信心十足。"我意识到，我的职业生涯一直就在那个领域，但是，我不能让时间倒转。"她说，"这也是我为什么现在要和儿子待在一起的原因。现在，我要建立和维护良好的关系网，我要坚持为他人提供咨询服务，以免被人们淡忘，同时，这也有利于我以后的复出。我觉得我这么做并不是淡出了自己的职业生涯，我不过是把它暂时'搁置'了起来。"

当然，我们还要对利萨以及她的同学们选择的"赌博方式"所产生的结果拭目以待，但是，我们与"新女性俱乐部"的职业女性进行访谈的结果，为留在家里做了母亲的职业女性提供了继续发展的充分可能性。生活是个长期的过程，但一个人的职业生涯则会随着时间的推移而完结，基于这样的认知，我们访谈过的很多职业女性——从前副总统候选人杰拉尔丁·费拉罗到作家朱蒂·布卢姆，她们在自己还很年轻时，都选择了与孩子一起待在家里，而且三十几岁之前，她们都没有选择"再度复出"。我们的同龄人从她们的经验中可以学到的是，我们不必非得让时间倒转，我们不必非要像这些婴儿潮时期出生的成功女性一样，先早早地生育孩子，之后再考虑自己的职业发展问题。但是，我们可以从她们对生活的长远观念中学到重要的一课：她们深知，取得职业成功的途径并不只有"短时间的冲刺"一条道路。如果杰拉尔丁·费拉罗可以直到 38 岁才开始运作法律事务业务，如果朱蒂·布卢姆可以直到 30 岁的生日过完后才出版了第一本儿童书籍，那么，一个在自己选择的领域已经工作了 5 年以上的职业女性，如果只是从自己职业生涯的旅途中暂时退出，或者只是稍事休息，为什么还要怀疑这么做的安全性呢？

我们必须承认，这种重新安排自己工作的想法从理论上说确实很诱人，但是，实施这样的计划时，我们不能忽略其中的一个至关重要的环节——钱，是的，就是钱。尽管创造性的职业发展路径看起来前景相当美妙，不过，"暂停"，再度复出，兼职工作，以及拿自己的职业前途冒险等等，确实会影响到我们的挣钱能力，而对大多数认为这种选择并不现实的人——那些没有工商管理硕士学位确保自己将来收入水平的人，那些没有有钱的丈夫保证让自己过上衣食无忧生活的女性，那些并不是为思想前卫的老板工作的职业女性，以及那些缺乏足够勇气的人来说，收入的降低或者丧失恰恰是做出选择的"软肋"。对于很多 X 一代的家庭而言，做了母亲的职业女性是否应该继续工作根本就算不上什么话题，因为对他们来说，要想确保舒适的中产阶级生活方式不致出现问题，两个人必须同时工作，必须都有可靠的收入。

所以，当我们绞尽脑汁设计我们职业生涯的同时，我们大部分人还要面对个人生活的另一个问题：我们为什么要给自己施加如此沉重的压力，让自己倾尽全力，在生活的所有方面永远"开足马力"奋争呢？如果说对生活道路选择的困惑是 X/Y 一代职业女性重新定义成功女性的表征，那么，一个良好的态势是，我们看起来正在开始全方位地思考女性成功标准的问题，我们不但重新考量什么是职业上的成功，同时，为了在工作和生活两个世界都获得合乎情理的最终成功，我们还开始抛弃那种媚俗的完美家庭主妇形象。

因为我是女……女……人

还记得那个 20 世纪 70 年代播出的音昭丽（Enjoli）香水广告片吗？广告中，一位光彩照人的职业女性穿着笔挺的套装，脚蹬性感的高跟鞋，一只手忙着煎肉，另一只手晃动着摇篮……那个年代，"你可以拥有一切"的理念所宣扬的职业女性的最后梦想就是：把咸肉带回家，自己在厨房煎烤。那则广告诉求的对象是婴儿潮时期出生的职业女性，而且那则广告效果非常显著，那个年代的职业女性不但争相购买那种香水，而且还将广告中的"超级女性"形象当作了自己的楷模。

作为孩子，我们看到，我们的母亲、阿姨、伯母们以及邻居也都想拥有一切，可是，不可避免地，她们都没有达到广告中那位性感、充满自信的女性轻松抵达的境界。现在，作为婴儿潮时期出生的女性的女儿们，我们自己也成了母亲，我们也为自己创造了一位完全不同的楷模，这位职业女性的理想形象是更讲实际的一代女性为自己"定制的"。在我们的心目中，这个全新版本的"超级女性"形象是这样的：她是一个做了母亲的职业女性，她既有令人惊奇的精良育儿之道，同时还有一份很有趣而且收入不菲的、工作时间可以自主安排的工作。我们的"超级女性"偶像可以早早地离开办公室，这样，她就不会错过有自己孩子参加的足球赛了，此外，尽管她已经离开办公室来到了孩子所在的学校，她也大可不必为尚未完成的工作担心，而且她觉得观看比赛期间根本不必接听铃声大作的手机。同样地，当她工作的时候，她也不必为孩子担心，因为她很清楚，孩子会受到很好的照顾。对于那些讲求实际而且渴望成功的职业女性——幻想得到现实问题切实解决方案的职业女性而言，上述新版本"超级女性"很快就成了她们推崇的偶像。所以，还是忘了咸肉吧，新版本的"音昭丽女性"可以毫无愧色地在工作和生活两个世界里自在悠游。

但是，我们访谈过的大部分做了母亲的职业女性（也包括做了父亲的男性雇员）的现实情况是，他们的生活状态大部分是由自己的职业生活塑造的，他们奋力构建自己的理想职业生活，他们的目标就是：从周一到周五，把孩子托付给保姆和电视的时间尽可能短。这种努力又把我们引回到了那个古老的命题，那就是职业女性必须面对"已经变化了的"和"保持原来状态"的断层：尽管有 1500 多万二三十岁左右做了母亲的职业女性活跃在各个领域，但是，公司管理制度和运营方式的变化，还不足以让缩短工作周、在家里从事远距离工作、真正意义上的兼职工作以及"暂停"职业生涯的选择成为普遍的方式。在被《妇女运动者》（*Working Mother*）杂志评为"最佳 100 个公司"的企业中，其中有数十家公司，为其供职的职业母亲雇员会因为下午 3:00 停下手头的工作去检查孩子的情况而遭白眼，更糟糕的是，如果她们胆敢在下午 5:00 的时候离开办公室，即肯定会引来恶毒的眼光。

尽管很多 X 一代做了母亲的职业女性向类似的问题不断发起冲击，但是，作为一代人，我们更倾向于专注自己的生活状况，而不是联合起来共同发起变革。和某些假设的缘由相反的是，这种"个人主义"的心态并不是源于自私，而是多年训练的结果。我们总是自行判断问题的所在，自行寻找解决问题的办法，因为我们拥有比我们的父母更大的优势。康奈尔大学的荣誉退休教授、社会学家伯纳德·罗森博士解释说："很多 X 一代的人觉得，他们在自己的成长过程中错失了某些东西，他们常常抱怨自己的父母总是忙于工作，而忽略了自己……这一代人对改变世界不感兴趣，这种态度取向意味着他们更注重家庭生活。"我们在前面谈到的拉德克利夫学院进行的那项研究表明，这一代人认为，"生活就是工作"，这个结论恰好应验了伯纳德·罗森博士的观察结果，婴儿潮时期出生的职业女性将"拥有一份工作是很紧要的事情"当作最优先考虑的问题，而 X 一代的职业女性则将"拥有一份可以保证与家庭共度更多时间的工作"当作自己择业的要著。简言之，我们这一代人总是低头前进，总是专注于为家庭做出正确选择，我们看不到在我们周围有很多像我们一样的女同胞，正默默地奋争着，她们正渴望着更美好的未来。

拥有一切 VS 拥有得足够多

我们访谈过的三十岁左右的职业女性，无论是单身的，已婚的，还是做了母亲的，每个人都曾经经历过相似的令人不安的时期，在那个心神不定的阶段，自己的身份定位、职业生涯的前景和家庭生活等问题纠缠在一起，相互重叠。通常，在这种情形下，这些一贯自信的职业女性会第一次对自己的自信表示怀疑，她们谈到自己的感觉时说，她们面临的选择让她们进退维谷、不寒而栗。对于一贯喜欢独立解决问题的一代女性来说，因为认识到某些障碍是系统性的，此外，在很多情况下，能否成功跨越障碍并不完全取决于自身的能力，她们会因此而倍感惶恐。"巧克力还是香草"的选择将我们引向"非此即彼"的境地，而这种选择的潜在后果常常让我们无所适从。

所以，作为年轻的职业女性，要想继续前行，第一个步骤就是要认识到，怀有良好初衷的"你可以做任何事情"的理念，大有转变为"你应该无所不能"的虚妄符咒的趋向，而这种脱离现实的妄想常常让三十岁左右的职业女性充满负疚感。减轻"期望断层"影响的有效方法，就是把由来已久的"拥有一切"的陈词滥调抛弃，代之以一个全新的信念——一个根植于自信和自知之明的新理念，那就是要清楚地认识到，什么时候你"拥有的已经足够了"。观念的转变并不意味着降低成功的标准，也不是轻看自己的梦想，它意味着你要专注于对自己更重要的事情，并制订一个富有创造性、现实可行的计划去实现它们，而你制订的计划要考虑到既有障碍的存在。

对埃伦说来，从"新玻璃屋顶"通往"拥有得足够多"的路径，可能就是将自己定位于一直梦想的写作生涯，即使这种选择意味着她要辞去一份稳定的工作，而且可靠收入的水平也会同步降低——至少会有这样的一段时期。对莉齐来说，她或许应该学习谈判的技巧，这样，当她再次上路寻找下一份工作时，她就可以有针对性地找到对她的能力推崇有加的新雇主了。对渴望做母亲的艾米丽而言，她哺育孩子的同时依然可以继续销售工作，她可以通过电话在家里完成交易，而不是加入需要付出太多时间和精力的管理层。所有这些选择都会要求她们做出短期的牺牲，比如，收入可能减少，生活方式会发生暂时的改变，需要就分期付款的问题与贷款机构再行协商。但是，对埃伦、莉齐、艾米丽以及数百万像她们一样的职业女性来说，她们重新考量自己职业生涯的努力会很快消解她们当前的紧张情绪，此外，她们的选择也会大大扩展职业选择范围。

职业生涯的转换历来都不是轻松的事情，尤其是在目前的公司体系中。正如我们在本章谈到的，对那些寻求在工作和家庭生活之间达成完美平衡的职业女性来说，很多良好的态势，比如，"暂停"工作，之后复出，以及开始经营自己的企业，还只是供少数人选择的方式，然而，很多一度对传统意义上的成功孜孜以求的职业女性，开始对权力和成功的内涵提出质疑的事实表明，某些意义深远的变化即将发生了。

纵观 20 世纪，每一代人都有自己对成功的诠释，每一代人都有当代成功女性的楷模。20 世纪 50 年代，成功的偶像是像唐娜·瑞德①那样的人；20 世纪 70 年代，职业女性成功的典范是穿着戴安娜·冯·弗尔斯坦博格②低腰褶皱连衣裙的格洛丽亚·斯泰纳姆；20 世纪 80 年代，成功职业女性的经典穿着是"权力套装"③；到了 20 世纪 90 年代，卡莉·费奥瑞娜和希拉里·克林顿定义了富有强大影响力的成功职业女性形象。造成职业女性 30 岁危机的缘由就是启动另一轮变化的种子，在新的变革中，职业女性将再一次重新定义和诠释成功的内涵。

X/Y 一代职业女性的这一轮变化更难辨识，因为这一轮的变化并不是围绕着一两个显见的成功形象——从家长式的、等级分明的古老制度中脱胎出来的成功形象进行的，这一次，"变化"不仅涉及对既有选择的扩展，而且还为现有的成功定义赋予了新内涵。不像《财富》杂志从女性高级经理人那里听到的，我们访谈过的很多职业女性对成功的描述要宽泛得多。她们并不只是谈到合伙经营以及独自拥有一间大办公室，她们还用更富有描述性的语汇来谈论成功，比如，自我实现、影响力、平衡以及对生活的掌控。

根据我们访谈的结果以及我们研究的成果，看起来，现在是我们这一代人共同承担责任——让我们的生活之路在现有的制度框架内拓展得更宽广，让我们更容易把握现有制度框架以外的发展机会的时候了。即将出现的成功形象可能很复杂、很个性化，不过这种成功形象的出现无疑会有助于联通"已经变化了的"和"依然保持原状"之间的断层。安然公司的前总经理和丑闻揭发者谢隆·沃特金斯④曾经说过："权力不能改变女性的天性，但女性会改变权力的本质。"所有的研究和统计都表明，我们这一代职业女性在这些方面比以往任何年代的女性准备得都要更充分，所以，剩下的唯一问题就是："我们还在等什么呢？"

---

① Donna Reed，长于塑造端庄、正派银幕形象的演员。

② Diane von furstenberg，著名服装设计师，同时也是同名时装品牌。

③ "权力套装"：由阿玛尼公司推出，成为国际经济繁荣的一个时代象征。这种设计的灵感来自于黄金时期的好莱坞，特点是宽肩和大翻领。

④ Sherron Watkins，安然公司的副总裁和会计师，曾向安然公司高层呈递了一份备忘录，她在备忘录中发出警告："我极其担心，我们公司很快就要被一系列严重的财务丑闻引爆，由内而外地分崩离析……整个商界都会认为，公司过去的全部成就都是通过做假账得来的。"

第三章

泼妇 VS 善良的女巫

莉阿·麦考和柯莉·鲁宾在美国有线新闻网相识一年以后，她们的情况出现了转机。和一位三十岁左右的出版社总经理——她也正在经历自己提前到来的中年危机——会面之后，我们能感觉到，这本书的主题引起了她的强烈共鸣。在城里一幢摩天大楼大厅外几步远的地方，我们自上次会过面之后又碰了一次面。这个只接触了10天的出版机构告诉我们，本书的出版合同有望在几周内签订。以前，我们赢得的东西总是需要我们付出长时间的艰苦努力，对此，我们已经习以为常了，所以，本书出版事宜如此之快的进展确实让我们大吃一惊。为此，我们两人欣喜若狂，心存感激，还有一点震惊，我们巡视附近的街区，想找一个能喝香槟酒的地方。打开香槟酒以后，柯莉·鲁宾给丈夫打了个电话，莉阿·麦考也把这个令人激动的消息打电话告诉了男朋友，我们想回到各自的家以后，还要将这个好消息与家人和亲密的朋友们分享。

但是，紧随我们的庆典而来的，是令人尴尬的"攻守同盟"，我们彼此恳请对方，在我们的出版合同正式签订之前，不要将这个消息告诉同事们。我们两人将这个项目对外保持缄默并不是源于因果报应的迷信心理，也不是因为毫无缘由的多疑症，事实上，尽管我们确信，我们大部分同事会为我们的项目感到高兴，但是，我们也不止一次地亲眼看到，只是因为某一个心存恶意的人或者妒火中烧的人起而与你对抗，就会让你一败涂地。在正常情况下，我们或许不会这么谨小慎微，但是，我们已经承诺过要完成这个项目了，而且我们不想让这个研究项目受到任何伤害。10年的工作经历早就让我们变成了现实主义者。

出版合同签订以后，本书的写作步入正轨，我们开始为本书的写作展开调查和研究，而其结果确实证实了我们当初的疑虑，也再次验证了我们的经历。毫无疑问，在工作领域，女性之间的彼此相处确实存在着大相径庭的方式。她们可能成为你最好的朋友、最重要的战略盟友，她们也可能成为你最凶恶的敌人。但是，我们很难预见到谁会成为"泼妇"，谁会成为"迷人的女巫"，因为不像那些古旧的汉纳—巴伯拉①式卡通片，有盘旋的天使和魔鬼，会分别代表你的救星和仇敌，打出输赢，会为你的每一次困境权衡不同选择的利弊，但在现实世界中，你的同仁或者上司对你提供支持或者蓄意破坏你工作的动机往往并不如此泾渭分明。

从另一方面说，人们的行为常常是清晰可见的，流行文化已经为我们提供了很多例证。女性作家和评论家中，不乏靠辱骂希拉里·克林顿起家的人，她们通过"解构"希拉里·克林顿的婚姻和内心世界行走于文化江湖中间，并据此确立了自己的职业。但是，这位前第一夫人同样有很多充满热情的支持者，她们在电视上立刻对他人的辱骂做出回应，她们为希拉里·克林顿的领导才能辩护，她们对希拉里·克林顿的政治贡献推崇有加。与此相似的，当对玛莎·斯图尔特②的指控浮出水面的时候，尽管有些女性对她的"陨落"拍手称快，但是，其他人则穿着"拯救玛莎"的 T 恤衫，挺身而出，捍卫她的尊严。

职业女性的楷模，氧气传媒公司（也译为奥克斯根传媒公司）（Oxygen Media）的创始人和首席执行官杰拉尔丁·莱伯恩（Geraldine Laybourne），通过为女同事争取权力而让她们的生活充满生机，让她们成了生活的赢家。杰拉尔丁·莱伯恩告诉我们："当我进入维亚康姆公司③总经理班底的时候，我竭尽全力，想将另一位女性拉到公司高管层来，因为我知道，这样做非常有利于公司的发展。我们女人之间几乎达成了无声的默契，我们会确保每个人的想法都会受到重视，而且要让他人知道那些想法出自哪个人，这种方式改变了我们公司的全部运作程序。"

像杰拉尔丁·莱伯恩一样，那些极富进取精神的婴儿潮时期出生的商界女性，在过去 30 年所取得的成果已经以戏剧性的方式完成了自己的使命。今天，我们这一代人所面临的性别角色的动荡，与我们的母亲在我们这个年龄所面临的状况完全不同。然而，虽然很少有尚未被填充的"如何如何的第一位女性"的空

---

① Hanna - Barbera，是由比尔汉纳和乔巴伯拉创立的动画制片公司。

② Martha Stewart，被认为是美国的女强人，有人认为她是美国优雅生活的代言人，她的成名作《玛莎·斯图尔特生活》一书曾经影响了一代美国人的生活，后来因为股票交易问题受到指控。

③ Viacom，全球最大的传媒娱乐集团之一，公司涉足电影、电视、出版及与娱乐相关的其他零售业务，2001 年度《财富》500 强排行榜上，维亚康母公司名列 85 位，旗下拥有哥伦比亚广播公司（CBS）、音乐电视全球电视网（MTV）、尼克儿童频道（Nickelodeon）、派拉蒙电影公司、派拉蒙电视、派拉蒙主题公园、西蒙出版公司、19 家电视台及 1300 家电影院等。

缺，但是，这并不意味着我们在所有的活动疆域都已取得了和男性同等的地位。如果说我们母亲那一代职业女性所面临的挑战，是寻求如何才能在董事会争取到一个席位的策略的话，那么，我们这一代人所面临的挑战，就是找到如何将我们的竞争激情创造性地用于营造一个新环境的途径，在这个新环境中，女性对重大决策的出台以及在公司所有的管理层次中都具有持续的影响力。

美国有线新闻网的前总经理，同时也是畅销书《玩似男人，赢似女人》（*Play Like a Man*，*Win Like a Woman*）的作者盖尔·埃文斯（Gail Evans），为全国各个年龄层以及拥有各种商务背景的职业女性开设讲座，告诉人们如何在企业环境中胜出。在一次访谈中，她告诉我们，她每次外出演讲，总会有15到20位职业女性找到她，向她倾诉，给她讲很多让人气馁、沮丧的故事。"她们如何勤恳、尽心尽力地工作，以及她们如何弄不懂为什么大部分男性雇员就是比她们更成功，云云。"盖尔·埃文斯说，对此，她一直充满挫败感，直到有一天，她忽然认识到，我们每个人都在忙于提高自己的能力，与此同时，我们却错失了很重要的某些东西。"我们并不能让自己变得更聪明，我们在工作中已经倾尽全力了，已经把我们能做的都做了。"她说，"在公司中，我们试图像男性员工一样地工作，但是，这样做也于事无补。我们尝试了所有的方法，可是，很显然，我们的尝试均未奏效。其实，解决难题的答案很简单，那就是到了联合起来协同努力的时候了，因为直到现在，我们还没有相互帮助，还没有彼此支持。而我们完全错失的相互帮助和彼此支持，正是男性雇员行动的一部分。"

盖尔·埃文斯谈到的情况，同时也是让我们两人在酒吧倍感焦虑的问题，就是很多职业女性依然从个人化的角度来思考成功的内涵。尽管有很多"善良的女巫"为此做出了积极的努力，但是，在职业女性中间，至今还没有达成彼此相互照应的默契。另一方面，每天我们都能发现"男性校友会"极度活跃的迹象，都能感受到他们彼此之间的默契，在《华尔街日报》的某些版面，在报纸晚间新闻的留言板块，我们都能找到这样的证据。不妨看一看股票上市的过程，不妨读一读企业合并和购并的故事，不妨听一听公司的丑闻和政治丑闻，你会在字里行间发现男性之间表现出来的相互关照。你甚至还可以看看某些文化经典，比如《名利场》中的某些文章，你会从中看到好莱坞"男同性恋黑手党"在业界发挥影响力的编年史。尽管《时代》杂志最近将一些丑闻的揭露者评为"年度人物"，而且，尽管我们总是为马德琳·奥尔布赖特们①、康多莉扎·赖斯们（美国现任

---

① 美国历史上第一位女国务卿，她以令人敬畏的政治声望为人所知，与克林顿总统珠联璧合，创造了一个时代。

国务卿）和卡莉·费奥瑞娜们的成就欢欣鼓舞，但是，截止到目前，职业女性依然没有形成自己类似波希米亚丛林俱乐部的同盟或者组织①。

为什么连更富有竞争性的男人都知道相互关照，而大部分职业女性却觉得自己只能单打独斗呢？

办公室的泼妇

女人总是担心其他女人"偷走"自己的丈夫，不过，从帕梅拉·哈里曼②和斯利姆·基思③，到文学作品中的女主人公郝思嘉，这些颇有影响力的女人将这个问题处理得非常好。然而，当职业女性从家里来到工作场所的时候，她们却遭受了另一种伤害。

现在，在女性扮演的"显要"角色阵营中，和处女、娼妓、恶毒的继母、充当临死儿童教母的仙女以及疯狂的前女友/前妻一样，办公室泼妇也堂而皇之地加入进来。人们通常以为其他的角色只存在于童话故事中，只能在肥皂剧中看到，但是，办公室泼妇的角色却不然。美国管理协会最近进行的一项调查显示，大部分职业女性都认为办公室泼妇是一种现实的存在：95%接受调查的人说，她们在其职业生涯的不同阶段，曾经遭受过其他女性的损毁。或许，这个调查结果有助于解释盖洛普一项类似调查的结果：在18岁到29岁的女性中，有60%的人更愿意为男人而不是为女人工作。另一项全国性的调查结果显示，过去10年来，女性之间在办公室发生的蓄意损毁行为上升了50%，这个数据表明，当某些女性在工作中获得更大权力以后，她们不是更友善地相互扶助，而是彼此相互伤害。

但是，人们的感觉并不能始终客观地反映事实，在这些引人注目的数字后发生的所有故事中，有一部分来自职业女性久久挥之不去的错觉——她们对某些女性竞争性行为动机的错误判断。换句话说，有时候，办公室泼妇就是泼妇，但是，有些时候，有些被人误以为是办公室泼妇的职业女性其实是果决的领导者。畅销书作家，同时也是精神治疗专家菲利斯·切斯勒（Phyllis Chesler）博士，在她的名为《女姓的负面》（*Woman's Inhumanity to Woman*）一书中解释说：

---

① Bohemian Grove，波希米亚丛林是旧金山以北60英里处一个2700英亩的私人丛林，19世纪后期以来，很多商界巨头、政治家和艺术家常到这里聚会，这些聚会被胡佛誉为"世界上最出色的男士派对"。至今，俱乐部还不接纳女会员，老资格的会员始终恪守这个隐秘俱乐部的特种传统。俱乐部还要求会员不要向外界透露这里的情况。

② Pamela Harriman，一位著名的政党资金资助人，曾担任过美国驻法大使。她是英国贵族后代，但家境衰败，先后嫁给了丘吉尔的儿子和法国的戏剧家，曾一次离婚，一次丧偶。第三次婚姻给了她最幸福的家庭。

③ Slim Keith，有些女人生来便富可敌国，而有些女性则靠婚姻积得大量财富，人们普遍认为斯利姆·基思属于后者。

我们生活在一个很奇怪的时代。一方面，在体育运动领域，在企业界，在法律事务机构，在新闻界，在科学研究领域，在卫生医疗领域以及艺术领域，无论从身体上，还是从语言上，越来越多的女性开始以直接的以及富有攻击性的方式彼此竞争；另一方面，就在现在，很多女性对职业女性之间直接而显见的竞争仍然怀有矛盾心理，或者并不认同女性之间的这种竞争方式。以上两个方面的综合作用，让很多优秀的女性首席执行官、女政治家以及女性专业运动员陷入了重重的麻烦。

当凯·蓓莉·哈奇森（Kay Bailey Hutchison）第一次竞选参院的时候，格洛丽亚·斯泰纳姆将她称之为"女性模仿者"，专栏作家莫莉·伊文斯（Molly Ivins）则把她称为"布莱克女孩"①，此外，媒体似乎乐此不疲地提醒选民们，凯·蓓莉·哈奇森上高中时曾经当过拉拉队的队长。在柯莉·鲁宾与她进行的一次访谈中，凯·蓓莉·哈奇森就在有权力的女性身上套用与男性不同的双重标准问题谈了很多想法。"一个男人可以脾气暴躁，而人们往往不会提及这一点，即使谈到他的脾气，人们也会把它当作中性的甚至是有积极意义的品行。"她说，"但是，如果一个女人脾气暴躁，人们几乎总是将它视为负面的品行。我不止一次看到这种情形。因为没有给女人留下也可以'粗暴'的余地，所以，描述我们效率的语汇是完全不同的。"尽管事实上，大多数二三十左右岁的女性都像孩子般投入地参加体育运动，尽管在知名大学中，女性也很有教养地参与竞争，而且她们也"富有侵略性地"（因为没有更妥帖的词语，在这里，我们索性借用了这个词汇）规划自己的职业生涯，但是，我们也像其他人一样，常常觉得因为自己的行为造成了其他人对职业女性的误解而感到内疚。

女性力量被引向了邪恶？

这场女性之间发生争斗的理论催生了一轮畅销书的写作热潮，在这个潮流中，包括雷切尔·西蒙斯（Rachel Simmons）的《女儿当自强》（*Odd Girl Out*）和罗莎琳德·怀斯曼（Rosalind Wiseman）的《女魁首和赶超崇拜者》（*Queen Bees and Wannabes*）。这些书认为，因为女孩子们还没有社会认可的愤怒发泄出

---

① Breck girl，是美国一家洗发用品公司设计出来的品牌名称与图案，诞生于1936年，也是代表美国生活文化的品牌之一。

路，所以，她们之间的冲突常常以隐秘的方式表现出来，而且她们之间的对抗常常采用老于世故的"心理战"。女性之间的这种"隐蔽争斗的文化形态"，经常以传播谣言、冷落他人的方式表现出来，经常以"组织严密"的朋党共同对付那些"出类拔萃的女孩子"，让她们的生活如同炼狱。罗莎琳德·怀斯曼说："就理解和运用可以为人们带来权力的社交诀窍以及对政治局势的判断而言，我们最优秀的政治家和外交家并不比少女们做得更好。"

如果你不能很好地理解这种论断的含义，你不妨闭上眼睛，回想一下你的初中时代。或者，你也可以想一想从新闻中听到的真实事件，比如，2003 年，在芝加哥郊区的一个富裕社区，发生了一场受到公众广泛注意的女孩子侮辱女孩子的恶性事件，这一事件使 12 名少女受到了犯罪指控。

我们学到的社会达尔文主义，对我们成长为什么样的女性发生了重大的潜移默化影响。对工作场所发生的权力动荡态势进行了深入调查和研究以后，心理学家唐纳德·沙普斯汀（Donald Sharpstein）总结到，女人远比男人更愿意使用流言蜚语的手段报复别人。不是将这种少年时代的行为方式丢在学校操场上，或者将它们在班级舞会上踩为齑粉，相反，我们很多同龄人却把那些幼稚的花招儿当作了锦囊妙计，收在自己的"绝招儿工具箱"中，从而，在工作中，上演出一幕又一幕的成人版"青春期丑剧"。

女人也可以成为男性至上主义者吗？

自从梅利莎（Melissa）随随便便地就被伍德罗·威尔逊中学的"主流人群"排除在外以后，20 年已经过去了，但是，她仍然担心，现在的某些"小集团"和流言还可能破坏她的名誉。梅利莎是个漂亮的金发姑娘，在纽约一家投资银行担任副总裁职务，她被提升以后，有些同事的反应让她觉得不寒而栗。最初，她以为，自己之所以有那种感觉，不过是因为自己太多疑了，但是，在公司洗手间的一次"邂逅"改变了她的判断。

"当时，我正在抹口红，我无意中听到了在坐便小隔间里的两个金融分析师对我的议论。"梅利莎回忆说，"她们说，'梅利莎之所以能得到这份工作，唯一原因就是她和吉姆睡觉。'她们在那儿不断地议论，不断地飞短流长，说我的裙子如何紧，说我的鞋跟如何高，她们还说我和已婚的老板调情，等等。很显然，她们说的全都是无稽之谈，我之所以得到提升，是因为我工作非常努力，而且，我也完全能胜任这份新工作。

"她们的闲言碎语确实让我怒不可遏，除此之外，她们的议论还让我感到悲哀，因为我觉得罗斯和梅林达两人都是拥有工商管理硕士学位、很有作为的同事，根本不是那种造谣中伤他人的小人。这件事让我想起了当中学拉拉队队长的日子。有时候，你真的很希望能'越过'生活中的某些阶段。"

尽管也有很多女性在金融界工作，但是，这确实是一个被"睾丸激素"浸透了的世界，这种由男人统治领域的文化形态在《说谎者的扑克牌》① 中有栩栩如生的描写，而且至今未变。在每一个梅利莎、罗斯和梅林达工作的金融公司中，都有很多家伙依然将证券交易场所视为"兄弟会"，所以，考虑到她们所在领域久已形成的性别取向，从女同事中听到这么"经典"的一段议论尤其令人吃惊（而且让人大失所望）。难道戈登·盖柯将 X/Y 一代职业女性中的有些人"拉下了水"②？让我们感到纳闷儿的是，女人帮助其他女性取得成功到底有多难？难道女性不应该为男性至上主义承担部分罪责吗？

我们在调查研究期间，给朋友、同事以及我们访谈过的所有女性发出了大量的电子邮件讨论这些问题。我们只用了 5 分钟就意识到，这次，我们击中了要害。此后不久，我们的邮箱中堆满了看法水火不容的回复邮件。与每一个女人之间龌龊斗争故事相对应的，我们也（高兴地）收到了充满激情的故事，这些故事是对职业女性优秀品德的赞颂，其中有很多女性"导师"总是帮助其他人升任更高职位的例证。再一次，所有这些回复——毫不含糊的回复中流泄出来的强烈情感让我们深受触动。当我们随后通过电话与她们联系，一次次地听她们讲述那些不折不扣的蓄意损毁故事，听她们讲述女性之间相互声援、相互扶助令人欢欣鼓舞的故事时，我们忍不住将两种类型的女性与原告和被告联系起来。

此外，当我们与刚刚做了母亲的职业女性交流时，我们还注意到，另一种烦扰正浮出水面。十几位职业女性谈到了非常相似的经历，她们说，当她们的妊娠迹象开始显露出来的时候，她们的上司都微妙迂回地让她们分清什么是"需要优先考虑的事情"，有人还详细地谈到，当她们休完产假和育儿假回公司上班以后，她们被降级使用了，或者被排除在公司重要的会议之外。

对孕期妇女的歧视并不是什么新鲜问题，当莉阿·麦考的母亲 30 年前在宾夕法尼亚州的芒特普莱森特的一所公立学校教艺术课时，就曾经遭遇过这种歧视。那时候，在怀孕的后期继续工作会触怒某些人，当她的肚子越来越大的时，她开始为自己的工作担心。因为她不能失去那份工作，莉阿·麦考的父亲那时候

---

① Liar's Poker, 1989 年出版的小说，迈克尔·刘易斯（Michael Lewis）著，本书对 20 世纪 80 年代的美国证券市场有详尽的描述，披露了华尔街的很多内幕。

② Gordon Gecko, 是美国著名导演奥利佛·斯通拍摄的揭露股票市场黑幕的影片《华尔街》中的人物。影片中的人物提出了这样一个观点：驱动着整个华尔街疯狂运转的，只有一个词：贪婪。

还在大学里学法律，她必须负担全家的生活开销。所以，她研究了相关的法规，她发现，本州的法律条文可以击败地方的条例，而学校董事会就是依据这些地方条例将怀孕的教师赶出教室的。因为有了这个保护自己权益的"利器"，莉阿·麦考的母亲在 6 月底生莉阿·麦考之前，一直教完了那个学期。她的努力被当地民间称之为"麦考修正案"，在远没有形成正式条例的时期，她为处于妊娠末三个月的职业女性铺平了继续工作的道路。

然而，在莉阿·麦考母亲的经历和我们的同龄人谈到的情况之间存在着重大的区别。以前，歧视妊娠期职业女性的通常是男人，但现在，女性也加入到了作恶的阵营中来，在很多情况下，歧视孕妇的女性往往是那些已经过了最佳生育年龄的单身，或者没有子女的女人。

嫉恨婴儿

根据我们的请求，一位同事给我们回复了一封邮件，她在信中极为详尽地谈到了她与老板之间发生的一场让她烦闷异常的冲突，她的老板是我们这个圈子里的传奇人物，满屋子的艾美奖和其他声名显赫的奖项就是她成就的最好注解。我们的这位朋友刚刚休完产假和育儿假回公司上班，她是一个备受尊崇的电视新闻杂志节目的制片助理。尽管她所在的部门有很多女性职员，不过部门的文化氛围让这位新妈妈怀疑，如果她在办公桌上摆上刚出生的女儿的照片会不会让人反感。她回去上班的第一个星期，她的部门接受了制作有关宠物狗安全的片子的任务，节目内容重点关注宠物狗和婴儿。拍摄制作的任务非常紧迫，还好，他们运气不错，因为这位朋友家里恰好有个婴儿，而且还有一条猎犬，所以，整个节目制作团队到她家里拍摄了她的宝宝和那条名叫发伊多的猎狗的素材。那天晚些时候回到办公室以后，老板来检查拍摄的素材，她很仔细地打量着画面中的婴儿，之后，转过身，对我们的这位朋友说："哇，太棒了！你居然有这么一条漂亮的狗！"她根本没提到我们朋友的新生儿。

尽管那位老板的行为并不触犯任何故意歧视的法条，但是，她视而不见的故意确实表明了她迎接我们这位朋友回来工作的冷漠姿态，同时，也表明了雇主和雇员之间关系所发生的重大新变化。

我们一直觉得，我们不断听到的这类故事不过是"个案"而已，不过是相互之间毫无关联的偶发事件，但是，为弄清事实，我们咨询了几位颇受尊敬的律师，他们长于处理劳资关系的法律问题，我们想听听他们对这类问题的观点。他们告诉我们，我们的非正式调查恰好深入到了一个正在逐渐显现出来的新现象的

"腹地"，在这个渐渐清晰起来的社会现象中，数量可观的年轻职业女性报告说，她们在妊娠期间以及休完产假和育儿假回公司上班以后，受到了女性老板的歧视。一位律师谈到，那些歧视孕妇及哺乳期职业女性的女人觉得，她们自己以前就曾经在工作和家庭之间被迫做出"非此即彼"的选择，所以，现在，通常是下意识地，她们认为，自己的下属也要做出同样的选择，既然选择了生育子女，她们就不能在继续自己的职业生涯了。

比起30年前的职业女性来，我们这一代女性更明白自己的权益，这种背景有助于解释为什么过去10年来，"就业机会均等调查团"（Equal Employment Opportunity Commission）的调查数据显示，歧视孕妇的诉讼案大幅攀升。我们还应该了解这样一个重要事实：女雇员投诉女性老板的数量也节节攀升，形成这种结果的原因，部分在于两代女性（有时候是三代女性）第一次发现，她们首次"混合编队"在一起工作。然而，有人可能会觉得，人们越来越清楚什么类型的行为是歧视孕妇的行为，同时，在一起工作的职业女性数量也越来越多，那么，歧视孕妇和哺乳期女性的诉讼数量应该减少，而不是增加。但是，美国有些大学的"性别、工作和家庭研究中心"的最新研究结果表明，因为有些怀有"刚做了母亲的人不属于雇员之列"想法的雇主，公开而直言不讳地表达了这种观念，所以，催生出新一波性别歧视的潮流，而卷入其中的除了男人以外，还有女人。

特莉（Terri）是俄勒冈州的一位律师，她生完第一个孩子并转为非全职工作以后，就遭遇了一场猛烈的同时也是出乎预料的"嫉恨婴儿"的打击。然而，她没有坐以待毙，没有屈从于泼妇的淫威，她起而抗争。

❖ **特莉，33 岁**

律师

波特兰，俄勒冈州

作为一个主张维护儿童权利的律师，又在一家旨在帮助妇女和儿童的法律事务所工作，我从来没想过，希尼出生以后，我在工作中会遭遇偏见，然而，我的上司，一位通常每周工作六七天的50岁女人，在对我年度工作考评时告诉我，如果我继续延续每周三天半的工作方式，我会丧失在事务所的工作。她说，她可不是开玩笑，尽管我和那些全职工作的同事拥有一样多的客户，尽管我在全体雇

员中是经验最为丰富也是最受尊敬的人之一。

当我休完产假和育儿假回事务所上班的时候，我的老板总是把我排除在高层会议以外，而且常常对我要孩子的选择说三道四。有一次，我们一起讨论有关赡养费和供养孩子的法律条文的变化，有关孩子供养的问题也是我们事务所例行咨询工作的一部分，那是一次令人难忘的谈话，她好心告诉我，什么时候我和我丈夫离婚，她会为我作证，证明我"遵从了丈夫的建议选择了生孩子"对我的职业生涯产生了多么"有害"的影响。她那些令人惊恐的评论在很多方面深深地刺痛了我。自那次谈话以及对我的年度工作完成考评以后，我意识到，有些事情必须得改变了，而我需要做出选择：要么留在事务所，听凭那个女人强加给我的负疚感——让我因为对家庭生活和事业发展充满同样的渴望而感到愧疚的折磨；要么拒绝接受她强加给我的负疚感，找一份更好的非全职工作。

我选择了后者。新工作应该让人心情舒畅，算了吧，索性和这个愚蠢的女人"一刀两断"。新工作的薪水应该不错，福利待遇也应该更好些，而且可以让我和我的宝贝女儿共度更多的时间，这是我找新工作的前提。不过，我想，我理应得到更好的工作，所以，我振作精神，做好手头的工作，同时，冒着"败露"的风险，偷偷摸摸地在这个并不十分广阔同时专业化很强的市场（而且行业正处于低迷期）寻找新的工作机会。

特莉的行为很聪明，同时很有进取精神，她的定位也很准确，在这个过程中也没有掺杂感情色彩。她请教了一位长于处理劳务关系问题的律师，所以，如果事务所对她的歧视升级，如果她寻找新工作的事情"败露"，如果她遭到任何形式的报复，她很清楚如何保护自己的权益。之后，以"征求建议"的名义与前同事接触，她悄悄地开始了有计划寻找新工作的过程，那些老同事恰好是很欣赏她的工作能力同时看重她价值的人。其中的一位前同事聘用了她，但是，特莉并没有马上接受这份工作，而是先提出了就职的条件：弹性工作时间，并负责管理自己所在的特殊项目部的预算和运作。现在，特莉的新工作是就某些特殊议题拟写富有创新意义的署名报告，她负责的项目在州内的领导者中间引发了很有意义的对话。而她在新岗位上不过才工作了四个月的时间。

我非常高兴能找到一个逃脱的机会，但是，我不想换成同样的工作。我的痛切经历告诉我，一个人在其职业生涯的某些阶段，如果做非全职工作，可能很容易受到伤害，无论你的工作多么卖力气，也无论别人怎么喜欢你，除非你为自己所做的工作承担直接责任，这也是我当时提出了那些条件的原因。当然，我还不能完美地承担工作职责，而且这个新工作也需要我更多地出差，每天往返上下班的时间也很长，不过，为自己创造了这么好的一个新机会还是让我激动不已，要知道，要找一份这样的工作无异于大海捞针。我不想让人觉得我是个沾沾自喜的人，但是，我把自己的工作能力带到了以前雇主的竞争对手那里还是让我忍不住兴奋异常，我希望，我的离开会让我的前老板有所触动，我希望她以后对一位前途无量、而且是刚刚做了母亲的优秀律师采取某些行动时，要三思而后行。

办公室的"代沟"

尽管 X/Y 一代的职业女性与她们婴儿潮时期出生的老板之间的摩擦并不都这么剧烈，不过，不同年龄的女性处理问题的方式，以及对职业发展的预期，确实存在显见的差别。如果你从宏观的角度来观照这个议题，你会觉得情况确实如此。可以说我们正处在社会潮流剧烈变化的时代，在如此短的时间内，职业女性成功的定义就发生了戏剧性的变化。成功标准的剧烈变化，使婴儿潮时期出生的职业女性和 X/Y 一代职业女性之间，在工作中产生了许多摩擦，而这些摩擦常常让我们觉得，我们两代人之间的"代沟"比实际的隔膜还要深、还要宽。

然而，即使是在雇员之间的关系最平等的环境中，X/Y 一代女性也并不是从婴儿潮时期出生的女性手里接过接力棒，沿着她们跑过的跑道狂奔。年轻一代的职业女性在工作中形成了自己信奉的原则，在竞争、生产率和职业志向等方面，年青一代的原则常常与婴儿潮时期出生的职业女性所坚持的原则发生冲突。从职务提升的时间表，到新技术设备的使用，我们从很多方面都经历了办公室"代沟"的客观存在，而两代人之间的摩擦已经开始逐渐升级：很多人力资源管理部门的经理谈到，年青一代职业女性和老一代职业女性之间冲突的升级速度，已经超过了不同性别之间的冲突。

在我们进行的最近一次访谈中，格洛丽亚·斯泰纳姆承认："我和那些二三十岁的女性简直生活在两个世界。我们的谈资完全不同，好像生活在两个国家。"我们访谈过的四五十岁的女性觉得，她们的年轻女同事太自私了；与此同时，我们发现，有些二三十岁的职业女性则将她们婴儿潮时期出生的女同事比作总是吹毛求疵的婆婆。有些婴儿潮时期出生的女性认为，年青一代对她们为职业女性奋力争得的重大突破不知道感激，而有些 X/Y 一代女性则说，你们让位吧，我们已经做好了下一次升迁的准备。

苏赞妮·布劳恩·列文（Suzanne Braun Levine）在《莫尔》（More）杂志以

"'你们毁了男人！'以及年轻女性认为我们其他令人不可容忍的、让人烦恼的或许确有其事的品行"为题，撰文探讨了这些正在逐渐显现出来的"代沟"。她写道：

> 我觉得，我们两代人对彼此的抱怨完全是镜像：她们认为我们风光不再，天生就是自愿在事业中忍受伤痛的人，是飞扬跋扈的人，而且毫无趣味；我们认为她们目空一切，对我们经过艰苦卓绝努力争取来的权益没有感激之情，她们完全缺乏社会责任感。她们声称，我们这一代人把自我实现置于家庭之上，我们则反驳说，她们总是把放任自己置于改造社会之前……她们对我们的抱怨常常触到我们的痛处，甚至让我们对她们艳羡不已……但是，我们不愿意承认我们需要对先前做出的决定和选择重新反思，就像她们也总是大话连篇，不愿意承认自己也常常觉得缺乏安全感一样。

卡罗尔·海厄特（Carole Hyatt）是一位畅销书作家，还是一位演说家，同时也是一位职业发展规划专家，致力于帮助职业女性获得事业上的成功。她谈到了在不同时代的人之间发生的对抗性反应和误解的情形，当女性对她们有工作或者没工作的母亲当初的选择表示否定的时候，这种对抗和误解就会产生。"我母亲是一位真正意义上的'职业母亲'。"卡罗尔·海厄特说，"她的全部生活就是做一个好母亲——我放学以后，她总是已经在家里等着我了，她为我准备带到学校的午饭，为我做晚饭，帮助我做作业。这真让我受不了，我迫不及待地想离开她。我还记得当我加入女童子军的时候有多么激动。当我出现在女童子军队伍中的时候，她大吃一惊，她居然就是女童子军的一个领导者！她的精力极为充沛，可她把它们都投注到自己的孩子身上了。

"所以，我很早就下定决心，将来我一定要做一个有工作的母亲。我并不是说我不想和孩子厮守在一起，不过，我很推崇这样的理念：和孩子在一起的时间要过得'有质量'……我想，周末的时候出现在女儿面前的感觉一定很好，和她一起旅行的时光一定非常美妙。然而，后来的事实证明，我的选择也远说不上完美。无论我们做出什么样的选择，我们总是不知道我们的孩子——尤其是我们的女儿——是不是会接受我们选择的平衡状态。"卡罗尔·海厄特总结说。

来到卡罗尔·海厄特工作室的一对母女的"二重唱"，为我们进一步演绎了她们征服不同时代的人之间所产生的冲突的策略，揭示出了她们之间的冲突在她们的生活选择中如何发挥作用。安妮·雅诺什（Anne Janas），56岁，在阿谢特费里帕奇传媒集团（Hachette Filipacchi Media）的信息部任职副总裁，她25岁的女儿斯特琳·伊森（Sterling Eason）在很多地方成功地从事过很多类型的工作，从伦敦剧院的舞台产品管理，到为纽约个性鲜明的客户导演品牌产品发布活动。

> **安　妮：** 我结婚的时候是20岁，21岁的时候就生了斯特琳，所以，那些年的生活主题只有一个，那就是"生存"。出去找份工作而且挣到足够多的钱对我非常重要，因为我要供斯特琳的父亲读完大学，还要供他获得硕士学位。所以，开始的时候，我觉得工作不过就是一个养家糊口的工具。最初的六七年，我做秘书，因为我会打字，20世纪60年代后期，做秘书是份很稳定、收入和福利也都不错的工作。不过，我做出了双重的牺牲，最大的牺牲就是，在斯特琳很小的时候，我不能做一个待在家里的全职母亲，另一个牺牲就是我不得不暂时放弃渴望成为一个艺术家的梦想。

> **斯特琳：** 在我成长期间，我大部分朋友的母亲都不工作，他们的母亲都不是"事业型妈妈"。我的很多朋友从学校回家以后，他们的母亲都已经做好了饼干和点心在等他们。我也想让母亲给我做三明治，给我烤松脆的面包，给我做味道很好的三角饼干，但是，我的午餐常常只能吃上一顿剩下的印度饭！最后，我终于知道我最想要什么了，我很早就渴望拥有更传统的东西了，因为我看到其他的孩子都能享受那些东西。

当斯特琳六七岁时，安妮决定将自己的艺术兴趣和职业生活结合起来。她上了一些绘画设计课程，一家电视台看了她创作的作品后聘用了她。"一旦我开始意识到和母亲一起上班有多么快乐以后，我的很多想法就变了。"当斯特琳回忆起一个周末，她和母亲在办公室一起度过的时光时说。"她确实想让我高兴。如果你处在她的位置，你也得改变自己。如果她也是一个待在家里的全职母亲，那么，下午她会和我在家里做游戏玩儿，可是，她是个职业型的母亲，所以，她和我要在她的办公室里做游戏。"

作为成年人，这两位职业女性很清楚自己一代人所面临的挑战的异同。

> **安　妮：** 我们这一代人经历的情形之一就是，我们常常是围桌而坐的一群人中的唯一女性，这种情形对我来说已经成了严峻的挑战。我非常想打破那些桎梏，不过，冲破障碍的过程是一场竞赛，是一个挑战。

看到围桌而坐的人群中的女性变成了两个、三个、四个，我会欢欣鼓舞。我真的没觉得这些女性会取代我的位置。我是一个不折不扣的女权主义者，不过，我依然为此而自豪，我觉得，你们这一代人有更多的选择权，部分原因在于你们确实继承了更多的适应性和灵活性。

斯特琳：我想，她们给我们设定了很高的标准，我们要努力去达到她们设定的标准，之后，她们会设定更高的标准，我觉得她们都希望我们如此。她们那一代职业女性对抗的是琼·克莱维尔一类的女性形象，我们则试图反抗布兰妮·斯皮尔斯一类的女性形象。事实上，我们殊途同归，不过时间和地点不同而已。

然而，斯特琳补充说，尽管我们两代职业女性的天职在很多方面没有什么区别，不过，她母亲那一代职业女性还是对她们所做出的不同选择给予了支持，尤其是涉及组建家庭的新时间表和生育孩子的时间安排等问题时。"我觉得，我母亲那一代人这样说就是对我们的支持：'如果你们想等一等，我想没关系，我们能理解。我们很早就组建了家庭，很早就生了孩子，那时候确实很艰难，我们真的很羡慕你们比我们有更多的选择自由。'"

斯特琳是对的——当代年轻职业女性对自己事业发展所做出的选择确实与母亲们当初的选择截然不同，不过，并不是每个人都能像斯特琳和安妮那么开通，毕竟，过去 30 年来发生了很多变化。如果你在 1973 年随便让一位居住在郊外的母亲给"工作—生活的平衡"或者"更有利于家庭生活的公司"下个定义，你看到的一定是一个吃惊的眼神，就像你问你的祖母"够闪、够亮、够炫"或者"不对称战争"是什么意思时看到的茫然神情一样。30 年前，如果有人像斯特琳一样，职业简历中有那么多种工作经历，或许，这样的人会被《女士》杂志当作显赫人物隆重推出。但是，今天，在这个商学院的女生比男生更多的时代，虽然像斯特琳这样的职业女性依然令人刮目相看，但是，她们的经历已经成了主流，而不再显得"异类"，尚未成为主流的是她们下一步的选择，以及她们的下一步选择如何影响她们的职业发展方向，如何影响她们选择的生活方式和生活质量。

从玻璃屋顶到满地碎片

从两代职业女性之间的讨论中，我们可以清楚地发现，现在二三十岁的职业女性的工作环境，与我们的母亲在我们目前的年龄所处的工作环境相比，确实有天壤之别。尽管对某些利弊的权衡依然必不可少，不过，可供我们选择的道路，与我们的母亲们和祖母们当初可以选择的道路相比，确实要多得多，为此，我们应该对她们永远心存感激。然而，当一个玻璃屋顶被冲破以后，地板上却布满了锋利的碎片。我们所面临的障碍或许会比我们母亲当初面临的障碍更难以察觉，但是，挥之不去的不协和——职业女性的地位和权力之间的不协和——依然还在让我们持续付出沉重的代价。

有一点是昭然若揭的：女性对女性更有影响力。我们想，现在到了利用这些影响力的时候了，我们应该将这种影响力积聚成群体的力量，以改变我们的工作环境，从而，让更多的人，而不仅限于幸运的少人数，获得追求待遇更好的、更有影响力职业的能力，同时，还可以确保她们享受到目的更为明确的个人生活，或者让她们能更好地承担做母亲的责任。如果我们这一代职业女性不能启动我们之间意义深远的对话和交流，不能为填平不断扩展的断层——"已经变化了的"和"依然保持原状"之间的断层——制订出广泛认同的计划，那么，我们的工作环境还将不可避免地"吞噬"我们的生活。毫无疑问，女权主义运动的成果势如危卵，如果我们前进的步伐依然保持不紧不慢的常态，那么，职业女性进步的"钟摆"还会荡回到原位，我们只能在成功的职业生涯和完美的个人生活之间选择其一，也就是说，我们还将回到"非黑即白"的二元选择困境中。

第四章

此后将幸福永远？
我们需要重新认识

10月的一个晚上，莉阿·麦考要去赴约，那是与男方的第一次约会，可莉阿·麦考发现，自己没有合适的衣服可穿，所以，她跑到公寓拐角的那家服装专卖店"紧急采购"。她需要的不过只是一件新毛衣而已，但是，当店员得知她要赴约，要与一位"神秘的"先生会面时，他们全动员起来了，都来给莉阿·麦考帮忙。随后，全商店发起了一场"战略行动"，不久，所有人都参与进来。"穿上这件衬衫（低胸款式），穿上这条裙子（黑色紧身样式），再穿上这种靴子（高帮直抵大腿），按我们说的打扮，他一定会和你结婚。祝你好运！"莉阿·麦考觉得这件事确实很有意思，就和他们开玩笑说，自己一定很老了，要不，他们为什么那么煞有介事地祝她"好运"呢？为什么他们把她与一个朋友的约会看得如此不同寻常呢？

然而，从更深的层面来说，这个"采购事件"表明了一股强大潜流的客观存在，这股奔涌在人们心底的潜流把我们很多人推涌进了"30岁的中年危机"。过去的10年，无论是来自我们自身的，还是来自外部的，我们感受到的必须尽快结婚的压力，在很大程度上，已经被我们首先要成为独立女性的势头淹没了。但是，现在，在我们30岁的时候，这种压力再度粉墨登场，引起一片哗然，很多年轻单身女性的"觉醒"，在一定程度上，是被一股看似矛盾的文化潮流的意外冲击唤起的，而这个文化潮流所传达出的信息，远比服装店女店员的那些着装窍门传播得更为广泛。

在我们这一代人成长的过程中，"一个女人需要一个男人，就像一条鱼需要一辆自行车"这条"箴言"随处可见——汽车保险杠上，T恤衫上，还有别在衣领上的徽章上。就在最近，《时代》杂志将《欲望城市》的明星们搬上了封面，并通过这样一个标题表明了同样的观点——"可到底谁需要丈夫呢？"但是，在现实生活中，萨拉·杰西卡·帕克、坎迪斯·布什奈尔和格洛丽亚·斯泰纳姆用走上红地毯的方式回答了这个问题，她们说："我需要！"她们的选择增加了那些正在考虑自己的生活是不是很需要有个男人的职业女性的困惑，尽管她们受到社会风尚的濡染，觉得自己的生活并不需要男人。

当这些女性刚在二十多岁为自己获得的成就、独立和学位庆祝，却突然与30岁的年龄不期而遇的时候，她们的困惑就升级成了恐慌。皮肤科医生们开始建议她们接受皮肤保养护理，从斯尔维娅姑妈，到自己的理财会计师，都在不断地探问她们的"生活计划"是什么，问她们自己的"生活计划"中是不是也包括找丈夫和生孩子的内容。三十岁左右的职业女性更希望邂逅这样的男性——他很清楚，字典里对"老姑娘"的定义是指那些超过了30岁还没有结婚的女性，同时暗暗祈祷千万不要碰上这样的男人——他认为，对于受过大学教育的女性而言，第一次结婚的年龄平均是28岁，当这种心理倾向变得越发明显的时候，她们的紧张感也随之油然而生。

同样，也是在这个至关重要的年龄阶段，很多单身女性认识到，她们根本看不到自己的"白马王子"在哪儿，进而，她们开始对自己过去10年来的选择进行"马后炮"式的诘问。32岁的帕姆（Pam）解释说："我的职业生涯一帆风顺，而且我也有非常好的朋友，但是，至于爱情问题，我总是不能将其列入日程。我向自己提出的百思不得其解的问题是：'我为什么还是孑然一身？为什么没人争相追我呢？'别人也多次问过我这个实在让人难以作答的问题。"数百万同样很有吸引力的职业女性，同时也是在爱情问题上遭受"意外打击"的职业女性，都加入了帕姆所在的阵营，她们就是找不到问题的答案。

但是，单身女性并不是遭受"伏击"——由文化导向和30岁时的迫切情感需要之间的冲突所带来的冲击——的唯一群体。很多X一代的新娘，一旦度完蜜月开始安顿生活的时候，同样也要奋力填平自己所面对的期望断层——对"此后将幸福永远"的幻想和迷醉，与"我们今天晚上吃什么"的婚姻现实之间的断层。毫无疑问，对于刚刚做了母亲的女性们而言，她们的小天使不只是给她们带来了做母亲的幸福，她们还要不可避免地为此承负新的压力，要在很多方面重新建立妥协和平衡，这些新情况同样迫使这些女性再次经历调整自己的考验。

从开始约会到结婚，再到做母亲，"此后永远幸福"的内涵总在不断变化。我们从研究中很清楚地发现：在她们30岁生日的前后，无论她们正走在生活之路的什么阶段，X一代职业女性都会对一个问题感到愈加迷惑：她们的婚姻关系或者爱情关系为什么与她们的预期相去甚远呢？同时，她们对没能实现自己那些过时的（而且也常常是充满空想色彩的）期望自怨自艾。当我们的个人生活遭遇比我们的想象更痛楚也更令人困惑的 30 岁的中年危机折磨时，我们便开始以一个不同的观照角度，重新评测"已经变化了的"和"依然保持原状"之间的断层了：我们如何寻找爱情？我们找到爱情以后会如何？

自己选择做单身？

当我们走近 30 岁时，X/Y 一代的职业女性往往已经形成了自己的爱情观，这种爱情观常常是富有浪漫色彩的理想与愤世嫉俗心理的怪异混合物。盖洛普公司在最近一次对 20 岁到 29 岁的单身男女所做的调查中发现，几乎所有接受调查的女性都认为，"当你准备结婚时，你希望自己的配偶是与你心心相印的伴侣，希望他或她是自己的最爱和最重要的人"。人们追求心心相印伙伴的信念几乎是完全一致的。然而，尽管人们认为这种信念是毋庸置疑的，但人们对维持完美的爱情关系并没有多少信心：在调查对象中，有 68% 的人认为，今天，拥有一个良好的婚姻关系要比他们父母结婚的年代更困难。简言之，这项调查表明，虽然我们梦寐以求遇到完美的男性，但在我们的"爱情童话"中，"此后将幸福永远"的篇章则远非那么浪漫。

我们之所以无力跨越浪漫的期望与现实生活之间的断层，部分原因在于这样的事实：我们需要花费很长的时间才能进入到严肃约会的阶段，而要达到我们浪漫关系的理想境界则要花费更长的时间。要想真正理解我们寻求爱情的方式发生了什么样的变化，我们只需看看母亲那一代人的经历就足够了，她们可以结婚以后再去上大学，以"某某夫人"的名义攻读学位。今天，21 岁的女大学生觉得，在大学校园寻找如意郎君的行为简直不可思议，就像杰里·福尔韦尔[①]出现在艾米纳姆[②]演唱会上一样令人匪夷所思。二十多岁的女性对性爱的态度取向也反映了女性情爱观的变迁：在 20 岁到 29 岁受过大学教育的单身女性中，有 84% 的人认为，"我们这个年龄的女性只是将性爱当作寻欢的手段，除了性爱本身，我们并不希望欢娱过后还要承担什么责任，这种取向已经很普遍了"。

这种普遍的性爱取向和无意中延迟的严肃浪漫关系，把我们成长过程中接受的"女性的力量"课程推演到更为复杂的境地，"女性的力量"教导我们，不要在我们生活的任何阶段"过早安顿下来"。所以，我们接受的这些教诲促成了我

---

① Jerry Falwell, 美国著名宗教人士。
② Eminem, 美国著名饶舌（Rap）歌星。

们寻找心心相印伴侣情爱观的形成，造成我们常常下意识地无限期等待可以以身相许的完美男子的出现。尽管令人乐观同时也让人难忘的统计结果表明，美国的4000万职业女性比 AARP 的会员①有更强的消费能力和更大的政治影响力，但是，很少有哪位女性认为是她们自己选择了单身生活。一天即将结束的时候，比起给厨房换上更好的圣达菲瓷砖来，比起渴望再次得到职位提升来，大部分女性还是更希望身边有一位忠实的伴侣相伴，而且是一位可以一同经历风雨的合法生活伴侣。即使我们获得了令人钦羡的独立，即使我们一直怀有良好的初衷，但是，大多数30岁及超过30岁的职业女性还是困惑不已：为什么我们还是孑然一身？时间是怎么悄悄流逝的呢？

成功自然来的圈套

席琳长着一双明亮的蓝眼睛，透着纽约人特有的聪慧。尽管她的"布鲁克林风格"让她在专业厨师队伍的竞争中如鱼得水，不过，她的坚强意志力其实还是来源于她与姐妹们的亲密关系，来源于她儿时的朋友。

席琳觉得，她二十多岁的生活过得很顺遂，但是，当迈进30岁的门槛时，她开始诘问自己，她选择的道路是不是把自己引向了歧途。

❖ 席琳，33 岁
厨师
纽约

我记得，我小时候总是和母亲一起看朱莉亚的儿童连续剧，一集接一集地看。我还记得，尽管有人告诉我，我长大后应该当一个厨师，不过，我父母对我的培养总是信奉这样的信条：如果你让自己的孩子多接触些东西，他们自然会找到自己感兴趣的东西，他们自然会向自己擅长的方向发展。我想，他们的信条也很好地描述了我的职业经历，是的，我的职业发展也经历了一系列转换。

我先上了一年大学，别出心裁的教学方式让我花了很多钱。完成文学学士第

---

① AARP：美国最大的退休者联盟。

一年的学业不久，我就去了巴黎，我想真正检验一下自己在烹饪王国里的工作能力。那时候，我还想摆脱我循规蹈矩的生活，想去旅行，想学习烹饪。这种方式可以让我验证头脑中的另一个念头——专业素养可以转变为任何文化、任何语言，此外，法国对我也充满强大的吸引力，激发我在烹饪领域继续努力。

做专业工作的初期，我必须要十分坚强，因为我常常是厨房操作间的唯一女性。尽管我从来没有把自己当成女权主义者，不过，我的职业确实把我一下子抛进了男人把持的领域的腹地。我试图在女性在烹饪专业领域还寥寥无几的时候成为一名专业厨师。

我的晚上通常是这样度过的——身穿厨师服，大汗淋漓，大声叫喊着，在一群男同事的夹缝中间保持自己的尊严，同时，和与我一同站在狭小空间的其他厨师聊些不关痛痒的话题。我们之间的对话涵盖的范围很有限，因为对他们来说，除了从家来到这里工作以外，着实没有什么其他内容，我自己也一样。凌晨下班时，我们一起去我们工作的饭店免费喝些什么——一天就这样结束了。

有那么几年，我确实很善于和男人聊天，因为我的生活阅历很丰富。那时候，我谈到的只有我职业发展的下一步计划，那些我喜欢的经历，还有我的旅行，尽管那些旅行让人感到孤独寂寞。那个时期，我和很多男人约会过，我总是想，虽然坏男人和好男人一样多，虽然如意郎君确实难求，不过，如果我持续努力寻找，我总会发现能和自己心心相印的伴侣。此外，我那时候的工作时间特点也很难让我和哪一位先生发展成严肃的爱情关系，只是那时候我并不怎么在乎。

做了几年厨师以后，我觉得筋疲力尽了，所以，我离开了每天厮守在一起的操作台，不过我并没有离开烹饪领域，我当了自由厨师，与此同时，我在纽约的亨特大学（Hunter College）继续我的电影文学学位课程学习。渐渐地，我多年养成的深夜工作的习惯变成了晚间的自修，周末也要忙于学习，期间，我还要兼任烹饪的工作。我曾经有过一个热恋的人，我和他同居了很长时间，遗憾的是，当我改变了自己的生活重回学校时，他不愿意和我同步改变。我意识到，维系爱情和婚姻关系意味着我要放弃自己想做的事情，可我并不想牺牲自己的理想，至少不想马上妥协。

到了 30 岁，所有这些心态都变了。我的姐妹们都有了孩子，我的朋友们也开始生儿育女，我的心思也越来越少地投向工作，而是想，我的工作做完了以后，我的生活里还有什么？所以，我是怀着遗憾和疑惑走进 30 岁的门槛的。那些年我都做了些什么？经过了那么多次的约会和生活情境的变化以后，我知道，我碰到"理想伴侣"的几率越来越小，更多的可能性是遇到一个"还不算坏"

的人，或者遇到一个"我可以和他一起过日子"的人。我母亲在我目前这个年龄所做的选择也常常显现在我的脑子里，挥之不去，她在我这个年龄已经结婚了，而且已经生了我姐姐和我。和她比较起来，我觉得自己的过去好像就是无谓地浪费时间。

像席琳一样，我们访谈过的很多职业女性都心照不宣地怀有同样的假设：她们认为，某种程度的成功和个人的发展是平等婚姻——"海枯石烂"、只有死亡才能将人们分开的婚姻——的先决条件。好像受到了某种魔咒的蛊惑，现在，大部分年轻的职业女性都确信，我们的生活阅历越丰富，越"稀奇古怪"，我们越可能邂逅如意郎君，越可能从人群中"发现"拥有敏锐判断力的英武骑士——他们身披熠熠生辉的铠甲，他们尊重我们的职业历程，而且，他们渴望关爱我们、照顾我们。除了那些"心怀鬼胎"、靠诱骗手段把丈夫弄到手的姑娘，我们都顺理成章地觉得，和般配先生建立完美情爱关系的愿望会在适当的时候自然实现，似乎实现这样的理想只是信手拈来（用我们指甲修剪得优雅、漂亮的手）的事情。

至于对婚姻的态度取向，我们访谈过的大部分 X/Y 一代职业女性的信念可以概括为："所有的好事儿都会落在提前做好准备的人头上。"盖洛普公司的一项调查结果也佐证了我们的研究，那项调查显示，在接受调查的二十多岁单身女性中，有87%的人确信，"当她们准备停当以后"，她们会自然碰到自己的伴侣的。毫无疑问，对不同的女性而言，"准备就绪"的内涵也全然不同。有些人觉得，"准备就绪"就是完成研究生学业，或者读完了法律专业，或者从医学院毕业。还有些人认为，在还没有经历过几次真正的职业冒险之前，或者在还没有完整地履行过一次和平工作队①的职责之前，就让自己"安顿"下来是不可想象的。提前"准备就绪"的观念对我们的购买决策——购买那些显然是为成年生活做准备的物品——产生了很多潜移默化的影响，比如，我们要购买沙发而不是买蒲团时，我们在买昂贵的女性内衣时，我们在买汽车、买房子时，我们都会考虑到以后的使用功能。但是，我们访谈过的女性中，很少有人在30岁的生日之前就清楚地预见到，世界上可能根本不存在这种富有理想色彩的"水到渠成"、"顺理成章"的事情，很少有人认识到，或许，这类不容怀疑的"准备就绪"对改变我们的爱情生活实在没有什么作用。

---

① Peace Corps，联邦政府组织，建立于1961年，该组织将美国的志愿者训练后，派往国外，帮助发展中国家人民提高技术、农业和教育水平。

我们看到，截止到现在，大多数 X/Y 一代职业女性的成年生活，都建立在一个非常朴素的假设之上，不像我们母亲那代人，她们认为，职业发展可以在结婚以后继续，而我们总是觉得，我们的职业发展必须在结婚之前完成。在我们中间，很多人的生活历程受到了一个强大的、同时也是不言而喻的原则的导引，那就是：我们生活的各个阶段会以一个全新的顺序逐项上演。第一幕：工作和个人的发展；第二幕：结婚；第三幕：生儿育女。当然，很少有人冥顽不化地认为我们生活的各个阶段非如此秩序井然地上演不可，然而，让我们很多人觉得自己"撞了南墙"的真正理由，确实是因为在我们一路走来的过程中，忘记了将它们整合到一起。无论是从我们的个人生活历程上说，还是从我们面临的文化背景上说，我们总是把各个阶段的成功定义囿于严苛的范围内，而各个阶段生活的成功定义之间又有不可调和的冲突。

当像席琳一样的女性们终于成熟到足以认识到她们真正渴望的是第一幕（工作和个人发展）、第二幕（结婚）和第三幕（生儿育女）同时上演的时候，她们已经来不及快速修复自己的挫败感了，她们生活的很多方面已经"木已成舟"，可供她们调整的空间已经很逼仄了。这一次，她们制订的完美计划让人觉得似乎成了败局的前奏。

莉阿·麦考就不偏不倚地落到了这个圈套中。29 岁时，她觉得自己已经判明了全部的生活/工作和爱情之路。凭借职位的稳步升迁，她认为，自己可以完全掌控职业成功的进程，她没有理由怀疑自己的成功会偏离轨道。按照自己目前的步伐，"几年以后"，当她抵达一个更稳定的更高职位时，她就可以将自己对生活的关注重点转移到爱情上，转移到婚姻上，并最终转移到生儿育女上来了。

二十多岁的时候，莉阿·麦考曾经与优秀的小伙子约会过，也曾经几度陷入热恋，但是，当那些关系最终终结的时候，她切实感受到的是"如释重负"，而不是"悲戚和失望"。之所以有那种感受，并不是说莉阿·麦考对前男友的优秀缺乏公允的判断，也不是因为她所经历的并不是生离死别，更不是因为她没有感觉到自己错失了生活中某些非常重要的东西，而是因为一路走来，莉阿·麦考在旅途中的某个地方获取的一个信息让她改变了前进的路径。那是一条关于独立的富有神奇色彩的信息：因为她还没想在爱情和婚姻关系中"安顿下来"，她觉得，甚至在考虑寻找一个心心相印的伴侣之前，就应该尽可能完善地完成自己的"进化"和"发展"的历程，她认为，自己平等地站在一位出类拔萃的先生面前之前，她还要做更多的事情，还要学更多的东西，还要取得更多的成功。

但是现在，莉阿·麦考看到了自己的理论多么天真，多么令人困窘。在个人生活的舞台上，莉阿·麦考没有看到这样的事实：人们携手前进通常都比各自为战更容易取得成功。在职业发展的竞技场上，莉阿·麦考的理论忽略了某些重要的铁律：职场生活的某些方面从来都是不能自行掌控的。当莉阿·麦考接近 30 岁的时候，她意识到，每当她在职业发展的阶梯上攀爬上一个新台阶，她对自己职业发展的控制力就会相应减少一部分；同时，她还发现，自己所从事的工作与自己的职业目标渐行渐远。

30 岁生日来临之前，莉阿·麦考辞去了工作。她一直专注于自己的职业发展步伐，但是，她意识到，来自工作的压迫和折磨让她渐渐疏离了自己的真正目标和渴望，她不想"三心二意"地走下去，她希望的是让自己心无旁骛、全神贯注的新旅程，在签订另一份聘用合同之前，或者在投身于另一个长期项目之前，她首先要明了工作或者项目的未来。

"水到渠成的圈套"和"离婚保险单"的圈套让很多 X 一代职业女性"殊途同归"。正像我们在前一章谈到的，"离婚保险单"的圈套让很多职业女性在结婚之前，将全力获得财务独立和情感独立当作了免于遭受离婚痛楚的自觉（或者下意识）行为。但是，事与愿违，"离婚保险单"已经从对一个社会问题——高离婚率——的情感反应，演变成了其他东西，"水到渠成的圈套"也从一系列与预想相去甚远的实际遭遇中铺展开来。那些身陷"水到渠成圈套"的职业女性发现，她们之所以被羁绊其中，是因为她们在 10 年或者更长的时间内，把精力完全集中在了自我发展和职业发展上面，是因为她们想亲身验证"一切皆有可能"的"箴言"。

作为一代人，虽然我们从前人那里传承来空前的职业发展机会，但是，就如何以某种特定的方式——那种除了能让我们实现职业理想，还能满足我们对婚姻、生儿育女以及办公室以外完满生活的渴望的方式——充分利用我们获得的机会和优势，我们尚没有可以依据的"行为指南"，从而，导致职业女性在其发展历程中缺失了一个环节。我们学会了如何像男人一样地取得成功，但是，我们并没有弄清楚成功对我们意味着什么。造成目前这种局面并不是因为婴儿潮时期出生的女性走得还不够远，而是因为我们在实现自我的狂奔中，没能结成团队，没能通过群体的努力完成妇女运动未竟的事业。具有讽刺意味的是，现在正在付出最高昂代价的，恰恰是那些最信奉"女性的力量"信条的 X 一代职业女性。

寻找心心相印的伴侣

柯莉·鲁宾对 31 岁的丽贝卡的访谈是在一个宠物狗公园进行的。当她们看着脱开牵狗绳的拉布拉多猎狗和鲁弗斯狗向一只大丹狗示好的时候，丽贝卡讲起了自己的爱情故事。"二十多岁的时候，我的爱情经历充满了尝试性的行为、冲动的决定和冒险，尽管那些故事现在听起来比当时的实际情况更迷人。"她坦承，"可现在，约会已经不再是'自我发现'的过程了，现在的约会只是为了找一个能一起安顿下来过日子的人，完全是一种不同的游戏。"

"水到渠成圈套"当然不能阻止年轻姑娘们坠入爱河，但是，这个圈套改变了人们追求爱情的方式。从某些根本的层面上说，我们中的很多人赴约本来是想弄清我们是谁以及我们想成为什么样的人，现在，与认识自我同样重要的（有些人甚至认为更重要的），人们赴约是为了弄清与谁结婚，约会已经成了确认我们是哪种独立的成年人的过程，成了帮助我们展望自己未来的一面镜子。在很多情形下，在成为某个人的伴侣之前就要成为某种类型的人的渴望，将约会变成了我们生活的"第一幕"（自我发展），而不是"第二幕"（婚姻）的前奏。但是，X一代职业女性尚未预见到的是，所有花前月下的漫步迟早都要走到尽头的。

36 岁的贝特西是个身材高挑的金发女郎，说话有一点柔软的南方口音，颇具魅力。业余时间，她会去长跑，还在地方俱乐部演喜剧。如果你和她共度一段时间以后，你会轻易地发现，她为什么如此擅长和性情怪僻的客户谈成生意，因为你很难对她说"不"。

贝特西一直觉得自己的单身生活很惬意——至少到不久前。

❖ **贝特西，36 岁**
谈话节目制片人
纽约

你有过当你觉得很无聊、烦闷，或者觉得自己不够漂亮的时候，就去买新衣服的情况吗？买些很野性怪异的、大胆的、性感的或者像摇滚歌星那种风格的衣服，那些新衣服会让你觉得自己好像换了个人，很像别人，而不像自己。在我的生活中，我就是这么对待男人的。我总是想穿不同的衣服，比如，穿上一条新牛仔裤，让自己觉得更清新、更酷或者更生动。

我有个男友叫约翰，他留着长发，很有钱，长得很帅，是个神情冷漠的家伙。杜克是个头脑简单的人，不过是个盖房子的能工巧匠，他很爱我，但是，我们相识不久，他就和我谈了太多关于为我们自己盖所房子的事，他说，这样，我们就可以很快生很多很多孩子了。巴德是个惯于花言巧语的烟鬼，一支接一支地抽，他干销售工作。柯尔克是个音乐家，他带我去过亚特兰大几乎所有的音乐会。菲尔是个个子很高的犹太人，他是个天才，看起来有点像克雷默①，他热衷于谈论世界政治，无论他飞到哪儿都带着我，不过，我和他交往的两年只吻过他一次。托德长得太帅了，让我神魂颠倒，只是他总是沉默寡言，除了在床上说下流的脏话以外。

我总是说，我永远也不会为了"安顿下来"而安顿下来，我一定要和自己真正爱的人结婚，我想，这就是为什么我和这么多彼此完全不同的男人约会的原因。我一直很清楚，我想和一个让我快乐的男人结婚，但是，除此以外，我真的不知道我理想的丈夫应该是什么样子。现在我意识到了，以前我花了太多时间追求激情，但很少去追求真爱。尽管我确信，与我心心相印的伴侣就在人群中，不过，我开始担心自己会不会孤独地面对未来。或许，经过这么长时间的寻找以后，我已经隐隐地担心我到底能不能找到了。

就像很多精力充沛、激情满怀的人一样，贝特西也想和一位先生建立一种充满激情、富有浪漫情调同时令人激动振奋的爱情关系，但是，经过了十多年的约会以后，现在，贝特西认识到，废寝忘食、心荡神驰的迷醉并没有转变为持久爱情关系的逻辑必然。尽管在贝特西的择偶标准中，激情是个不可妥协的条件，不过，现在是她把对理想伴侣的幻想，与对忠诚的长期爱情关系的渴望区别开来的时候了。

浪漫期望的断层

60万年前，自从孔武有力的"海德堡人"② 在欧洲和非洲开始竞相炫耀自己的狩猎技巧以来，女人们就一直没有停止过对那些优秀养家者的追求。但是，几个时代过去了，当女人们最终获得了自给自足的能力以后，女人对男人的期望也发生了变化。女人们不再把婚姻当作维持生活的"联合体"，今天的女人希望，她们已经"进化完善了的"配偶不能只为她们提供基本的生活必需品。在发表于《妇女家庭杂志》的题为"家庭的状况"特别报道中，得克萨斯大学的社会学教授诺维尔·格伦博士解释说："现在，人们认为，婚姻关系应该满足两个人的所

---

① 1913 年出生，美国电影制片人，他的作品充满戏剧性和激情，经常关注一些社会矛盾，比如种族主义和宗教偏见等。

② Homo Heridelbergensis，60 万到 10 万年前生活在欧洲和东非的原始人种。

有情感需求，不过，大多数情形下，这种情况并不存在。"

很多僵持在"第一幕"（发展自我）的舞台上，始终在"拥有一切"段落原地踏步的 X/Y 一代职业女性，依然坚持一定要找到完美的伴侣，所以，她们寻找那些符合自己浪漫期望的男性的过程屡屡受挫就不足为奇。有调查统计结果为证：最近，《时代》杂志的一项调查显示，66％的单身女性说，她们只和恰当的男人结婚。那么，"恰当的男人"长得什么样？34 岁的小业主凯特说："我不需要别人从金钱上支持我，不需要通过别人完成我生活的目标，我也不需要像他们说的通过他们'完善我自己'，去他的吧！我已经是个完善的人了！我想找到能成为我最好朋友的男人，找到在所有事情上都是我平等伙伴的男人。所以，选择约会对象的时候我变得越来越挑剔，不过，如果他不能成为与我心心相印的伴侣，我和他约会还有什么意义呢？"

正如我们前面谈到的，当你和 X/Y 一代职业女性谈起爱情时，人们会多次提到"心心相印的伴侣"这个短语。像凯特一样，我们访谈过的大部分职业女性坚称，她们并不奢望遇到完美的青年男子——能实现她们所有浪漫期待的男人，不过，她们几乎不假思索地谈到了另一个同样难以企及的理想伴侣"版本"。在这个近 50％ 的婚姻以离异告终的年代，我们却对未来的丈夫怀有这么虚渺的期待的确颇具讽刺意味。人们并不是为功利目的"安顿下来"，而是试图找到一个平等的伙伴/最好的朋友/心心相印的伴侣，这种心理趋向或许恰恰是"离婚保险单"圈套的另一个表征：虽然"凡人"或"俗人"间的婚姻可能会以解体告终，不过，心心相印的伴侣之间的婚约应该是"刀枪不入"的。所以，"心心相印的伴侣"也成了时常鸣响在脑海深处的"警铃"并不奇怪。但是，如果连上帝都不能保证婚姻的稳定和完美，我们反倒可以吗？

海伦·费希尔博士是位于新泽西州新不伦瑞克的拉特格斯大学的人类学家，她一直致力于从历史的、生物性的和社会变迁的角度，研究男女之间关系的演变过程。她在名为《我们为什么爱：浪漫关系的自然属性及其神秘过程》（*Why We Love: The Nature and Chemistry of Romantic Love*）的新作中，谈到了这样的一个实验，她用核磁共振成像设备检测了数百对夫妇的大脑，并发现了爱情在大脑中激起的生化反应。"心心相印的伴侣是个很美妙的词语，但是，这样的伴侣既难以发现，也难以与其维持关系。"海伦·费希尔博士说："随着女性变得越来越独立，我们也获得了疯狂浪漫的优势和奢侈条件。在我们生活的这个世界，你可以轻易得到物质上的满足，你可以掌控自己的职业生涯，你可以用各种手段保持自己的健康。但是，与此同时，社区和家庭却变得越来越不稳定了，越来越靠不住了。"

人类总是寻求与群体相互交融的感觉，但是，现在，这种本能正在被导引到人类的一个单一特性上，这个特性就是对寻求"基本伙伴关系"的空前需求。尽管即使是在最原始的社会中也存在着浪漫的爱情，不过，对'心心相印伴侣'的寻求则是当代人类所面临的困境。在莎士比亚时代，甚至都没有"亲密"这个词语。

我们并不是意识到好男人难求的第一代女性，但是，从文化层面上说，"好男人"的标准与以前相比已经面目全非了。我们看到的电影，听过的爱情歌曲，还有新婚杂志，都在强化这样的观念：爱情总是充满魔力的，尽管我们自己的切实经验与此相去甚远。任何诚实的而且幸福生活着的已婚女性都会承认，在自己所有并不理想的选择中，心心相印的伴侣/丈夫也是其中之一。记者艾里斯·克拉斯诺（Iris Krasnow）在她名为《向婚姻投降》（*Surrendering to Marriage*）的畅销书中，为我们揭开了婚姻的面纱：

> 一个成功的婚姻对持久的幸福几乎毫无作用，但却是我们屈从于所有的折磨和痛楚的根源。当你问自己，和你同床共枕、共享一个卫生间长达10年或者30年甚至50年的配偶，就是"你所有的一切吗"？很可能，你的回答就是"是的"，这就是你的所有——一个鼾声像手提电钻那么响亮的家伙，一个总是看比赛转播的男人，一个永远都不会改变的丈夫。但是，如果你再仔细看看你所拥有的其他东西——优秀的孩子，忠诚的伴侣，可以当作靠山的家庭，你会发现，这些都是你的所有，虽然不尽完美，但已经可以知足了。

对贝特西来说，她面临的最大问题并不是与她心心相印的伴侣是否存在，而是如果她与他们的关系随着时间的推移进一步发展的话，她是否还能将他从人群中辨识出来。

让我们稍事停顿，先来澄清某些问题。我们并不认为"挑剔"是造成拥有大学学位的单身女性数量自1960年以来增加了两倍的原因。当然，我们不是暗示说，X/Y一代职业女性为了"诱捕"丈夫应该做出大幅度的让步和妥协，也不是说从来没有结过婚的女性注定就会生活在孤独和郁闷中。然而，在全国范围内访谈过很多年轻女性以后，我们可以确信的是：有很多聪明的、迷人的、善良的单身女性坦承，对自己永远也碰不上理想男人的可能性让她们倍感忧虑。而当这种焦虑与30岁的中年危机的某些征候同步出现时，在她们中间就产生了暴风雨式的"挑选"热潮，这种潮流让很多在自己的生活中一贯总能做出适当决策的职业女性，冒险做出关于选择男人的错误决定。有些惶恐的女性开始降低自己的择偶标准，与此同时，有些人因为自己全部的约会失败经历而充满挫败感，进而开始感到困惑：自己到底想从伴侣那里得到什么？

贝特西以及像她一样的女性之所以觉得意味深长的浪漫关系如此难以理解和把握，部分原因在于，尽管她的约会"履历表"多姿多彩，但是，她却不清楚她到底想从伴侣那里寻求什么东西。在缺乏可感可知的"心心相印的伴侣"作为参照的前提下，人们很容易将虚渺的幻想当作求索浪漫关系的指南针。

安托万·圣埃克苏佩里①曾经说过："爱情并不是存在于彼此的凝视中，而是存在于携手同行时的彼此关切中。"我们前面谈到的《时代》杂志所做的那项调查，在最后部分提出了这样的问题："如果你找不到完美的伴侣，那么，你会和其他人结婚吗？"调查的结果很有意思，因为单身男性在这个问题上比单身女性更愿意妥协。尽管色情文化、泳装女郎、布兰妮·斯皮尔斯以及"达拉斯牛女"的影响无处不在，不过，男人们显然更清楚，他们未来的妻子很可能并不是完美的人，他们觉得，真实的女人不会是"拥有一切"的女人。

试婚

并不是所有没有结婚戒指的女性早晨都是独自醒来的。婚前同居已经取代了结婚，成了男女双方提前共同感受家庭生活的选择，对数量越来越多的年轻女性而言，婚前同居事实上已经成了"婚姻的附属品"。只是经过了一代人，"未婚同居"就从可耻的恶行变成了社会主流。异性恋的未婚恋人婚前同居的数量，从1960 年的 50 万对，大幅攀升到 2000 年的 500 万对。此间，人们对未婚同居的态度取向也发生了显著的变化，现在，超过半数的美国人认为，婚前同居从道义上是可以接受的一种生活方式。柯莉·鲁宾的母亲对社会风尚的这种显著变化并不麻木。"如果我手上还没戴上结婚戒指就和你父亲住到一起，我母亲绝对会杀了我。确实，那是匪夷所思的事情。我连想都没想过自己会做出不体面的事情来。那种生活方式根本就算不上一种选择，就好像在说：'嗯……我可以坐火车去月球吗'？"她回忆道："但是，当你和亚当住到一起的时候，我去商店给你们买了桌布。时代完全不同了。"

芭芭拉·达福·怀特海德博士是拉特格斯大学全国婚姻研究项目的联合带头人，她将自己的职业生活都投身到了研究爱情和婚姻关系的演变过程上面。她在

---

① Antoine de Saint - Exupery，法国飞行员、作家和插图家，著有《小王子》等作品。

自己的著作《为什么没有好男人剩下？》中写道，"在西方社会中，求婚和结婚的整套程序对人们择偶的过程统治了很多世纪"。以黛安·佛赛①对人类学研究的严谨治学态度，芭芭拉·达福·怀特海德博士注意到，不像某些包办婚姻盛行的国家，西欧和美国的文化建立了高度标准化的约会和结婚程序，这个程序以界定清楚的礼节和仪式——从维多利亚时代的盛大舞会，到 20 世纪 50 年代的短袜舞会——为标志，标准化的程序让通往婚姻之路看起来笔直而清晰。但是近年来，随着女性越来越独立，"浪漫的婚姻程序"已经完全失控了，一个全新的"浪漫关系体系"浮出水面，比起传统的程序来，这个新体系远不是"婚姻导向型"的。芭芭拉·达福·怀特海德博士注意到，"婚姻是既已建立关系体系的表征，而未婚同居则是即将建立关系体系的信号"。

尽管每一对未婚同居的恋人，毫无疑问都有各自充满浪漫色彩的想法和功利性的考虑，不过，"浪漫关系体系"根本性的吸引力却源于我们这一代人的隐秘想法。从很多方面来说，相当一部分未婚同居的男女之所以选择这种生活方式，是为了应对失控的离婚率和空前不稳定的家庭结构，而不断攀升的离婚率和越来越多的家庭解体已经成了我们这个时代的标志。此外，盘桓在很多人头脑中挥之不去的痛楚记忆——离婚的混乱，难以平衡的孩子监护权和怒不可遏、心力交瘁的父母——让我们将婚前同居视为一个机会，一个可以让我们享受婚姻生活的好处但又没有婚姻生活风险的机会。这种心态有助于解释盖洛普近期进行的一项调查：62% 的 X 一代人确信，婚前同居是预测未来婚姻关系是否持久的最佳方式；同时，43% 的人说，他们只与那些曾经同居过的恋人结婚。

詹妮弗，26 岁，引人注目，是布朗大学（Brown University）毕业生，她白天与数字打交道，晚上是位希普霍普②艺术家。她想，与交往了 4 年的男朋友同住一个屋檐下，可以让她清楚感受到未来的婚姻生活。"离婚让我不寒而栗。"她说，"我觉得我的生活中不应该有离婚这种选择。为此，在把自己交付给一个男人的问题上，我非常非常谨慎。婚前同居是个'试验'，我可以从中感受到将来与约翰在一起生活会是什么样子。"

詹妮弗的"试验"并没有把她引向红地毯，但是，她的经历确实给了她进一步了解自己的机会，也给了她弄清自己想从同居关系中得到什么的机会。此外，她的经验还让她看到了将婚前同居视为离婚保险单的危险。

---

① Dian Fossey，美国动物学家、作家，1967 年，在毫无经验的状况下，前往非洲进行野生动物研究工作，致力于保护卢旺达的野生大猩猩。

② hip–hop，希普霍普：由饶舌演唱、涂墙艺术、霹雳舞等构成的亚文化。

❖ 詹妮弗，26 岁
  研究分析人员
  芝加哥，伊利诺伊州

当我和男朋友搬到一起住的时候，我知道，对我们已经持续了 4 年的关系来说，这是我们决定成败的因素。我们两人的关系存在某些问题，不过，出于某种理由，我们觉得，生活在一起或许可以消解那些问题。所以，我把最小的衣柜腾出来，让他放衣服和领带，把梳妆台最下面的抽屉也清空，我把化妆品都堆在药品架的两个格子里，这样，我就可以在那个很小很小的公寓房间里给他留些地方了。

同居以后的最初三个星期，我们一直享受着极大的快乐。我们下班以后就回家，在那个没法再小的厨房里一起做晚饭，之后，一起看电视，一起刷牙。那段时间让我觉得很惬意，很踏实，也很有家庭生活气氛！我们笑自己，我们的生活是不是太像过家家了。

"同居蜜月"过去以后，情况开始变糟了。尽管我们依然常常谈到以后结婚的可能性，不过，我们对那时候的日子已经很知足了，因为我们已经生活在一起了，所以，我们谁也没向对方"发难"，要和对方一起尽快进入下一个阶段——结婚。再有，因为我们已经一起生活了，所以，我们两人谁也不用努力去取悦对方了，我们的日子过得很轻松悠闲，所以，我们也很懒散。当过去的问题再度浮出水面的时候，因为我们已经生活在一起了，所以，就如何处理我们之间关系的问题，我们更难做出清楚而且深思熟虑的决定。我连和女朋友在电话里谈论我们问题的机会都很难找，因为在我们共享的狭小空间里，我很少有个人时间，我觉得自己被"拘留"了。

我的直觉告诉我，我应该结束这个关系了，然而，功利性的考虑告诉我，如果结束这个关系，我就会失去这个"室友"，失去这个为我分担一半房租的室友，失去这个我下班回家时已经做好了晚饭等我的室友，失去这个我可以每周 7 天、每天 24 小时随时"享用"的室友。所以，尽管我们的关系远说不上完美，可继续保持下去的诱惑实在太大了。

我们同居七个月以后，他搬出去了，是我让他搬走的。做出这样一个决定让我如释重负，不过，我也为我们"试验"的失败感到沮丧。然而，我还是觉得很庆幸，因为我们在共同走上红地毯之前，我就意识到了我们不是一路人。现在，我对自己发誓，除了已经订婚，否则，我永远也不会和另一个男人同居了，因为我觉得，自己还没有结婚就经历了一场离婚。

如果是在 30 年以前，詹妮弗很可能会真的经历一场离婚。1970 年发生的所有离婚中的半数，妻子的年龄低于 30 岁。今天，在 30 岁以下的女性中，有近半数的人与尚未结婚的男朋友同居。对我们这一代人来说，同居已经取代了第一次婚姻，但是，对像詹妮弗一样谨慎的女性来说，尽管分担房租和稳定的伙伴关系使婚前同居颇具诱惑力，不过，对婚姻变化趋势的研究结果显示，对那些渴望建立长久婚姻关系的人而言，未婚同居确实是很危险的选择。

在一项受美国公共卫生及社会服务部委托进行的调查中，有一个问题是问 30 岁到 34 岁的女性第一次未婚同居的结果如何。调查结果显示，5% 的人说，他们的同居关系是完美的，33% 的人以破裂告终，60% 的人自此走向了婚姻。但是，在那些有过婚前同居经验的已婚夫妇中，每五对中就有三对，婚后不久便分居或者离异了。所以，尽管我们大都以为，婚前同居是检验婚姻生命力非常可靠的"石蕊试纸"，可调查统计的结果却与我们的判断相去甚远。因此，婚前同居非但没有成为一张"离婚保险单"，反而切实增加了结婚以后双方关系破裂的风险。

此外，比起那些已婚夫妇来，婚前同居的人感受到的幸福程度要低些，之所以这样，其中一个原因在于双方对同居常常有完全不同的动机和期望。由于没有被社会广泛接受的婚前同居规则，因为同居法规的缺失，所以，人们对同居的生活方式存在着很多理解上的歧义。不负责任的同居方式可能表现为：女性试图将婚前同居当作以后婚姻生活的前奏，而男人则将同居视为可以随时获得性快感的最便捷途径，同居还是让自己享受婚姻生活的机会，与此同时，他还不必长期承担维系情感的责任和供养家庭的责任。不过，"有言在先"——同居前，制订一个包括坦率讨论双方关系未来内容的计划——有助于消解婚前同居的缺点。"我们就错在这里。"詹妮弗说，"我们知道，这是把我们引向婚姻的下一个步骤，可是，当我们决定搬到一起时，我们并没有深入讨论过这个问题。有意思的是，我男朋友反而更想订婚，因为订婚的想法让我很害怕，所以，我在这件事上反倒拿不定主意了。不管是谁更想结婚，如果两人在这个问题上分歧很大，那么，同居就是很危险的尝试，因为它只能加大两人的分歧，只能使两人的关系更紧张。"

虽然与男友的同居经历让詹妮弗看到了两人的关系是否会长久，不过，关系的最终破裂也让她的情感经受了极大的打击。当婚姻解体时，就如何分割双方的共同财产问题有法可依，人们还可能得到来自宗教团体的抚慰，可能从团体或者个人那里得到建议，可能得到对自己深表关切的家庭成员的支持，但是，当婚前同居关系解体的时候，由于相关文化传统——能够抚慰人们创痛的文化传统，能够加速人们了断破裂的、常常给人带来持久痛楚的情爱关系的文化传统——的缺失，当事人会备受煎熬。

新古典主义再度流行？

因为缺乏对现代爱情发展全程——从约会，到同居，再到分离/破裂的指导原则，很多 X/Y 一代女性开始热衷于寻求更简单、不确定性更少的"古典浪漫方式"。无论你将这种趋势当作古典主义价值的再现，还是认为这种潮流是社会风尚的倒退和复辟，大量的证据表明，以"老派"（我们只能将其称之为"老派"）方式约会的年轻女性的数量正在迅猛增长。

在《商务周刊》上一篇题为"不是他们母亲的选择"一文中，作家也是记者的玛丽·布伦纳为这种潮流提供了背景分析：每一代人都会反抗上一代人……苏珊·法鲁迪①注意到，我们已经看到了160年来女性进步和倒退的全景画面，伊丽莎白·卡迪·斯坦顿②和苏珊·布朗内尔·安东尼③所取得的进步，受到了维多利亚时代晚期的政治观念和宗教惯例——指责推迟生育的妇女将引发"种族自杀"的威胁。虽然敢于冲破传统约束的女性取得了女性解放的进步，并获得了选举权，但是，20 世纪 20 年代和 30 年代，还是出台了一系列迫使女性脱离工作的新劳动法案和联邦法案，据统计，1930 年，女性医生的数量比 1910 年还要少。为了与这种倒退抗争，有些非常具有现代意识的年轻女性正在试图以她们祖母的方式来对待自己的爱情，对此，我们不应该感到奇怪。

25 岁的莫尼卡是费城一家夜总会的流行音乐主持人，浑身透射出不凡的魅力，和她在一起，你会突然想看看自己的发型是不是乱了，或者想看看自己是不是该补补妆，你会对自己整衣柜的衣服和收集的所有 CD 顿生疑惑。不过，当她谈起对约会和爱情的想法时，她更像多丽丝·戴④，而不是伊夫⑤。"我的很多朋友认为，约会就是与一群朋友一起去泡吧，或者去夜总会玩儿，玩乐结束后，成

---

① Suan Faludi，美国著名作家。

② Elizabeth Cady Stanton，1815—1902，美国女权运动领袖和社会改革家，曾发起组织召开了第一次妇女权利大会。

③ Suan B. Anthony，1820—1906，美国女权主义领导者和妇女参政主义者，在通过关于给予已婚妇女对子女、财产和工资的合法权益的法案中起了很大作用。1869 年她参与建立了全美妇女选举权协会。

④ Doris Day，20 世纪四五十年代美国流行音乐歌手中名气最大的一位。她面容清新，天真清纯，歌声性感动人，是美国流行音乐的一个历史标志。

⑤ Eve，从说唱歌手成为演员的美国黑人女星，格莱美唱片奖得主，曾因自己的性隐私被披露而闹得满城风雨。

双结对地散去，之后……"她说：我和她们不一样。如果一个家伙想约我出去，我希望他能选个合适的日子。如果他想在星期六约我，他最好星期三就和我约定时间。如果我确实很喜欢他，而且约会让人美得不得了，我会吻他一下和他道晚安，或者跳舞的时候吻他一下，除此以外，不会有别的什么了。

"在我的字典里，没有'一夜情'这个条目。结婚之前，我不会，绝对不会，永远也不会与男人住到一起。我奶奶说过：'如果你可以得到免费的牛奶，你干吗还要买奶牛呢？'我想，她是对的。"

如果你已经错失了得到"免费牛奶"的机会，也无所谓，大可不必忧心忡忡，因为它是"可再生资源"。自然的法则会让不同的女性在其爱情的不同阶段遭受传统的冲击。柯莉·鲁宾从不自认为是个"有控制欲的女孩"，但是，当她觉得自己婚前同居的情况变得难以捉摸时，她以自己从未想象过的方式做出了反应：她给亚当下了结婚的最后通牒。

柯莉·鲁宾和亚当单独约会历时四年半，其中，有两年的时间两人相隔遥远，还有两年的时间两人同在一个城市，此外，他们还在离弗兰克·西纳特拉①童年故居不远处的一间公寓同居了六个月的时间。一切都很顺遂，爱情让两人腾云驾雾，飘飘欲仙，很显然，他们的婚前同居"试验"大获成功。但是，尽管两人都认为他们终将一同走上红地毯，但是，谁都没有表露出急于结婚的愿望。当柯莉·鲁宾 30 岁生日逐渐临近时，情况发生了变化。

柯莉·鲁宾原本想在一个富有浪漫情调的烛光晚宴上，将结婚的话题融入到诚挚的、充满深情的对话中，不过，柯莉·鲁宾因为害怕可能的结果而放弃了这个计划，后来还是采用了处于同样情形下女性惯用的方法——她给亚当以暗示，而且是"显见的暗示"。但是，她亲爱的亚当虽然圣诞节送给她耳环做礼物，情人节又送给她一条项链，可显而易见的，他根本没注意到柯莉·鲁宾的暗示，为此，柯莉·鲁宾很恼火。柯莉·鲁宾的愤怒情绪一直在逐渐增加，直到有一天，柯莉·鲁宾在汽车里对亚当大发雷霆，她不着头脑地脱口大喊："我们要么结婚，要么散伙！"亚当被柯莉·鲁宾的震怒搞得惊慌失措，一时间说不出话来（是的，死一般的沉寂）。柯莉·鲁宾觉得自己都想放弃了。

那天晚上，他们终于启动了柯莉·鲁宾几个月前想象过的那种诚挚的、充满深情的对话。后来，在柯莉·鲁宾 30 岁生日那天，在他们的起居室里，亚当跪在柯莉·鲁宾面前向她求婚。现在，亚当将柯莉·鲁宾的那个最后通牒视为"我将永远感激不尽的、非常必要的促动"。

---

① Frank Sinatra，生于 1915 年，美国的歌唱家和演员，以其甜美的嗓音著名。

优秀母亲的马拉松

大部分迈进 30 岁门槛的女性都能理性地接受自己面临的现实——永远也不会有超级模特般的魔鬼身材了，永远也不会拥有好莱坞明星式的炫目艳丽了。随之而来的是她们要做母亲了，她们充满对初为人母的缥缈而瑰丽的幻想，沉迷于因身为人母而欢娱无限的高远境界，与此同时，却低估了不可避免的艰难。在身为人母柔和、模糊的梦想和让人筋疲力尽的现实间的期望断层中，常常填充着身为母亲的愧疚和自责，从而让很多年轻妈妈们觉得自己很失败（或者情况还要更糟，她们觉得自己是坏妈妈），虽然显而易见的，她们并不失败，更不是坏妈妈。

正像我们在前面谈到的，研究结果显示，数量可观的职业女性在事业有成以后才会生儿育女。而很多刚刚做了母亲的并处于法定工作年龄的成熟女性，现在正以追求自己职业发展目标的方式来养育孩子。

与此同时，成为一个"成功"母亲的必备条件在过去 30 年来已经大大提高了。现在，一个"优秀的母亲"除了要承担对孩子的基本养育职责外，她还应该是个富有创造力的游戏伙伴，应该是个对孩子的成长很有启发能力的心理学家，应该是个教育专家，还应该是个时刻准备着的志愿者。从《今天播映》节目、儿童培养专家以及 25 个养育子女的主流杂志传达出来的信息都在告诉父母们，除非他们让自己的孩子完全投入到"目的明确"的活动中去，否则，他们就不能完成培养孩子的工作。这种观念催生出了一个旨在"丰富孩子们的活动"的"家庭手工业"，一个 5 岁孩子的"家庭手工"日程安排，就像一个炙手可热的神经外科医生的日程表（他的非工作时间被踢踏舞课和佩戴水肺的潜水课程填满）一样，让人备受折磨。

所有这些来自文化层面的压力，让我们采访过的很多刚做了妈妈的女性不断质疑自己，她们似乎觉得自己是失败的母亲。纳奥米·沃尔夫（Naomi Wolf）是畅销书《美丽的神话》（The Beauty Myth）的作者，这本书对 20 世纪 90 年代早期的那场女权运动起到了推波助澜的作用，本书还被《纽约时报》评为 20 世纪最有影响的著作之一。纳奥米·沃尔夫在其名为《误解：为人母的事实、谎言和意外》（Misconception：Truth，Lies，and the Unexpected on the Journey to Motherhood）的最新著作中写道："我们这一代人对为母之道的信仰受到了社会的强大压力……因为完美母亲形象的影响极为强大，所以，很多女性觉得自己无权对其提出质疑，而当我们自己的经验与'偶像'发生冲突时，我们常常会责备自己，会迁怒于自己，并因此而郁郁寡欢。"

31 岁的朱莉将玛莎·斯图尔特的成名作《玛莎·斯图尔特生活》（*Martha Stewart Living*）当作自己爱不释手的"情色读物"。在亚特兰大，当她还在尽情享受悠闲自在、多姿多彩的单身生活时，她就是一个美化家庭生活的高手了，她自己做沙发靠垫，在厨房的瓷砖上自己描绘了一个栩栩如生的花园，她把小巧的公寓房间内所有地方都贴上了朋友和家人的图片。当她的大部分朋友觉得有比萨饼就已经不错了的时候，朱莉在自己举办的家庭晚宴上已经将酒和食品精妙地匹配起来了。

现在，朱莉已经结婚了，还有了个 1 岁的女儿，可以想见，作为母亲，朱莉泰然自若地经历了同代人所面临的某些挑战。然而，当她与隐藏在郊外的"哺乳怪兽"——一群将做母亲视为天字第一号大事的争强好胜的母亲发生了"遭遇战"之后，她还是退出了那场游戏。

❖ **朱莉，33 岁**
居家母亲
罗斯维尔，佐治亚州

待在家里的全职母亲可能是这个星球上最紧张、最有野心的人了。我很清楚这一点，因为我刚从那个该死的幼儿游戏群体里逃出来。

让我从头讲起吧。麦迪出生以后，我辞去了那份很紧张的工作。那是一个很艰难的决定，不过，布莱恩和我决定过一种更简单、更悠闲的生活，所以，我们搬离了市中心，来到郊外。收入的减少确实损害了我们的生活，但是，我们觉得，这是正确选择，我们得牺牲某些东西，可日子还算过得去。对我来说，我非常喜欢有一所自己的房子，营造一个美满的家让我激动不已。

当我辞去工作之前，我在办公室有很多朋友，但是，当我成了一个居家母亲时，我发现，很难找到能聊聊孩子以外话题的其他居家母亲。当我意外来到这个幼儿游戏群体的时候，我真的觉得好像中了头彩。在我们那个群体里，有四个妈妈和五个宝宝——我和我女儿麦迪，詹妮弗和亨特，雷切尔和柯里斯蒂娜，莱斯莉和杰克，还有戴安娜和她的一对双胞胎。所有妈妈们都是辞去可口可乐公司、达美航空公司（Delta Airline）或者美国有线新闻网等知名公司的工作回家专职带孩子的。我那时候想，我找到了最好的一群朋友，一群我在带孩子期间可以与

之愉快交往的聪明、爽快的朋友。

　　起初，从她们那里得到的建议让我兴奋不已。这些女人看起来很清楚自己的目的，她们大都还有其他孩子。我们都很喜欢麦迪，但是，实话实说，要想弄清楚如何照看一个婴儿有时候确实让人疲惫不堪。如何带孩子的指导手册并没有因为我生了孩子就自动"下载"到我脑子里，所以，我得边干边学。

　　没过多久我就看到，这些母亲的行为有些过头了。在诸如孩子长牙和孩子会爬了这类事情上，她们变得不可思议地争强好胜。当艾登第一次说话时，我敢向上帝保证，戴安娜确实为此沾沾自喜。此外，我们还经受了没完没了地参加各种"育儿班"的压力。我一直是个来者不拒的参加者，是个不折不扣的实践者，但是，我后来觉得那也太荒唐了。有"妈咪和我"班，有"健宝园"班，"宝宝戏水"班，"宝宝瑜伽"班，还有"宝宝手语"班，要知道，参加这些育儿班的时候，麦迪还不到1岁！自从我上中学时参加拉拉队排练以后，我再也没有那么紧张过。

　　是我丈夫先看出了问题：这些妈妈们把她们在公司中培养明星的野心和争强好胜都带到培养孩子的过程中来了。她们当然很爱自己的孩子，但是，从某些根本的层面上说，她们把带孩子当成了某种"工作"，培养她们的宝宝成了天字第一号重要的事情，她们比照类似于计算机程序一类的东西来亦步亦趋地带孩子。

　　麦迪不怎么爱睡觉，再加上这些没完没了的育儿活动班，所以，我总是疲惫不堪、失魂落魄的。我之所以辞去全日制的工作，就是为了和孩子多在一起呆些时间，而且可以尽可能让孩子幸福、健康地成长，但是，现在，虽然我每天都和麦迪待在一起，可我总觉得做得还不够，总是觉得愧疚。我选择做居家母亲不过是为了让我们的生活更简单些，可是，我和宝宝反而比以前更忙乱了。无论我做什么，我总是觉得落在了后面，所以，我开始怀疑，我到底是不是个好妈妈。

　　我们采访过的很多 X/Y 一代单身女性将"拥有一切"奉为圭臬，"拥有一切"已经成了她们信仰的一部分，当她们的生活和爱情关系不可避免地不能达到她们虚幻的期望以后，她们会自怨自责。朱莉在那个"该死的幼儿游戏群体"中的经历，表明了新妈妈们在追求难以企及的"拥有一切"的境界时的心路变化历程，虚渺的幻想让很多妈妈们暗自以为，走在让孩子"拥有一切"的通衢大道就是为孩子们"做好一切"。就妈妈们给自己施加压力的问题，记者佩吉·奥瑞斯坦在其名为《变迁：在变动的世界中，女性对性、工作、爱情和孩子的观念变迁》一书中写道：

妈妈们为自己设定的，而且被很多妈妈们奉为经典的不切实际的标准，让我想到了我曾经采访过的女孩子们，无论她们的体重怎样，她们总觉得自己肥胖。我不知道是不是每一个"完美的母亲"都对应着一个饮食失调者——自己的女儿，但是，让我感到纳闷儿的是：女儿究竟得有多优秀，母亲才会认为她是优秀的呢？

但是，完全弄清驱动这种"超级父母"心态的原因，很重要的一点，是要检视我们童年的社会环境。X一代女性是在"我这一代"潮流风行时期成年的，参议员丹尼尔·帕特里克·莫尼汉将这一时期描绘成历史上第一次不将孩子置于首要地位的时期。20世纪70年代，"无错离婚法案"① 得以通过，女性成群结队地涌入职场，正是在此期间，"脖子上挂钥匙"的短语开始流行开来。此间，流行文化氛围也完全不适于孩子的培养。整个"人类潜能开发运动"实际上忽视了孩子们的潜能发展。埃里卡·琼②的畅销书《害怕飞行》（*Fear of Flying*）忘了提到这样的事实：孩子们常常是那种毫无节制的随意性行为的"副产品"。流行一时的励志类畅销书，比如《随心所欲：如何毫无愧色地为所欲为》（*Feel Free：How to Do Everything You Want Without Feeling Guilty*）认为，责任和义务是压抑和勉强的代名词，都需要改变，从而，父母在试图"发现自我"的混乱中，很多孩子被淡忘在一边。好莱坞从来也不是因为精妙地解读社会动态而广为人知，他们总是以令人惊悚的电影大发利市，比如，《魔鬼圣婴》（*Rosemary's Bady*）③、《驱魔人》（*The Exorcist*）④、《驱魔人续集》（*The Exorcist Two*）和《凶兆系列：戴米》（*Damien*）⑤，所有这类影片都将孩子演绎成恶魔。

尽管所有的父母都发誓，他们一定要以不同于自己成长过程的方式来培养孩子，但是，研究结果显示，X一代人比婴儿潮时期出生的人更肯定地说，他们根

①　"无错离婚法案"指夫妻的离婚要求不必基于某一方的错误的离婚法案，该法案不仅适用于在此法案通过之后结婚的夫妻，也适用于法案通过之前结婚的夫妻。

②　Erica Jong, 1942年3月26日出生，美国著名作家和教育家，《害怕飞行》是其代表作。其作品透射着女权主义和女性情欲的色彩。

③　也译为《罗斯玛丽的婴儿》。《魔鬼圣婴》是美国《娱乐周刊》评选的"有史以来最恐怖的25部电影"之一。一对夫妇搬进了一座古老的公寓，妻子罗斯·玛丽在怀孕后常产生异样的幻觉，深受其苦，笃信天主教的主人公最终生下魔鬼的儿子。

④　也译为《大法师》，故事叙述一个正常的小女孩，在毫无预警的情况下，被恶魔附身，在行为与个性上产生极大的异变，母亲带她四处投医无效后，决定用宗教的方式帮助自己的女儿，然而她求助的神父正面临人生的低潮期，他怀疑自己的信仰，因而被恶魔乘虚而入，邪恶的力量趁机大行其道，为了拯救这个小女孩，他只得再请来另一位神父与他一起展开这场正邪对立的战争。

⑤　《凶兆系列》曾被誉为好莱坞历史上最恐怖的影片之一。故事说的是美国外交官罗伯特为安慰难产的妻子，领养了还在襁褓中的戴米，起初一切都很正常，可在戴米5岁的生日晚会上，他的保姆离奇自杀，接着认为戴米是撒旦之子的神父也死了，从此，恐怖真正降临。

本没有培养孩子的典范可供模仿。或许，年轻妈妈们所感受到的做一个"完美母亲"的压力，以及我们中的很多人因为即将为人父母而紧张不安的心态，部分源于我们因为没有榜样可学所以唯恐犯错误的矫枉过正。

面对做一个"完美母亲"的压力保持心态平衡的关键，在于接受这样的现实：即使是"完美的母亲"也有其局限性。令人欣慰的是，朱莉自己发现并接受了这个事实。

有一天早晨，我从书架上找出斯波克（Spock）博士的书①，想查些有关婴儿爬行的资料。我再次注意到了那本书的第一句话："你比自己想象得知道的更多。"这句话让我恍然大悟：是的，我当然知道培养孩子的目的，当然知道如何培养孩子，如果我有什么不清楚的，我可以去找、去查。就是那一刻，我意识到，我根本不需要幼儿游戏群体里那些母亲们的建议，我自己完全可以做得很好。

现在，我终于又可以享受在家里和麦迪一起悠闲生活的节奏了。我想找一个新的幼儿游戏群体，一个我可以和其中的母亲趣味相投的群体。我和麦迪也取消了很多"育儿班"，上不上那些育儿班，孩子并没有觉出有什么不同，而且我也不再总是觉得缺乏睡眠、头昏脑胀了。不过，我们还在上"宝宝戏水"班，因为我不想让麦迪将来害怕在海里游泳，再有，我注意到，那是麦迪喜欢的唯一一个育儿班。

婴儿潮时期出生的女性说，她们下班以后会把咸肉带回家自己煎，我想，现在，对我们这些年轻的妈妈们来说，是老实对自己说"我们做不来，我们太累了"的时候了。

感谢上帝！阿门！

现代的爱情

无论我们是在城里的酒吧或者郊外的公园听人讲述自己的隐秘趣事，还是研读人口调查的结果和学术研究的成果，有一个问题一直反复出现：母亲、祖母、朋友，还有人口统计学家和社会学家们，都想知道，为什么如此众多的聪明、漂亮而且颇成功的 30 岁左右的职业女性依然没有实现自己的家庭生活梦想？这个

---

① 美国儿科专家、教育家和作家，他的著作《婴幼儿保健常识》在育儿领域产生了重大影响。

难以理喻的迷局让席琳、贝特西、詹妮弗以及所有那些同样无力破解这个迷局的单身女性，遭受了深重的挫败感。虽然破解这个迷局的答案复杂难解，不过，有一点昭然若揭：这并不是她们的错误。

女性在更高水平的工作中，在需要创造性的职位上，与男性展开了全面竞争，取得大学学位和更高学位的女性数量空前增加。30 年前，在口腔外科专业的所有毕业生中，女性的数量不足 1%，现在，这一比例已经达到了 40%；30 年前，获得兽医学位的女性只占全部毕业生的 6%，今天，这一比例提高到了近 70%。现在，在所有的学士学位中，女性获得者超过一半即 57.2% 的水平，社会学家预测，这种"性别差异"还将继续扩大。

因为当代的年轻女性比上一代人在学校学习的时间更长，所以，爱情关系和组建家庭的方式和时间表都发生了根本性的变化也就不足为怪。然而，不是鼓励职业女性充分利用这些优势并据此为她们提出富有建设性的建议，相反，一系列"倒行逆施"的书籍、文章以及政治家和专家学者们，似乎总在怂恿女性们拿出自己的"撒手锏"——自怨自艾，同时质疑自己做出的选择。丹尼尔·克瑞登顿 (Danielle Crittenden) 名为《母亲没告诉我们的》（*What Our Mothers Didn't Tell Us*）的著作，试图解释清楚为什么现代女性与幸福渐行渐远，她在书中对我们获得的独立的完整性提出了质疑："格洛丽亚·斯泰纳姆曾经开玩笑说，我们已经成了'我们想与其结婚的男人那种人'，但是，事实是，超越了丈夫的事实却让我们陷入了危险境地：自我膨胀，自我专注，而且笃信自己的需要高于任何人的需要。无论你觉得自己多么有理由这么做，可这种行为和心态确实阻碍了我们获得我们中的大部分人仍在孜孜以求的持久而幸福的婚姻。"

社会文化对女性进步的反应似乎是在玩"进一步退两步"的游戏。女性取得一个显著进步之后，随之而来的是 1986 年的《新闻周刊》封面文章所激起的"婚姻恐慌"，文章称，一位受过大学教育的 40 岁职业女性在其 30 岁左右时，宁可被恐怖分子枪杀也不愿意结婚；女性取得另一个显著进步后，随之而来的则是经济学家和作家西尔维亚·安·惠勒特（Sylvia Ann Hewlett）的研究成果所点燃的"生育恐慌"，西尔维亚·安·惠勒特发现，在最成功的职业女性中，有近半数的人是没有孩子的，尽管最初只有 14% 的人不想要孩子。在《纽约》杂志的一篇封面文章中，就西尔维亚·安·惠勒特的著作《创造生活：职业妇女与对孩子的渴求》（*Creating a Life：Professional Women and the Quest for Children*）在 X 一代职业女性中激起的"生育恐慌"问题，瓦尼莎·格里高里亚迪斯（Vanessa Grigoriadis）引述她采访过的一位女性的话说，"看样子，好像一场疾病正要爆发，所有的人都警告你，'紧急情况报告系统播报：你的卵巢功能正在急剧下降！'……如果我想生孩子，我需要年轻时就完成这个过程，之后再去考虑我的职业生涯问题。"她继续说，"但问题是，这种观念和我们在成长过程中接受的思想恰恰相反。"

我们这一代人在成长过程中接受的理念是，推迟结婚、推迟生儿育女的时间最终可以让我们成为更好的妻子和母亲，当然，这种观念也不无道理。研究结果显示，比起那些二十出头就结婚的夫妻来，三十多岁结婚的夫妇的离婚率更低些；此外，父母年龄更大的孩子在成长过程中更少遭受贫困之苦。虽然结婚和生儿育女的目的对所有人来说并没有什么不同，不过，我们应该清楚，现在并不存在通往幸福的固定路径，所以，对很多当代职业女性而言，即使追求幸福家庭的旅程比别人要远些也无所谓。

感谢上帝，女性的 30 岁并不是什么终点，因此，如果你的婚恋关系与你预想的大相径庭也没什么大不了，而且可能还是好事。在这个旅途上，你当然不是孑然前行的。《商业周刊》报道，传统的家庭组建方式——也是建国以来居于主导地位的家庭构成方式——在所有家庭形式中所占的比例，已经从 20 世纪 50 年代的 80% 下降到了现在的 60%。人口统计学家预测，越来越多的女性在生育之前会成为继母，同时，以"布雷迪方式"——夫妻共同养育两人各自前一次婚姻的孩子——组建家庭的女性数量也将逐年攀升。此外，很多女性会选择通过人工授精的方式成为单身母亲，2001 年，在 51000 个被家庭收养的孩子中，有 30% 的孩子被单身母亲领养。对于组建家庭而言，所有这些事实都表明，今天的女性有了更多的选择，而不是更少。我们现在需要认识到，被社会广泛接受的家庭的定义比以往任何年代都要宽泛得多。

1897 年，女权主义者和社会活动家夏洛特·珀金斯·吉尔曼[①]曾经说过："我们总是希望过上这样的生活：嫁一个有房子的男人，组建一个家庭，相亲相爱，相濡以沫，专注于家庭生活和做母亲的责任，相夫教子……我们也可以将我们的生活安排成其他形式，但作为一个女人，她必须做出自己的'选择'，她要么选择孤独生活、没有爱情、离群索居、没人照顾的生活，要么选择放弃服务社会的理想，在家里尽享爱情的欢娱、为人母的快乐并专注于家庭生活……而更宽容的社会新秩序或许可以让女性不必再做出这类艰难的抉择。"现在，一百多年过去了，婚姻的定义和女性职业生涯发展的空间都已经得到了快速扩展，从而，生活中的很多重要关系，将在更宽泛的范畴内重新建立起更富有灵活性的秩序，

---

① Carlotte Perkins Gilman, 1860—1935，美国女权主义者、作家和编辑，《妇女和经济》为其代表作，它是一部影响深远的、号召妇女在经济上独立的宣言。

这种变化不要说夏洛特·珀金斯·吉尔曼，就连我们的母亲也是难以想象的。

女性作为家庭主要收入来源的夫妇数量急剧攀升，现在，每三个职业女性中，就有一人的收入水平高于自己的丈夫，而在1980年，这一比例还不到20%。这种变化趋势在受教育程度最高的职业女性中间尤其显著，这部分女性中有近半数人的收入高于她们的配偶。如果说这种趋势源于女性中的"高层"，那么，我们就不能不提及那些已经成了商界领导者的雄心勃勃的职业女性，因为她们已经发现了同时享受工作乐趣和家庭生活乐趣的新途径：在《财富》杂志2002年评选出来的"最有权力的商界女性"中，这些总经理级别的人有三分之一有"居家丈夫"，她们的丈夫将自己的职业发展暂时搁置起来，"全职"在家照顾孩子，支持配偶的工作，同时，承担妻子的其他传统职责。

"现代家庭"出现的这种共同特点，源于很多职业女性在30岁以后才真正发现了自己完整而富有成就感的个人生活方式，她们这样做并不是为了摆脱惶恐状态而突然"转向"，而是追求个人进步和成功的必然。面对这些经典范例，我们应该清楚地看到，对X/Y一代职业女性而言，她们求解的"答案"并不能通过"回望过去"而获得，并不能通过复活诸如奥齐和哈里特夫妇或者沃德和琼·克莱维尔夫妇一类错误的典型形象而获得①，相反，她们瞻望未来，在我们可能尚未想象到的更广阔的视野中寻求新的生活方式。我们不应该再去修补那些让"此后幸福永远"的渴望难以企及的令人惊恐的统计数字，我们不应该退却，相反，我们应该庆祝我们获得了实现幸福的更多新机会。

对我们的幸福重新定义的第一步，就是排除"文化噪音"的干扰，某些文化潮流总是让我们将自己的未来之路看作是"选择余地逼仄的"、而且"存在假象边界"的小径。事实上，我们远不是以职业发展的雄心消除做母亲的本能的女人，也不是用牺牲自己全部的职业目标来换取"健宝园"的庸俗母亲，更不是《欲望城市》中那种只要有马蒂尼酒在手、只要穿着曼诺洛斯②高跟鞋就心满意足的女人。难道现在我们还不该认识到这些"弄潮儿"不过是虚幻的典型和漫画式的人物，而且生活永远也不可能如此"井然有序"吗？为什么我们还要对这些东西孜孜以求呢？

卡莉全身心专注于自己的职业发展和个人目标10年以后，以最出乎自己预

---

① 奥齐和哈里特夫妇是20世纪50年代电视剧《奥齐和哈里特》中的人物，沃德和琼·克莱维尔夫妇为美国电视剧《反斗小宝贝》形象，在《奥齐和哈里特》、《反斗小宝贝》以及同时期的类似电视作品中，妻子都是幸福无比的家庭主妇形象，这些精通化技术的女人们除了身着华服在自己的豪宅举办华尔兹舞会和照看家庭以外，几乎无所事事，我们很少看到她们拜访朋友，看不到她们参与学校、社区或者其他形式的文化活动，她们只是心满意足地生活在安全、洁净并配置了全套现代设施的郊区别墅里。

② Manolos，著名的奢华皮鞋品牌，人们通常认为该品牌高跟鞋性感、优雅。

料的方式走进了婚姻，并享受到了做母亲的幸福。作为匹兹堡一家声名显赫的女子医院的肿瘤专家，毕业以后为期 8 年的实习期，让卡莉无暇深入考虑自己的爱情和个人生活。卡莉 34 岁时，已经拥有了一份令人艳羡的工作，工资收入也相当可观，在郊区的一个高级住宅区拥有一所自己的房子，但是，她的个人生活状态依然保持着循规蹈矩的老一套。她的工作日程留给她自由支配的时间很有限，而当她终于碰上轮休的时候，她在男人面前又不知所措。"在酒吧里，我总是心猿意马，总是不能有效利用'推销自己'的策略。"她回忆道，"真让我懊丧。"

卡莉常常抽暇去干的事情就是滑雪，起初，她一直在科罗拉多滑雪，她就是在山地长大的，所以，她可以很方便地跑到本地的山上滑雪，或者每年的 2 月份去西部做一次为期一周的滑雪旅行。在宾夕法尼亚州的滑雪胜地七泉（Seven Springs），卡莉遇到了麦克，麦克也是一个滑雪发烧友，来自华盛顿特区，是名有两个儿子的律师。麦克的两个孩子参加单板滑雪训练班的早晨，他们很快就打成一片。接下来的周末他们也会面了，不过，这次麦克找了看孩子的人，这样，他们就可以一起出去吃晚饭了。当卡莉见到麦克 10 岁和 12 岁的两个儿子时，她第一次无所畏惧地绑上了滑雪单板，以让麦克和他儿子们惊叹不已的速度冲下山坡。有三个月的时间，卡莉和麦克每周末都要碰面，因为他们不必在一起滑太长的时间，所以，麦克也不必为此推卸周末看孩子的责任。由此看来，他们的故事并不像是传统版的爱情故事，不过，故事的结局不失美妙。

两年的时间很快过去了，卡莉和麦克结了婚，大部分的周末和假期，他们都和麦克的孩子一起度过。现在，卡莉在华盛顿工作，和麦克一起生活在郊外一幢令人羡慕的房子里，他们全家已经为去维尔度假做好了准备。

"目前这种状态并不是我以前想象中的'丈夫和孩子'的状态。"她说，"不过，看起来这种样子对我很合适。"

此后幸福永远？一切都变了

当我们两人写作本章的时候，柯莉·鲁宾正为保证胎儿的健康大吃维生素，莉阿·麦考也正在考虑和男朋友搬到一起住（作为婚姻前奏的同居）。尽管我们两人都为自己即将到来的崭新生活激动不已并做好了"准备"，不过，我们也都对即将逝去的生活充满留恋。一位 35 岁的一对双胞胎的母亲帮助我们更清楚地看到了事情的本质。"从某种程度上说，无论你多么独立，我想，我们的全部生活都是为生儿育女做准备的过程。"她告诉我们，"今天，作为女人，我们可以通过多重选择做母亲，我们可以自己生育，我们可以当继母，我们还可以收养同居伴侣或者任何其他人的孩子，但是，有一个原则是亘古不变的，那就是有得必有失，有生必有死，这是事物循环的自然法则。然而，正是这个法则让我们中的很多人迷惑不解，因为要想明了其中的全部含义确实很困难。"

当我们两人开始写作本书的时候，我们对除了"吃饭—睡觉—工作"以外的所有事情都缺乏足够的了解。听过一百多位职业女性讲述她们遇到的同一个问题之后，我们意识到，我们并不是唯一感到迷惘、困惑的人。我们还学到了很多意义深远的道理。

我们是以看重独立价值的观念培养起来的一代人，但是，具有讽刺意味的是，我们并不清楚这种理念的真正内涵。截止到现在，我们中的大部分人一直忙于追求个人的目标，追求那些驱策我们前行的目标，追求成为"独立女性"的生活境界。但是，尽管我们共同的经验和成就让我们的生活历练丰富、有趣，但是，我们所取得的结果并没有自动转化为我们的独立，没有自然使我们为婚姻和为人母做好准备，也没有让我们远离烦恼和离婚的困扰。事实上，独立并不在于外在的表象，而是存在于我们的心底。

安娜·昆德琳（Anna Quindlen）在她的《通往幸福生活的捷径》（*A Short Guide to a Happy Life*）中写道："你是自己生活的唯一'监护人'。你需要对自己特定的生活负责，需要对自己的全部生活负责。我是说你不只要对自己在办公室的行为、在公共汽车上的行为、在汽车里的行为或者在计算机前的行为……负责，也不是只对你的银行账户负责，而是要对你的灵魂负责。"我们学到的是，真正的独立意味着你要相信你的"灵魂"会始终如一，无论你的生活是否顺理成章地顺遂。真正的独立意味着你要清楚，成为"拥有一切"的心心相印的伴侣和成为"无所不能"的母亲都是虚渺的幻想，但是，做一个可爱的恋人和对子女充满关爱的母亲则是完全切实的。真正的独立会随着时间的悄然流逝，默默地看着你为幸福家庭的画卷扩展、雕刻、涂色。

当格洛丽亚·斯泰纳姆说"女人需要男人就像鱼需要自行车一样"的时候，她不过是想激励那些在成长过程中被灌输了要依赖男人观念的女性展望自己的另一种生活情境，尽管事实表明我们的成长过程全然不同于我们的母亲和祖母的成长过程，但是，很多女性今天依然还在对"鱼—自行车"式的"独立'变种'"孜孜以求。现在，X/Y 一代女性所面临的挑战，是如何将我们的独立观发展成为为"相互依存"留有空间的独立观。一旦我们意识到了两种独立观的不同，我们就可以梳理对"此后幸福永远"的理解混乱，并真正开始享受我们的幸福了。

第五章

男人的空间

女人很在乎男人怎么评价她们。确乎是这样。

当女性们聚在一起时，不可避免地会谈到男人是如何看待我们的，无论我们是总经理、秘书、艺术家还是家庭主妇，这种"求知欲"并没有什么不同。我们敢打赌，正在看这本书的女人中，没有一个人不曾在本周至少问过某位先生一次这样的问题——"你在想什么"？是的，我们一定都问过。

从励志类书籍，到美容手术，再到高跟鞋和皮带的款式，很显然，女性确实很在意身边的男性如何看待她们。考虑到女性的工作职位在所有职位中所占的比例依然不到一半，并且而在高层经理职位中，女性所占的比例只有 12%，那么，那些自以为不需考虑男性如何看待自己就可以在商务领域取得成功的女性，看来只能为莉莉·汤姆琳①或者莉莉丝音乐节（Lilith Fair）工作了②。

然而，在"贝蒂·弗里丹时期"到新千年之间，大部分论述女性问题的非虚构作品女性作家都没有谈到这个简单的事实，也没有做出任何评价。她们还不是唯一忽略这一议题的群体，很多女性广播访谈节目的主持人、女教授、女音乐家

① Lily Tomlin，美国著名影视喜剧女演员，曾多次获得美国喜剧演员大奖和电视艾美奖，并获得过 2003 年美国肯尼迪中心颁发的马克·吐温奖，是一位具有幽默、智慧和感染力的优秀演员。她出演的影片《朝九晚五》（Nine to Five）描述一间大公司里的三位女职员，在工作上饱受歧视和屈辱，便幻想如何报复保守的经理，不料后来竟真的将错就错把经理绑架，并假经理之名在公司进行翻天覆地的大改革。

② 莉莉丝音乐节是加拿大女歌手莎拉·麦克拉克兰（Sarah Mclachlan）于 1997 年创办的音乐节，当时，她的想法是希望借助演唱会的巡回演出弘扬女性独立意识，鼓励女性同胞勇敢面对一切磨难，勇敢面对生活，并希望给女性歌手们提供一个彼此交流、切磋的机会。莉莉丝是希伯来神话中的人物，是伊甸园中亚当的第一任妻子，她认为自己同样被上帝所创造，同样来源于尘土，因此她要求享有与亚当同等的权利和地位，后被亚当逐出伊甸园，这才有上帝用亚当的肋骨创造夏娃的故事。莎拉·麦克拉克兰借用莉莉丝作为音乐节的名称，非常符合创办之初的宗旨与基本精神，该音乐节被认为是女性意识通过音乐形式释放出来的盛宴。

以及其他有影响力的女性，都将关注"男人对我们的评价"视为懦弱、压抑或者丧失自信的行为而予以摒弃。事实上，我们的生活远比她们认识到的要复杂得多。感谢我们母亲那一代人和她们的母亲那一代人艰苦卓绝的努力，正是她们的奋争，使我们可以和男孩子一起玩耍、成长——无论从实际情形看，还是从其象征意义上看，也无论男孩子们是否喜欢。作为女性，我们认识到，因为建立在共同的基础之上，所以，我们的生活与男性的生活已经完全融合到一起了。因此，我们写作这样一本论述年轻女性生活的书，如果没有将青年男性的声音也收录进来，恐怕就像写作一本音乐史而没有提到莫扎特和巴赫一样，态度确实不够老实。毕竟，基于共同的过去，我们在各自的生活历程中使用的是同样的策略和手段，获得了同样的经验和历练，同时，对我们的世界也怀有同样的见地，此外，就构建我们各自渴望的未来而言，我们也有足够多的共识，因此，男人怎么评价我们确实很重要。

如果真像有人说过的，"男人来自火星，女人来自金星"，那么，青年男女可能比我们很多人想象的更容易结成广泛的同盟。令人振奋的消息是，我们同样都对创建"平衡的生活"充满渴望。拉德克利夫中心近期对公共政策所做的一项研究显示，就需要优先考虑的事情而言，X 一代的男男女女比我们的父母有更多的一致性认识。在接受调查的 X 一代人中，80% 的男性和 82% 的女性都说，为了与家庭和孩子共度更长的时间，他们宁愿放弃更高的收入，而向婴儿潮时期出生的男性和女性问到同样的问题时，给出同样答案的男女数量则有 20% 的差异。

然而，正像我们在前面谈到的，令人沮丧的趋势是，尽管我们怀有最无懈可击的出发点，但是，我们的生活却与我们的渴望渐行渐远。此外，年轻的女性并不是对"拥有一切"孜孜以求的唯一群体，当人们的生活情状远离自己"拥有一切"的期望时，年轻的女性也并不是唯一自怨自艾的群体，我们的男同胞们，因为他们"来自火星"（在古罗马神话中，火星 Mars 一词为"战神"之意），当他们遭遇同样的困顿时，负疚感更为深重，所以，他们常常保持沉默、集体失语或者彼此欺骗。边喝啤酒边讨论这些议题，或者边看体育比赛边讨论这些议题，似乎都不是很富"男人气概"的行为，因此，他们索性闭口不谈。

正像现代成功女性的定义自我们母亲 30 岁生日以来发生了根本性的变化一样，现代成功男性的定义也与我们父辈 30 岁左右时期的定义大相径庭了。"我爸爸是个医生，在我长大的那个俄亥俄州小镇，人们都认为他是个成功的典范。"35 岁的投资银行家杰西说，"但是，事实上，我基本不了解他。他把全部精力都投入到了工作上，是的，他确实是个挣钱养家的好手，可在我的生活中，他从来没有真正投入过热情，现在还是这样。我从他那里继承了努力工作的禀赋，不过，除了这一点，我们两人几乎完全是两路人。我喜欢踢足球，我也很喜欢滑雪，我想，有一天，我会和我的孩子们一起踢球、滑雪的，可我的父亲除了他的医务工作以外，没有培养出任何其他的兴趣。我也热爱我的工作，但是，我们两人对成功的判断相去甚远。"

《女士》杂志的元老编辑和《父亲的勇气：男人以家为先会怎样》（*Father Courage*：*What Happens When Men Put Family First*）一书的作者苏赞妮·布劳恩·列文曾经谈到，女权运动的前半部分是将女性带到职场中去，"这场革命的后半部分"就是将男人拉回家里。现在，《穿灰色法兰绒衣服的人》（也译为《一袭灰衣万缕情》）（*The Man in the Grey Flannel Suit*）① 的男主角和沃德·克莱维尔虽然不乏同样成功的女性同事，也就是说，女权运动的前半部分已经取得了长足的进步，但是，女权运动的"后半部分"试图占领的疆域，其边界依然模糊不清。今天，很多 X/Y 一代男性发现，他们也正在与他们所面临的"莫可名状的问题"奋力抗争，而比起我们的"30 岁中年危机"来，他们更缺乏产生"莫可名状的问题"的社会背景。

"社会已经认识到了女性角色的改变，但是，社会并没有对男人角色的转变提供任何支持。"全国父权行动协会（National Fatherhood Initiative）的主席罗兰·沃伦（Roland Warren）解释说："在我们的社会中，有为参加工作的母亲提供支持的组织，有为居家母亲提供帮助的组织，但几乎没有任何组织为那些想做个好父亲和好男人的人提供任何帮助。X/Y 一代的男性正在遭受集体失语之苦，因为尽管他们对'成功男人'的理解和定义已经大大扩展了，但是，社会依然只凭一个男人的收入水平来评价他是否成功。"

现在，是我们这一代人拆解爱情迷局并重塑爱情模式的时候了，对我们女性说来，至关重要的一点就是要更好地理解男性，更好地理解那些我们想在约会、婚姻和工作中成为其平等伙伴的男性。如果我们的目标是成为独立的而且也是与男性相互依存的女性，那么，现在是打破那些障碍——那些让我们对彼此的困惑和目标一无所知的障碍的时候了。就如何评价 X/Y 一代女性的问题，就他们在 30 岁生日前后的感受问题，我们曾经问过数十位 X/Y 一代的男性，我们得到的答案一定会让你大吃一惊。

---

① 根据斯隆·威尔逊 1955 年的同名小说改编的电影，其中，穿灰色法兰绒衣服的人都是公司中的男性经理人或者高级职员。

理想的女人

大部分二三十岁的男性进入到爱情关系的某个阶段时——无论这个阶段是约会、婚姻，还是为人父——都对爱情和权力的平衡有清楚的判断。就像我们让X/Y一代女性描述她们心目中的理想男人时，她们会频频使用"心心相印的伴侣"这个短语一样，当我们让X/Y一代男性描摹他们心中理想女性的形象时，他们会不断使用"平等伙伴"这个短语。来自新泽西州的36岁单身汉马克说："如果我必须在两个人——一个是绝对漂亮，但除了当一个'花瓶式妻子'以外别无他求的女性，和另一个虽然并不非常漂亮，但更愿意成为平等伙伴的女性——之间做选择的话，我会选择后者，毫无疑问！"

马里兰州的詹森是两个孩子的父亲，今年36岁，他表达了类似的观点："在美满的婚姻中，'我的'和'你的'都被'我们的'取而代之了。两人在生活中都应该成为对方的最佳支持者和平等伙伴。"

亚拉巴马州一位33岁的离异律师也对上述观点深表赞同："最好的爱情关系就是平等的伙伴关系，就是在很多事情上都能共同做出决定的关系。"

加莫尔、肯尼思、亚历克斯、劳尔、托马斯以及数十位我们访谈过的其他X/Y一代男性，在描述他们理想的浪漫爱情时，也惊人相似地使用了同样的语言——真正平等的婚姻关系。但是，他们（也包括我们）是否真的明了个中真意尚待分晓。

当然，就像我们一样，男人们对爱情的期待也如此一致，部分原因可以追溯到这样的事实：他们在二三十岁的时候就经历了"性别战争"的洗礼，同时，也是他们自孩提时代就受到暗示和濡染的结果。他们是被精心呵护着"出落"（因为缺乏更妥帖的词汇，我们在这里只能用"出落"了）出来的。在《莫尔》杂志一篇描述婴儿潮时期出生的母亲如何培养自己儿子的文章中，引述了一位X一代男性的评论："我们在成长过程中，总能感觉到这样的潜在倾向和暗示——'我儿子很棒，不过，从总体上说，男人都是废物。'当你还是个孩子的时候，听别人这么说你会想，'是的，很好，爱怎么说怎么说吧'。但是，当你长大成人以后，再听到这样的评价你会想，'等等，等等，我也是个男人！'"

他们的童年——饱受对男人相互矛盾的评价冲击的童年过去了，之后，我们的男同胞们在20世纪80年代后期和90年代早期走进了大学，那时，正是从政治高度改革美国教育的热潮在校园风起云涌的时期，所有这些小伙子们在学校里想做的就是喝啤酒、踢足球、加入学生联谊会、做爱，之后拿到学位走人。在他们的必读西方文明经典著作中，柏拉图的著作取代了安吉拉·戴维斯①的作品，从而，他们在大学里又接受了四年邪恶的"父权制"思想的熏陶。

作家和里根总统演讲稿撰稿人佩吉·努南（Peggy Noonan）曾经说过："在当今世界做个男人实在不是一件轻松的事儿。"从很多方面来说，她说的是对的。男人的困惑在毕业后的很长一个时期内都会如影随形、挥之不去。一个充满幻灭感的20岁左右的单身小伙子曾经对《莫尔》杂志的记者说："从小到大，人们一直在告诉我们，女性与男性是平等的，女性享有和男性一样的自由，人们告诉我们，与女士同行时，我们不必为女士开门，女士即将落座时，我们也不必为她们把椅子拉出来，可现在，与我们同龄的女性却要求我们为她们开门、拉椅子。"这种情况把我们带到了另一种情境，在这种情境中，我们发现，当男人们试图弄清楚为什么在其他方面都已经调整到位的女性朋友在30岁左右会遭遇提前到来的中年危机时，他们再度感到费解。

因此，当我们访谈的所有男性都对平等的伙伴关系赞赏有加、趋之若鹜时，我们顺势问他们"平等的伙伴关系"到底是什么意思。没用多久我们就发现，在他们良好的愿望和日复一日的寻常生活之间的某些地带，"平等伙伴关系"的定义变得模糊起来，此外，即使是那些最开明的X/Y一代男性和女性也还在努力弄清"平等伙伴关系"的游戏规则。无所不在的"时过境迁"和"依然如故"之间的断层，已经把我们中的很多女性引入了30岁的中年危机，现在，当男性考虑如何适应我们的生活，以及考虑我们想让他们怎样对待时，这个断层又让他们一头雾水、无所适从。另外，很多年轻的夫妇在寻求现代婚姻幸福、美满之路时，"时过境迁"和"依然如故"之间的断层还让他们陷入了盘根错节、矛盾重重的杂乱思想中。所以说，"平等伙伴关系"的现实远比我们自以为确定无疑的状态要含糊、暧昧得多，从某种程度上说，大部分年轻夫妇不由自主地就滑入了自身扮演的传统社会角色，尽管他们宣称不会那么做。

玩火

确实有这样一个环节，男女的"平等"毋庸置疑地存在，这个环节就是在建立并保持现代爱情关系方面，"独立"的女性和"进步了"的男性存在同样的困惑——这一点，是男女之间一个无奈的平等。对X/Y一代参加约会的人来说，

---

① Angela Davis，1944年出生，美国黑人女哲学教授，美国共产党党员，致力反战运动和黑人运动。1970年曾因涉嫌同谋绑架谋杀案被捕，1972年宣布无罪释放，1973年，任美国共产党中央委员。她的作品侧重于女权主义文化研究，特别对女黑人音乐有深入研究，现在的作品主要关注犯人的权利。

他们的困惑早就超越了这类问题：男人是否提前预订了座位、男人是否饭后结账以及男人是否为女士开门等等。深深植根于我们共同生长历程中的根本性问题，还有男女对各自未来伴侣的期望。因为我们拥有共同的背景——崇尚独立、依靠自己，那么，在 X/Y 一代的青年男女中，谁能说得清，他们是在刻意寻求随意的性关系、同居的性伴侣呢，还是在追求天长地久的爱情呢？职业生涯都如日中天的青年男女，怎么才能为建立天长地久的爱情关系投入必要的时间呢？随着收入超过男性的女性数量持续增加，X/Y 一代男性会不会担心自己在爱情关系中成为"第二性别"——居于从属地位的性别而紧张不安呢？这是 X/Y 一代所面临的灰色地带。

归根结底，我们中大部分人的爱情目标都惊人地相似，不过，X 一代的很多男女在跨越这个含糊、暧昧的灰色地带进入明朗境界的过程中都会步履维艰，因为我们都觉得，我们在穿越这个灰色地带时，没有任何原则（指导我们的交往过程和交往中的得体行为的原则）可以遵循，只能凭借猜度和良好的愿望。加之初次约会的紧张和男女双方工作上的压力，更容易让我们感到迷惘，也更容易误读约会中的行为所传达出的意蕴。

当我们两人决定扮演一次传统红娘的角色时，我们对上面谈到的约会当事人频频出现"迷惘和误读"的情形清楚异常：在索和区（Soho，即休斯顿街以南的地区）一家信誉很好同时也很时尚的法国餐馆，莉阿·麦考带着自己的朋友凯利和柯莉·鲁宾的朋友迈克会面。我们两人想，凯利和迈克真是天生的一对，因为他们两人都很风趣、聪明，而且从滑雪到网球，再到航海，他们的兴趣都很相当。此外，他们两人也都厌倦了没完没了的约会游戏，都想认真地建立起爱情关系。我们在等凯利时，先喝了一轮墨尔乐红葡萄酒，同时，与一群下班后来酒吧放松的人轻松地聊了一会儿。当凯利走进餐馆大门时，我们正想再来一轮墨尔乐红葡萄酒，凯利比约定的时间晚到了 15 分钟。其实，这也算不了什么，因为有时候从市中心到商业区的时间很难计算，但是，当凯利解释说，她迟到的原因是因为下班前的最后一个业务电话把她耽搁了时，柯莉·鲁宾注意到，迈克似乎有些不悦。

我们坐下来以后，迈克问凯利，作为麦迪逊大街一家中等规模公司的公共关系部总经理，工作的感觉怎么样。情况的发展就从这里开始急转直下。因为考虑到自己对工作信心十足，凯利不假思索地就将自己近期的工作细节和盘托出，那是一连串的事情，准备立场鲜明的报告、包括即将在欧洲参加贸易博览会在内的旅行，等等。大约 20 分钟以后，凯利问迈克，作为一位投资银行家的工作怎样。当迈克简略地回答完凯利以后（因为迈克不想让自己看起来过于自我陶醉，他知道，女性很看不上那种人），凯利又打探了其他信息。凯利想，她通过后来提出的问题可以表明她对迈克的工作很感兴趣，迈克则以为，凯利一连串的追问显示了她的攻击性，而且有刺探自己收入潜力之嫌。在牛肉馅饼还没上来，第二瓶酒也没打开的时候，凯利说，她必须回老板的一个传呼，她说，老板将要在洛杉矶做的报告中有个紧急的问题需要处理。

凯利回来以后，没有再次离开过。在那个晚上剩下的时间里，这对"未来的情侣"有说有笑，其乐融融，从两人各自的同事，到最喜欢的印度餐馆，从分享旅行经历，到对语言的兴趣，他们在所有的方面都发现了共同点。后来，他们彼此交换了电话号码，凯利确信，他们还会再见面的。她不知道，迈克并不想给自己打电话（尤其当凯利在餐桌上查了自己的掌上电脑，说至少10天内的晚上她都没空儿以后）。"她很漂亮，人也很好，我们有很多共同点。"迈克后来告诉柯莉·鲁宾，"不过，如果她对工作总是这么卖力，总是这么频繁地出差旅行，我想，我们不值得再交往下去了。你看，她连第一次约会都不能免受干扰。我想寻求那种有更多空余时间的伴侣，而且我要找的人也没有这么多预先安排的工作"。

凯利和迈克之间的交流情形，是检验我们这一代人所宣称的重要价值观真伪的绝好例证。就像我们访谈过的大部分男性一样，迈克也告诉我们，他想结交一位"独立的"的女性，甚至觉得女性比自己收入更高是很"酷"的事情。然而，他的真正期望实际上却与凯利的现实情况相去甚远，所以，这件事情让我们纳闷：我们究竟是真正开明的、有正确价值取向的一代呢？还是仅仅是迷惘的一代！

"我不在乎女性能挣多少钱，这对我算不上什么问题，我想结交的是成功的女性，事业有成的女性。"32岁的有线电视总经理贾斯廷说。当我们让保罗，一位35岁的记者，描述一下他的理想伴侣的形象时，"对职业和工作的远大抱负"是他谈到的理想伴侣应该具备的最重要的品质。当我们用"独立"衍生出来的其他问题，比如，独立的女性往往意味着会经常出差旅行，常常要牺牲周末的时间，平时也经常加班，总是接到从办公室打来的电话，等等，来探究男性们对此的反应时，我们的同龄男同胞们就开始向顽固的"阿奇·邦克"①"蜕变"，当他们用尽心机、支支吾吾地谈到如何以及何时适应平等的爱情关系时，他们会"收回"当初需要平等伴侣的想法，或者会"补充和修正"他们当初的想法。有些赞赏独立女性的男同胞坦承，女性看似前景无限的机会——取得社会进步和职业

---

① Archie Bunker，某种特殊性格的人群，他们固守自己的行为方式，而他们的行为方式常常招人喜爱，但他们极为自我，非常固执，不容撼动。

发展的机会——让自己感到深受威胁。"我在遇到我妻子之前，我和我的哥们儿们——我们都是二十多岁——觉得找到一个理想的伴侣太难了。"凯文说："你要知道，这可是在华盛顿，一个声称男女比例高达1∶3的地方。但是，女性数量的多少似乎于事无补，因为这里的职业女性似乎有很多事情要做，在她们的日程中，追求一位男性、花时间培养爱情关系这类事情似乎没有什么地位，排除喧嚣纷攘的干扰去追求爱情确实是很困难的事情。"

我们在指责我们的朋友迈克那么快就对凯利"盖棺定论"未免太过武断和粗鲁之前，我们需要仔细研究一下，在这两个同是 X 一代、同样工作勤勉的人之间发生了些什么，这一点很重要。还记得"功到自然成"的圈套吗？就像我们在第四章谈到的那位厨师席琳一样，凯利也认为，专注于自己的发展（对凯利说来，就是全身心投入自己的本职工作）是获得婚姻真正平等的前提条件，像席琳一样，她的行为也基于同样的假设：她的生活将以某种顺序逐项搬演，而在她的生活舞台上，"独立"（第一幕）应该在亲密关系（第二幕）之前上演。

尽管迈克在自己的生活中也遵循着同样的原则，不过，凯利对待约会的态度还是让他受到了刺激，正如乔治敦大学（Georgetown University）的语言学教授黛博拉·泰南博士在其名为《你就是弄不懂：男人与女人之间的对话》（*You Just Don't Understand*：*Men and Women in Conversation*）① 的著作中谈到的，凯利的行为显然是向很多世纪以来男性对女性的期望发难。黛博拉·泰南博士解释说，如何处理亲密关系，女性有其传统的指导原则，而这些原则也正是男性（连 X 一代的男性也包括在内）希望女性在重要的社交行为中遵循的。从另一方面说，在男性的世界里，态度取向是指导性的原则，而"独立"在亲密关系中一直占有很重要的地位。"尽管所有的人都既需要亲密关系，也需要保持独立，不过，女性更倾向专注于亲密关系，而男性则倾向于保持独立。"黛博拉·泰南博士写道，"似乎那种性别的人从骨子里就有不同取向。"但是，凯利在工作中的经历已经改变了她在亲密关系中的自然取向，她脱离女性传统角色的交流行为更容易表现为"独立"的特性，而不是对亲密关系的渴望，她的行为方式让诸如迈克一类的男性感到费解，从而质疑凯利对自己的兴趣，怀疑凯利是不是心不在焉。迟到的凯利大谈特谈自己的工作，谈到下周的工作日程很满，此外，饭后，她坚持要付一半的餐费，这些都表明她完全沉浸于自我之中，而没有为两个都很有抱负、同时也都怀有良好期待的人建立良好的亲密关系预留心理空间。

---

① 本书旨在探讨男女之间对话的奥秘，由于性别的差异，两性之间的对话常常出现障碍，男女双方需了解彼此的个性以及语言之外的意义，彼此沟通的障碍才能得以消除。

那么，迈克对凯利的判断公允吗？他或许应该再度与凯利约会，从而，更深入地了解凯利的志向和目标。尽管凯利的工作甚至使她下午六点以后也"不得安宁"，但是，事实上，凯利并不是那种被工作搞得焦头烂额的人。在过度专注于自我和被工作完全压倒之间是有清楚界限的，任何了解凯利的人都知道，她非常善解人意，非常关注他人，她富有爱心，周末，她会去动物收容所做志愿者，受邀出席晚宴以后，她会手写感谢短信寄给东道主。但是，当我们开始探究颇让人劳神的职业生活为 X/Y 一代男女的约会带来的负面影响时，凯利和迈克交往的情形恰恰有助于说明这一代人困境的新走向。

"独立女性"的临界点

那么，这种困惑给我们带来什么结果呢？尽管现代男性确实不喜欢"全职家庭主妇"，但是，就像迈克一样，当他们感到自己受到潜在威胁时，他们当然也会举起保护自己的盾牌，以抵御可能威胁到自己的亲密关系的"入侵"。安德鲁·海克博士是位于纽约的皇后学院（Queens College）的荣誉退休教授，也是《错配：扩大中的男女鸿沟》（*Mismatch：The Growing Gulf between Women and Men*）的作者[①]，他在书中引证的社会学研究结果表明，已婚女性的就业状况是预测离婚率高低的重要指标，因为比起那些居家妻子来，那些参加工作的妻子们更经常地提出离婚。除了有工作的女性在婚姻关系中拥有更多"讨价还价"的余地以及更富有财务独立性的显见事实之外，这种统计结果表明，随着时间的推移，婚姻双方从工作中感受到的压力会影响到婚姻关系的质量。这个理论被康奈尔大学的一项研究再度证实，康奈尔大学的那个研究项目分析了 1700 对双方均参加工作的夫妇的婚姻状况，他们发现，双方每周工作时间均超过 45 小时的夫妇对生活的质量最不满意，此外，"强力夫妇"（双方均为专家或者经理级人物的夫妇）之间的冲突最多。相反，夫妇双方虽然都参加工作，不过，双方的工作时间表相对固定，而且每周的工作时间不超过 40 小时，这类夫妇对自己的生活满意度最高，甚至高于那些有一个人做非全职工作的夫妇。

那么，这个研究结果是不是意味着双职工的工作与婚姻幸福之间存在着一个

---

① 安德鲁·海克曾以《两国两民》（*Two Nations*）一书揭示出美国严重的种族隔阂，如今他又通过该书来关注日益严重的两性关系问题。他在书中引用了大量有说服力的统计数据：离婚率、婚龄、男女收入对比、同性恋数字、大学毕业生的性别之比，以及独身者的比例等等。他在书中谈到了这样的动向：经济地位的改变，使女性面对男性时，有了更多的自信和要求。男性则在发起自己的"解放"运动，以求更少地担负对妻儿的责任，并转而寻求更年轻，更顺从的女性。

临界点呢？毕竟，我们在一天中/一周中/一年中只有那么多个小时的时间，而如果两个人总是没完没了地受到工作职责的困扰，很自然，两个人也更容易分道扬镳。这个问题并没有信手拈来的解决方案，但是，令人鼓舞的动向是，虽然上一代男性可能会对诸如凯利一样的职业女性"退避三舍"、"敬而远之"，不过 X/Y 一代男性则不但接受崇尚独立的女性，而且对她们钟情有加，至少，从理论上说是这样。那么，我们接下来所要应对的挑战，而且也是一个相当严峻的挑战，就是找到一条如何将这种良好的愿望引入到 X/Y 一代男男女女之间——双方都面临着职场竞争压力和颇令人费神的工作——建立爱情关系的捷径。

爱情、权力和打扫房间：不可告人的婚姻隐秘

三年前，当凯瑟琳和格雷格第一次作为夫妻在约翰·列侬的《想象》（Imagine）旋律中相拥而舞的时候，他们两人都"想象"到，他们的婚姻会与各自父母的婚姻迥然不同。"格雷格和我自己写了婚约誓词，我们在上帝、朋友和我们各自的家庭面前发誓，我们在生活中将永远是对方的平等伙伴。我们甚至将'平等伙伴'这样的词语写进了我们的誓言。"凯瑟琳回忆说，"直到现在，我们在大事上依然恪守着我们的誓词，我们所有的重大决定都是一起做出的。但是，说到我们的日常生活，在诸如打扫房间、去超市买日常用品、做晚饭、跑趟腿之类的家务事上，我们两人之间根本没有平等关系可言。"

"尽管我们两人的工作都很劳神，可我实际上还要承担我母亲曾经承担过的一切责任，而我母亲是个'全职家庭主妇'。我不知道我们怎么到了这种地步。我是说，他在奥柏林学院（Oberlin College）工作，他们曾经做过一个女性毕业生生存状况的研究项目（所以，他应该完全清楚我的处境和感受），天啊，真是见鬼！"凯瑟琳交叉着双腿，在椅子上很不自在地扭动着身体，"他应该更理解女性，难道不是吗？"

凯瑟琳和格雷格当然不是遭遇这种困顿的第一对夫妇。科罗拉多州的前参议员帕特·舒洛德尔（Pat Schroeder）在其回忆录《干了 24 年家务活，可家里依然乱七八糟》（24 Years of Housework…And the Place Is Still a Mess）中，用了很大篇幅来描写始终支持自己事业的丈夫。她在回忆录的第一章就以溢美之词为丈夫大唱赞歌："我丈夫吉姆不想让我离开州议会，他很喜欢自己在家里打理家务的角色，而且做起家务事来也驾轻就熟、游刃有余。自从 1973 年 1 月那个寒冷的日子，我站在古朴的白色穹顶下，举起右手向第 93 届议会宣誓以来，他就一直是我最强大的支持者。"

但是，在回忆录的后面，帕特·舒洛德尔为我们展示了另一幅日常生活的图景。有位记者问吉姆，帕特·舒洛德尔的政治生涯是如何改变他的生活的，吉姆说，他的改变就是全身心地投入到家务事中，比如，他会带孩子去就诊，等等。帕特·舒洛德尔在报纸上读到这里，"立刻跑到议员休息室，拨通了吉姆的电话……'我赌 500 美元，'我说，'你肯定不知道那位儿科医生的名字!'吉姆知道自己露馅了，干咳了几声，搪塞说，'哦，那是我的口误。'这次，吉姆太离谱了，毕竟，他不是'妈妈先生'。"

24 年前，当女性在工作职位中占据了 42% 的份额，而且在办公室正快速成为男同事的平等伙伴时，加利福尼亚大学伯克利分校的教授、社会学家阿莉·霍奇柴尔德（Arlie Hochschild）博士开始研究，在家庭中，男性是不是也在同一时期成了妻子的平等伙伴。她在研究中发现，女性依然承担着照看孩子和寻常家务事的大部分，尽管她们也要外出工作。她在那部具有里程碑意义的著作《第二次轮班》（*The Second Shifts*）中写道：

> 就像在办公室和工厂中存在着男女薪酬水平的差别一样，在家里，男女之间也存在着"闲暇差别"……是一位女士首先告诉我这个从工厂生活借用来的比喻的，人们说家务事对女性说来是"第二次轮班"，不过她强烈反对人们将家务事当成"轮班"的说法，她说，她的家庭是她的生命所系，她不想把做家务事当成被迫的"轮班"。但是，正像她后来谈到的："你在工作上要承担职责，回到家里，你也要承担职责，之后，你再回到工作中去时还要承担职责"。每天八小时处理保险索赔事务以后，回到家里，她还要做晚饭，要照看孩子，还要洗衣服。尽管她否认家务事也是上班，可她的家庭生活确实很像"第二次轮班"。

我们交流过的很多青年男性都承认，自己在成长的过程中，他们的母亲做家务事确实很像"第二次轮班"。有些人甚至还记忆犹新地谈到，母亲为了多节省些钱，与人合伙使用汽车上下班，自己回家做晚饭，以保证婚姻的存续，她们常常忙碌得几近崩溃。28 岁的乔纳森回忆说："我母亲总是被压得透不过气来，我很清楚。我父亲不怎么做家务，为此，他们常常大动干戈，打得很凶。有一次，我那时候八岁，我用吸尘器清扫了全部房间，之后，我对母亲撒谎说是父亲干的，这样，他们就不会干仗了。我十岁的时候，他们还是离婚了。很显然，作为一个成年人，我知道，他们不会只是因为谁做饭的问题而离婚，不过，作为一个孩子，我当时真的以为，是因为我父亲是个懒汉而造成了他们的离异。"

这给我们提出了一个问题：我们这一代人——被有工作的母亲带大的一代人，试图在婚姻中创造平等伙伴关系的一代人，而且是双职工家庭数量空前的一代人——会把"第二次轮班"的观念扔到历史的垃圾箱里去吗？阿莉·霍奇柴尔德博士的那本《第二次轮班》登上畅销书排行榜16年以后，X/Y一代男性终于能收起他们的脏衣服自己去洗了吗？如果只是让他们把脏衣服放进洗衣机、接通电源，那么，他们有时候会自己去洗。他们的行为发生了什么戏剧性的、惊世骇俗的变化吗？当然没有。

2001年，密执安大学对现代婚姻变化的动向进行了一项量化研究，在对"谁去扔垃圾"（这项研究只调查了这项家务琐事，而不是照看孩子之类的大问题）这个显然毫无浪漫色彩但颇能在夫妇之间挑起事端的家务琐事的调查中，他们发现，尽管比起30年前来，夫妇双方现在在干家务琐事上的差别已经缩小了很多，然而，这种差别非但没有被消除，反而有愈演愈烈之势。盖洛普最近进行的一项调查也显示，夫妇之间对家务事的理解，也存在着像火星和金星之间的差异一样显著的歧义：73%接受调查的丈夫说，他们在做饭方面表现相当积极，但是，接受调查的妻子中，只有40%的人说，她们的丈夫曾经下过厨房；89%的丈夫说，他们在家里的分工很明确，可只有55%的妻子说，他们的家务活儿有明确的分工。

根据自己的切身体会，任何已婚的人读到这里可能都很清楚，夫妇双方在干家务事上不可告人的隐秘，会破坏X一代夫妇的家庭和谐和日常交流。我们在访谈中发现，即使是家务活儿有分工的家庭，女性也是完成那些家务琐事的"总经理"。35岁的瑞克温文尔雅，有现代版的吉米·斯图尔特①的幽默感，他的未婚妻性格温柔可人，两人很般配。不过，就像瑞克谈到的，当两人涉及干家务活儿的事情时，情况总是搞得很紧张。"从做饭到结婚准备，邦妮希望我们两人在所有的家务事上都能各承担一半，从理论上说，我举双手赞成，我也应该干家务活儿。"他承认，"我确实也干活儿，不过，得在她和我纠缠不休以后，她很讨厌我这点。差不多有一半的时间，我是推推动动、不推不动的。我知道她是对的，可我好像有健忘症，老是出错。问题是，她干起家务活来非常得心应手，而且精力充沛，我却倾向于把家务活儿留到最后一刻，同时，她还会注意我在清洁房间时，'温迪克斯'②的用量根本不够。说实话，房间就是不太干净我也不是特别在乎，但是，会让她很不开心。我们总是不停地讨论这个问题，那种讨论简直就

---

① Jimmy Stewart，美国著名电影演员。
② Windex，美国庄臣公司生产的一种清洗剂。

是我的灾难。"

还记得说过那句话——"在家里，'你的'和'我的'都被'我们的'取代了"的詹森吗？即使是他也不得不羞怯地承认，他和妻子并不是在所有的事情上都是平等的伙伴。"我比我妻子更能忍受家里的凌乱，所以，她总是首当其冲地大干家务事。"他说，"我不喜欢这个话题，没什么意思，我们可以谈点别的吗？我们不妨聊聊我如何遵循那个'古训'——'让我干什么我就干什么'。"

指责男人们在家务事上的袖手旁观和冥顽不化是错误的。专家指出，对任何年代的人来说，女性的权利总是与她对家务事的掌控能力密切相关。就像男人依然不情愿在车上给女性让座一样，在家里，女性对让渡处理家政事务的传统权利充满矛盾心理。因此，尽管职业女性声称，她们希望自己的丈夫和男朋友是在家务事上的平等伙伴，不过，作为女性，我们中的很多人并不真的这样以为，我们真正需要的是在处理家务事上让他们担当"总经理助理"的角色，每次当我们详细告诉配偶应该如何擦玻璃的时候，实际上，我们中的很多人是在下意识地炫耀"家庭CEO"的领导能力。

在那部经典的影片《非洲皇后》（Arican Queen）中，凯瑟琳·赫本告诉汉弗莱·博加特："我们的天性就是靠征服困难得以存续的。"所以，当你环顾房间，看到你家里那位"已经进步了的"男人没放杯垫就把啤酒瓶直接放到桌子上以后，你不要心灰意冷，尽管你告诉过他一百万遍，直接把瓶子放到桌子上会留下难以清除的印痕。当我们这一代人在人类历史上变化最为显著的时期进入社会生活时，我们有理由相信，涉及家务事的问题时，即使过上玛莎·斯图尔特式的优雅生活也不可能把我们零乱肮脏的家之间矛盾打理得井井有条，不过，我们完全可能征服我们各自的天性。作为开始步骤，你不妨就如何做家务的问题和你的丈夫或者男朋友进行一次坦率而务实的对话，如果这么做并不奏效，你不妨请一位家政服务员，你知道，比起因为家政争端求诸心理医生来，比起聘请一位离婚律师来，请保洁人员的花费要便宜得多。

为人父的变迁

在我们的成长期间，我们的父母也正在将男女扮演的传统角色拓展到新疆域，他们也在不断向我们童年时期所处的那种"挣钱养家的人/家庭主妇"式的传统家庭结构发起挑战。正如鲍勃·戴兰描述的，时代总是在变化之中，我们的父母在时代变迁中所获得的经验，强烈地影响了我们为人父母的观念。就像我们的共同背景塑造了X/Y一代女性对职业发展和家庭生活之间应该如何达成完美平衡的理念一样，同样的生活历练也显著地影响了 X/Y 一代男性的为父之道。尽管人们现在挣钱养家的方式与他们小时候被供养的方式相比并没有出现什么新花样，但是，很多研究项目、调查和人口普查的结果都表明，X 一代男性的为父之道却与前一代人有着显著的区别。最近，在全国范围内进行的一项父母如何培养孩子的调查中，X 一代的一位父亲说，人口统计学家、社会学家、学者、作家、教育家以及心理学家十多年来的所有研究成果可以用一句话来概括："对婴儿潮时期出生的人来说，如果你能参与到孩子的活动中去，那么，你确实很优秀；现在，如果你是一位父亲，如果你不能参与到孩子的活动中去，那么，你无论如何都是说不过去的。"

作为一代人，对我们的父亲们参与到我们成长过程中所产生的影响尚缺乏研究。一方面，我们中有数百万人所生活的家庭中根本就没有父亲，单单在 20 世纪 70 年代，离婚率就增加了一倍，与此同时，生活在单亲家庭中的孩子数量也同步增长了一倍。研究结果显示，被单身母亲/离异的母亲抚养的 X 一代人，在其孩提时代与诸如迈克·布雷迪①、比尔·考斯比②和霍华德·坎宁安③等电视节目中的"父亲"共度的时间，远远长于与亲生父亲相处的时间。另一方面，"完整家庭"中的孩子们的成长故事则是另一个版本。过去 30 年来，已婚父亲与自己孩子共度的时间已经增加了一倍，即使是在母亲不外出工作的家庭中，父亲与孩子共度的时间也有了显著的增加。

今天，X 一代父亲与孩子相处的时间更长了，这一点我们都能看到。无论是因为正反两方面典型的影响，还是因为文化潮流和情感取向变化的影响，过去十年来，在没有父亲的家庭中长大的孩子数量已经逐年减少了，同时，出现了另一个越来越清楚的动向：父亲与孩子在一起不再只是简单地"看孩子"，而是在孩子的日常生活中扮演了更为主动、活跃的角色。最近，哈里斯公司所做的一项调查让现在的年轻父亲们将自己的为父经历与记忆中自己父亲的为父之道进行比较，在接受调查的人中，有 69% 的人说，他们花费更多的时间帮助孩子做家庭作业；有 68% 的接受调查者说，他们与孩子一起玩的时间更长；69% 的人说，他们花更多的时间带孩子参加各种课外活动班；60% 的人花费更长的时间做有关孩子教育问题的决定；57% 的人在孩子健康方面投入更多的时间。然而，因为儿时的

① Mike Brady，是 20 世纪 70 年代在孩子们中很流行的一部名为《幸福时光》电视剧中的人物，在剧中，迈克是一位快乐、聪明而且收入不菲的建筑师，也是一个挣钱养家的好父亲。
② Bill Cosby，美国著名喜剧演员，同时也是知名的电影、电视制作人，被誉为电视喜剧之父。曾以电视剧《天才老爹》广为人知。
③ Howard Cunningham，反映中产阶级生活的美国电视剧中的父亲形象，他经营一家五金店，妻子负责管理家务，在剧中，他们的厨房和起居室总是井井有条、一尘不染。

记忆难免失真，再者，儿子和女儿们也毕竟不是值得信赖的"家庭史学家"，所以，我们把哈里斯公司的该项调查又深化了一步。我们给每一位接受过我们访谈的父亲的妻子打电话，让她们就自己的丈夫参与到孩子活动中去的自我表述给予客观的评判，虽然我们不可避免地听到了妻子们对丈夫不做家务事的很多抱怨和愤恨，不过，她们中的大部分人都对自己丈夫的为父之道给予很高的评价，也都坦承，自己的丈夫确实参与了培养孩子的全过程。

挣钱养家的好手

虽然人们对父亲将情感投注到家庭生活中的期望水平已经发生了显著的变化，但是，无论是男人自身感觉到的成为"挣钱养家好手"的压力，还是社会对男人应该成为"挣钱养家好手"的期望，都没有什么改变。尽管 30% 的职业女性的收入水平高于自己的丈夫，然而，男人从根本上并没有改变自己的原始本能——自己应该负责把足够的食物挣回家。拥有美术学士学位的 34 岁单身汉罗布现在在一家电脑游戏公司供职，作为艺术指导，罗布收入不菲，他就是深受男人的传统角色之累的典型男人之一。他说，"养家糊口的想法让我不寒而栗。"

得克萨斯州的小业主罗德里戈也深有同感。"男人觉得，自己在'安顿下来'之前，应该有财务无忧的经济实力。"他说，"男人想到的另一个问题是，'如果我只能养活自己，我怎能供养妻儿老小呢？'虽然在我家里，两人都有收入，而且孩子也不多，不过，类似我这种情况的男人还是常常向自己问到这个问题，因为无论从理论上说，还是从性别上说，挣钱养家的责任确实总是落到我们的肩膀上。"

我们与之交流过的父亲们将"挣钱养家"的压力视为最沉重的压力并不奇怪。有一位父亲坦承："我总在担心，如果我丢了工作会怎么样，对我正需要供养的家庭会带来什么样的影响。我担心维系家庭的纽带会就此断裂，家庭会就此四分五裂。"要知道，这样的话可是从一个妻子每周也工作四天，而且收入水平和他相当的 32 岁父亲嘴里说出来的。

要想完全弄清男人们的观念，我们不能忘了很重要的一点：所有这些深受"开明的父亲/挣钱养家的好手"观念之累的男人们和我们一样，也都工作在要求苛刻的职场——要求他们付出大量的时间和精力，而工作职责的无限扩展则"剥夺"了他们的很多生活。所有这些压力汇聚起来，让很多"内外交困"的 X/Y 一代父亲们不由自主地想：他们离"拥有一切"到底还有多远呢？

布赖恩住在离一条商业大道几英里远的一幢复式房子里，他和大学时代的恋人结了婚，平时开一辆吉普车，车上加装了 DVD，以便孩子们在途中娱乐。这位计算机程序分析员的性格更像雷·罗曼诺①，而不是詹姆斯·迪恩②，但是，事实上，他比自己想象得更具有反叛色彩。

❖ **布赖恩，34 岁**
计算机程序分析员
莫里斯维尔（Murraysville），宾夕法尼亚州

上个月，我们公司最大的客户出人预料地给我们打了个电话，让我们马上为他们做一个项目。听人们说，他们曾经找过我们的竞争对手谈这笔生意，所以，公司经理杰克说："抬高价格！"我的上司，也是项目负责人问："抬到多高，老板？"之后上司告诉我们，把手头的其他工作都放下，拿出 150% 的干劲全力攻下这个项目。这是一项很复杂的工作，所以，全体人员都被调动起来了。最后，我们按时完成了这个项目，而且没超出预算。

就在我们将成果提交给客户之前，我们召集了一次参与该项目的全体员工会议，以便确保万无一失。在会议室出席会议的大概有 20 人，还有同样多的人通过电话（远程会议系统）从其他分支机构与会场联通，不知道是谁的孩子在电话会议系统里大喊大叫，会议室里的几个人有些厌烦地翻了翻白眼，因为孩子的叫声让人觉得会议乱哄哄的，不过，算不上什么大事。

会议即将结束时，我的上司说："在这里，我想感谢斯坦为本项目所做的工作。上星期，斯坦和家人一起去了迪斯尼乐园，可当我给他打电话，告诉他我们需要他时，他二话没说，拿起笔记本电脑就投入了工作。所以，在这里我要特别感谢斯坦，感谢你的妻子在你出色完成工作期间负责带孩子。你是一个优秀的团队成员，你的责任感当然应该大加赞扬。"与会人员纷纷向斯坦表示祝贺，云云。

尽管通过电话与会场联通的那些人也在电话里对斯坦大唱赞歌，可我忍不住想，斯坦一家的假期一定过得一塌糊涂。我敢肯定，他在全部假期里一定都是在工作，而他的妻子一定会懊恼不堪。可谁又能指责她呢？毕竟，她不是单身母

---

① Ray Romano，美国著名喜剧演员。
② James Dean，美国演员，善于塑造叛逆者和具有玩世不恭色彩的角色。

亲。此外，他们错失了在迪斯尼乐园好好玩玩的机会，要知道，那可是迪斯尼乐园啊，几年前，我曾经带詹娜去过那儿，现在她还常常谈起那次游玩。虽然老板不失时机地称赞斯坦是多么优秀的员工，是多么出色的团队成员，可那又有什么用呢？

我有两个非常可爱的孩子，四岁的马克斯和六岁的詹娜。詹娜简直就是一个小公主，她和我妻子一样，蓝眼睛，一头金色卷发。我想，马克斯长大以后可以当个喜剧演员。（说实话，这孩子总让我捧腹大笑，我实在弄不清，一个四岁的孩子怎么会有这样的幽默感呢？）我和妻子已经结婚八年了，她是德勤会计公司（Deloitte and Touche）的会计，她很喜欢自己的工作，我们两人的收入都很不错。我们刚买了一所新房子和新汽车，我们每月都为孩子们的大学教育存些钱。

每天下午 5:30，我们都得去幼儿园接詹娜和马克斯。每天在幼儿园要呆那么长时间对他们可够受的，不过，他们的老师很好，我们也很喜欢幼儿园的环境。因为我和我妻子都是全日制工作，所以，每天下午 4:30，我们在电话里都要重复一样的话："你能早走一会儿去接孩子吗？你的日程安排怎么样？你能早走吗？"

轮到我去接孩子时，我总是从后门悄悄溜走，免得因为 5:00 就下班引来一堆废话。我在公司的资历还可以，工作也很努力，对我工作绩效的考评总是"非常优秀"。但是，这些似乎并不管用，每次我的上司看到我在下午 6:30 之前离开公司，他都会看看手表，之后说："今天要早走啊？"他总是笑着说，好像在打哈哈一样，但是，我知道，其实，他是认真的。他有三个孩子，年龄都和我差不多，他还有几个孙子。他的妻子从来没外出工作过，所以，我想，他根本就不知道我在办公室以外的责任是什么。

我知道，我并不是唯一有这种感觉的人，因为有时候我注意到，其他家伙也鬼鬼祟祟地"早退"，他们的 SUV 车里也都装有儿童坐椅。

为父之累

布赖恩说的是对的，他确实不是因为只不过正当地为家里做些事却在办公室感到"授人以柄"、心里有愧的唯一的人。最近，催化剂调查公司对数百位 X 一代的职业男性就他们的价值观和目标等方面进行了问卷调查，调查结果再一次证明，比起承担工作职责来，我们的男同胞们更看重个人价值和家庭责任，而且毫不含糊，在调查对象中，有 79% 的人将"拥有一个温馨的家"视为绝对重要的目标，"享受生活"紧随其后。在职业发展目标中，"承担多项责任"、"挣大钱"和"成为一名有影响力的领导者"被排在了最低层。对布赖恩来说，实现自己生活理想的途径就是双职工的婚姻（这样，他就可以让自己"温馨的家庭"有足够收入"享受生活"了），可是，组建这种家庭也会为生活带来负面影响，结果，他和妻子一样，因为总是试图在竞争激烈的职场现实和家庭责任之间达成平衡而倍感压力。这种情形给他们提出了另一个问题：像布赖恩这样的男人，是继续通过每周几天从后门悄悄溜走去幼儿园接孩子的方式求得"工作—生活"的平衡呢，还是对很多公司提供给自己的相当于已经提供给职业母亲有利于家庭生活的公司政策观望、漠视呢？

事实胜于雄辩，现在，男人们"还没有"有效利用那些有利于家庭生活的公司政策。大多数公司注意到，在选择利用公司的弹性工作时间政策方面，男女员工之间依然存在着很大的差异。我们不妨通过职业父亲们对公司给与他们的最后优惠政策——带薪父育假（Paid Paternity Leave）（也译为"父亲假"或者"陪产假"）的态度来看一看他们的态度取向，单单是对这一政策的利用，就清楚地表明，即使是那些"新时代"的、在车里安装了斯纳格利①儿童坐椅的，而且经常和孩子们一起投入到拉梅兹②幼儿益智游戏中的父亲们，也常常对公司这种开明的政策置之不理。在密执安州的共和银行（Republic Bancorp），公司提供给男性员工的父育假长达六周，在 2000 多名具有相关资格的员工中，只有 10% 的男性员工选择父育假的假期超过了两三周。总部位于北卡罗来纳州夏洛特的第一银行（First Union Corporation）〔现为沃克唯银行（Wachovia）〕，只有 12 位男性员工休满了银行慷慨提供的父育假，尽管银行人力资源部门推出的这种休假政策适用于70000 名员工。从更广阔的视角来看，1996 年，"家庭和医疗休假法案（FMLA：Family and Medical Leave Act）"要求，员工超过 50 人的公司都要为雇员提供父育假，然而，哥伦比亚大学的一项研究显示，自从"家庭和医疗休假法案"获准通过以后，因为照看婴儿而离开工作的男性数量并没有什么增加。

柯莉·鲁宾的哥哥乔希是自己组建的音乐家联谊会的主席，他是一个摇滚乐队的吉他手，以善于发现演出的机会而闻名。遇到自己的妻子后，他的生活重点发生了改变，几年前，当他的儿子杰克出生以后，他变成了一个"彻头彻尾"的顾家男人。35 岁的时候，他总是把家庭的需要置于自己的需要之前，他是柯莉·鲁宾认识的对家庭最投入的父亲。

---

① 美国婴芙乐公司（Evenflo）生产的儿童汽车坐椅品牌。
② 幼儿益智产品品牌，该品牌玩具旨在发展孩子的潜能。

在第二个孩子出生前的几星期，乔希拒绝了一份薪水更高的工作，因为他觉得那份新工作的时间安排不合适。是的，新雇主自然可以给他加薪，但是，乔希认为，要在新公司证实自己的能力，他需要投入大量的时间，而对新工作的过度投入，不可避免地会将他从最需要他在家里的婴儿、三岁的儿子和妻子身边拉走。

让我们回到 1968 年吧，如果柯莉·鲁宾的父亲在乔希即将出生的时候得到了这样一个薪水更高的新工作，他一定不会错失这个机会的，就像乔希为了家庭而断然拒绝新工作机会一样，他们的父亲接受这份新工作的当机立断绝不亚于乔希。但是，即使是像乔希这样的现代父亲，为了家庭也只能做到这一步了。当柯莉·鲁宾问乔希，他会不会在佐伊出生以后休父育假或者压缩每周的工作时间，乔希看了看柯莉·鲁宾，那种眼神好像柯莉·鲁宾是个傻瓜。"我是个顾家的男人，我的大部分朋友也是。"他说，"但是，我觉得没人会那么做，因为那太有违常规了。"

尽管 X 一代男人的生活重点发生了变化，不过，他们所面临的职业现实基本上依然如故，大部分男人担心，如果他们选择公司提供的有利于家庭生活的优惠政策，他们的职业发展轻易就会被为父之累所牵绊。布兰迪斯大学的"社区、家庭和工作"研究项目的负责人罗莎琳德·柴特·巴尔尼特博士对《妇女运动者》杂志说，"男人需要精确地了解，如果他们减少工作时间，他们的'前程'会不会受到影响？他们想知道，得到这一问题的答案需要多少年的时间。他们需要从雇主那里得到确证，雇主认为他们休父育假完全是合理合法的选择，而不会为此被雇主当作'二等员工'，从而让他们在职业发展中'靠边站'"。

尽管有很多证据表明，时代确实还在变化中，不过，比起女性的休假来，男性员工要求弹性工作时间或者休满父育假，还是更容易被老板视为懒鬼的。管理咨询顾问，也是《世代冲突：他们是谁？为什么冲突？如何破解工作代沟迷局？》（*When Generationas Collide: Who They Are. Why They Clash. How to Solve the Generational Puzzle at Work*）一书的合著者戴维·斯蒂尔曼（David Stillman）将这一问题追溯到了典型的"代沟"。"婴儿潮时期出生的人为了职业的发展会拼死竞争。"他说，"但是，如果 X 一代男人早早离开公司去出席孩子在学校的活动，我们会对他钦佩不已。"尽管戴维·斯蒂尔曼的分析为我们勾勒了一幅和谐、动人的完美画面，不过，我们访谈过的 X 一代男性并不能完全理解从公司悄悄"早退"的父亲们的行为，对他们也没有给予支持。一家电脑游戏公司的艺术指导罗布谈到，当人们听说一位刚刚当了爸爸的工程师开始在下午 7：00 之前就离开公司，而且周末也不再在公司露面时，某些与他的价值取向势不两立的同事就公开评论说，这位工程师在"婴儿世界"面前可能已经完全缴械投降了。我们只要想象一下，当那些雄心勃勃的年轻律师、商人和总会计师描述他们的男同事因为刚当上了爸爸而缩短了工作时间——同时也意味着减少了挣钱的时间的时候，使用的语汇有多么"丰富多彩"，我们就不难想象，当那些当上了爸爸的二十多岁的男性自豪地宣称，自己早早离开公司是要去出席孩子在学校的活动时，他们的未婚男同事会做何反应，是的，那些未婚男同事是否会为年轻的爸爸们欢呼大可怀疑。斯坦携全家在迪斯尼乐园度假期间一刻不停地工作的行为，博得了全公司的喝彩本身就很说明问题。

"全国父权行动协会"的主席罗兰·沃伦说，从总体上说，就为那些将家庭价值看得和工作价值同样重要的工作狂提供支持而言，公司做得并不好。"每一个重大的社会变化之所以发生，是因为它们深得与之相关的家庭、社区、政府和企业界的支持。而现在，就支持员工做个好父亲而言，企业界集体失语。"罗兰·沃伦说。然而，他接着说，很多企业之所以还没有对男性员工提供特别的支持，原因确实很复杂。"在公司中，出台一些针对女性的优惠政策要容易得多。我接触的很多首席执行官说，'如果我们出台一些完全针对男性员工的优惠政策，所有的女性都会怒不可遏的。'他们必须明白，如果公司想改善职业母亲们的工作状况，他们也要改善职业父亲们的状况。现在，是女性们接受这个挑战，告诉公司，他们也要为职业父亲们提供支持的时候了。女性们应该说，'如果你们不支持职业父亲们，那么，你们就是不支持我们。'"

罗兰·沃伦提出了一个很好的观点。所以，只有当男女员工开始同样利用公司提供的优惠政策时，公司有利于员工家庭生活的相关政策才能从美轮美奂的条文转化为美好的现实。如果我们真的想打破这种"工作—生活"冲突不断的恶性循环，如果我们真的想过上我们渴望已久的和谐生活，我们需要共同呼吁，至少，我们应该抓住现有的机会，以证明我们可以将家庭置于首要地位的同时又能完满地完成工作。只有这样，我们才可能根除夫妇双方"工作—生活"冲突的根源，因为十次冲突中有九次是因为"工作的问题"挑起的，而不是源于"家庭的问题"。苏赞妮·布劳恩·列文在她名为《父亲的勇气》（*Father Courage*）的著作中，进一步论证了这一观点：

> 是的，人们对为父之道及其对促进孩子发展的理解在变化；是的，婚姻的状态也在变化；是的，人们对什么问题是至关重要的判断也在变化。所有这些变化都对人们的权力、责任、领导力和家庭的结构提出了新问题，对什么东西可以用金钱购买、什么东西是用金钱买不到的、我

们如何判断时间的价值以及我们对家庭和孩子承担什么样的责任提出了新问题。那么，我们应该如何破解这些问题呢？是单枪匹马地解决，还是用群体的力量来解决呢？

我们要走向何方？

对年轻男女之间相互影响的研究结果比以往任何时候都更清楚地表明，摆脱30 岁中年危机的唯一出路，就是填补我们的理想与现实之间的断层，而这项工作需要通过我们的协同努力来完成，需要我们促成职场的变革，使其尊重我们这一代人恪守的价值观。这是 X 一代男男女女的共同责任，一代人的整体诉求，意味着我们不再过度考虑自身的需求，不再苦苦追求让自己的境况得以改善的途径，而是更多地关注我们这一代人如何在历史上留下自己奋争的印迹——通过吁请政治、社会和企业界的变革，从而，使我们有时间去建立和发展真正的"平等伙伴关系"，有时间去把握做好父母的机会，这些不正是我们渴求的而且始终都在孜孜以求的吗？

当我们父母那一代人意识到他们所面临的问题是社会体系的问题而不是自身的缺失时，他们会呼吁新法规的出台，他们会冲破玻璃屋顶，并将不完善的社会体系变革得更好。现在，发动一场相对温和的变革——让我们不必牺牲自己爱情关系的完整性，不必牺牲我们的家庭价值观，就可以享受到父母通过奋争所取得的成就带给我们的优势——是我们这一代人的责任。在实践上，发动这样的变革，意味着我们要通过更自信地说明我们这一代人的共同需求和共同目标来启动一场对话；意味着我们要在吁请更富弹性的工作时间安排和更慷慨的休假政策时共同承担必要的风险；发动这场温和的变革还意味着 X/Y 一代男性要鼓起勇气，勇于离开公司去休父育假，勇于利用"《财富》500 强"中的很多企业业已推行、但男性雇员基本上未曾利用过的有利于家庭生活的优惠政策。此外，发动这场变革也意味着我们要学会利用现代科技带给我们的便利，因为我们的雇主也在利用这类新技术"剥夺"我们的生活（比如说，如果计算机的远程接入技术可以让正在休假的斯坦投入到工作中去，同样地，这种技术也可以让斯坦获得在家工作一星期的"奖励"）。我们在这里提出的建议并不是要我们彻底推翻公司运作的机制，我们只是想让公司那些有关我们个人生活和职业生活的政策修正得更公允。

没有开创未来的计划，我们就会将漏洞百出的过去视为我们的理想。如果我们现在不能在危机四伏的情形中为"家庭生活导向型"的政治议程着手创建一个新平台，那么，那些极端保守主义思潮就会无孔不入，就会让女权主义运动倒退，从而将职业女性再度拉回到厨房中去。我们看到，某些诸如《规则》（*The Rules*）① 和《让步的妻子》（*The Surrrendered Wife*）② 一类的畅销书已经开始为职业女性的屈从而欢呼了，很显然，他们总是能将人们对工作的焦虑做出自圆其说的"圆满"阐释，总是能为疗救人们的创痛开出包医百病的灵验偏方。然而，在位于华盛顿奥林匹亚的长青州立学院教授家庭研究课程的斯蒂芬妮·库恩茨③ 在她名为《我们未曾走过的道路：美国社会对传统家庭的迷思》（*The Way We Never Were：American Families and the Nostalgia Trap*）的著作中解释说，即使是向僵硬的"男人挣钱养家/女人在家操持家务"式家庭结构的微小倒退——当酗酒寻欢的人数不断增加时，当每十个孩子中就有一个孩子生活在单亲家庭中时，当丈夫和妻子默默忍受生活的痛楚时——也会让两代人的艰苦努力付诸流水，也会让我们付出沉痛的代价。

> 悲观主义者认为，家庭正在解体、破裂；相反，乐观主义者则认为，家庭生活形态的变化不过只是家庭生活多样化的外在表现形式……屡见不鲜的是，两大阵营都用呆板的历史观引述以前的家庭模式来佐证自己的论点……可实际上，他们都忽视了家庭历史沿革的复杂性，就连我们自己的经历也没有纳入他们"创造"理想家庭模式的视野。家庭的状态从来都是不断变化的，而且常常危机四伏，家庭生活从来也不会通过对"曾经屡试不爽的方式"的怀旧情怀而变得快乐、美满起来。

是否能阻遏家庭生活复辟的潮流，是否能在这个变化无常的世界中借助过去两代人所取得的奋斗成果构建一个现实可行的"工作—生活—爱情"新模式，完全取决于我们自己。当然，每一项行动都会遭遇到保守主义的逆流，但是，如果我们每个人都默默地单打独斗，情况永远也不会改变。无论从字面上理解，还是从其象征意义上来看，直到我们认识到"轮到我们这一代人发起一场文化进步运动"之前，我们每个人的境况都不会得到实质性的改善。如果说 20 世纪 60 年代的革命为性别平等描绘了美好蓝图的话，现在，则是我们发动一场进步运动的时

---

① 该书建议女性们要努力取悦男人，作者建议，女性要在"最好的时光"流逝之前早早地嫁出去。

② 该书教导妻子们如何向丈夫"投降"。

③ Stephanie Coonzt，美国婚姻史学家，曾出版过包括《我们真实的面貌：与改变中的美国家庭和平共处》在内的多本专著。

候了，而这场运动将以一场新革命的面目出现，这场革命将可以大大强化"平等伙伴关系"的影响力，使之构建成支持我们应对终将要面临的挑战和动荡的坚实基础。

第 二 部

新女性俱乐部
你的导师梦之队

30 以后

莉阿·麦考和柯莉·鲁宾开始讨论 X/Y 一代职业女性所面临的共同困境一年以后，情况变得明朗起来，我们认识到，引领我们摆脱困境的解决方案，在于与婴儿潮时期出生的女性进行对话。研究工作让我们得出了这样的结论：我们的困境和迷惑——也包括我们访谈过的职业女性的困顿——与我们母亲和姐姐们未竟的女权主义运动存在着本质上的联系。但是，在过去 30 年的某些阶段，人们总是在各自为战地苦苦寻求摆脱困境的策略，以至于我们这一代人都没有辨识出导致我们个人困境的共同缘由。从另一方面说，即使我们都认同协同作战可以发挥更大的影响力，我们也需要富有操作性的直接建议。我们知道，我们必须从比我们有更多历练的女性那里寻求答案了。正如玛雅·安吉鲁①生动表述过的："我确实知道某些道理，我之所以知道，只是因为比我年龄更大的女性曾经向我吐露过她们的秘密。我已经有了很多的历练，而且我还要继续生活下去，所以，我也可以将我的秘密告诉年轻的女人们。这也正是我们女人不断进步的缘由。"我们要做的就是探寻某些秘密。

然而，好的导师确实难求，指导体系的缺失，给我们这个年龄的职业女性带来了严重的问题。催化剂调查公司最近对 25 岁到 35 岁的职业女性进行的调查显示，在近期换了工作的职业女性中，有 66% 的人说，她们之所以放弃了前一份工作另谋他就，"极为重要的原因"就是为了寻求可以"获得更好的指导和培训机会"的职位。在我们这个年龄的职业女性中，有一半的人认为，缺乏导师是阻碍女性进步的首要障碍。

---

① Maya Angelou，当代著名黑人女诗人，同时也是教育家、剧作家、历史学家。

决定在这个方面有所作为以后，我们两人坐下来，罗列出了很多女性——那些足令我们钦佩，而且看起来既过着幸福美满的生活，又有令人难忘的职业经历的女性的名单，之后，我们与那些医生、律师、企业家、记者、政治家、演员以及那些"暂时搁置"自己的职业发展而专注于家庭生活的女性进行了很多次的访谈。就像我们与本书第一部中谈到的与那些二三十岁的职业女性访谈时会听到各样的"工作—生活冲突"模式一样，我们想，与本书第二部中的那些女性——那些经验更丰富而且意志也更坚定的女性的访谈同样也会了解到她们令人鼓舞的奋斗模式，结果表明，我们的猜想是对的。

我们在访谈中发现，那些女性在职业发展和个人生活中所取得的成功，没有一个是信手拈来的，但是，她们每个人抵达多维度成功的境界都遵循了类似的程序。她们的程序和奋斗过程很复杂，是将客观的自我分析、诚实和实用主义整合起来的产物。在这群成功人士中，没有一个人的职业成功是通过成为殚精竭虑的企业雇员、或者通过成为富有侵略性的政客的方式来实现的，相反，她们通过追随自己的职业激情、通过承担可承受的风险实现了自己的职业理想。同样，那些单身的职业女性并不是通过没完没了的约会寻找自己的伴侣，相反，她们是在深思熟虑地重新调整了自己需要优先考虑的议题、重新调整自己目标的过程中找到爱情的。她们中没有人最终得到了"完美"的情爱关系和婚姻关系，但是，在这些婚姻幸福美满的女性中间，很多人都认识到，欣然接受并不完美的伙伴关系才是使婚姻、爱情得以存续的关键。

这些故事给我们的启发是显而易见的："新女性俱乐部"的职业女性们都认为自己已经"拥有一切"了，她们的这种自我感觉主要源于她们对"一切"含义的重新认识和评价。而她们每个人都是在某个特定的时期开始重新认识和评价"一切"的，那个时期就是她们 30 岁左右的时候。但是，在她们中间，或许是最重要的共同点其实很简单，那就是：她们都是勇于行动的职业女性。她们从不等待，也从不耽于幻想，她们知道，美好的生活不会"随便就发生"。当这些女性走到十字路口、面临左右为难的选择困境时，她们对自己的决定和付诸的行动的正确性并不总能确定无疑，但是，最终，她们的选择都有明确目的，都对自己的选择充满乐观，而且都选择了创造。因此，我们确实可以从她们的经验中学到很多东西。

"新女性俱乐部"的精神在黛博拉·罗萨多·肖的身上体现得淋漓尽致，黛博拉·罗萨多·肖是个企业家，在南布朗克斯长大，这个地方也是全国最贫穷的选区。小时候，黛博拉·罗萨多·肖在街区的每个角落都要面临暴力袭击的威胁，这让她惊恐不已，因为黑帮既统治着她居住的街区，也在她就读的学校飞扬跛扈。但是，黛博拉·罗萨多·肖 30 岁时，已经靠奋斗成了百万富翁，在一所比她儿时幻想过的房子还要华美的住宅中养育着三个儿子。在我们对她进行的访谈中，她给我们讲述了她的奋斗经历：

我想，我们中的很多人一直在迫切地寻求清晰的奋斗之路。我们常常这样祈祷，“如果我知道我到底应该做些什么，知道应该如何去做……那么……”我们总是对自己说：“当我弄清楚了，我就会付诸行动。”我从自己的经历了解到，对一切东西都变得清清楚楚、了如指掌的那一刻的祈祷，实际上并不是对思路清晰本身的祷告，而是企望获得一个“保险单”——可以让我们看起来不那么愚蠢、不那么呆傻的“保险单”。可是，世界上根本就没有这样的“保险单”，即便你向某个自以为正确无比的方向全速狂奔，你也会有很多时候觉得自己愚蠢透顶。我就经历过。

我曾经在梅西百货的橱窗下睡过很多夜晚。实话实说，我的生活曾经困窘无比，一个星期又一个星期地担心，我怎样才能按时偿付我的按揭贷款，我拿什么养活我的孩子？我总也忘不了那种滋味。但是，我将这些风险和潦倒的经历当作了对自己的考验，后来证明，我吃的那些苦是值得的。

如果等有了清晰的思路才启程，如果指望有人告诉你应该如何去做，你注定永远也得不到答案。生活只能在行动中创造，只有行动才能为你带来清晰的思路。

所以，一方面，虽然从表面看来，我们年轻时追随的“一切皆有可能”理念可能太过理想而难以实现，但是，从另一方面来说，“一切皆有可能”恰恰可以作为我们发泄的目标。当我们长大成人时，因为一切都有可能发生，所以，发泄我们的压抑、丢弃我们虚妄的期望当然也是可能的，周密计划构建更富裕的生活、享受更有意义的生活当然也是可能的。我们在 30 岁时尚不知晓但现在我们已经明了的是，向人们宣称我们梦想的时期并不是已然溜走了，而是刚刚开始。

第六章

跳出"水到渠成"的圈套

寻找幸福，呵护"平等的伙伴关系"，对家庭的概念重新定义

X/Y 一代职业女性中的很多人以为，她们的生活将会按照某种特定的顺序依次上演：第一幕：工作；第二幕：婚姻；第三幕：生儿育女。我们中的有些人过度专注于征服第一幕中出现的挑战，根本没有意识到，除非对生活历程的几个重要阶段同时予以关注，否则，工作、婚姻和生儿育女最终会成为相互排斥的孤立环节，生活也终将与理想的境界渐行渐远。通过学习如何做出让生活更趋完满的选择，通过认识到幸福的境界并不会以传统的方式或者以预期的时间表自然降临，这些"新女性俱乐部"的成员找到了免于落入"水到渠成"圈套的有效途径。这些事业有成的职业女性没有等待"水到渠成"，相反，她们按照自己的设计，根据自身的情况，信奉并热切拥抱"从此幸福永远"的新内涵。

❖ 朱利娅·里德
《时尚》杂志、资深作家

30 岁时……

朱利娅·里德是《时尚》杂志的写手，那时候，她生活在纽约，而且还刚刚取消了婚礼。

现在……

朱利娅·里德已经成了《时尚》杂志的资深作家，从比尔·克林顿、乔治·布什、康多莉扎·赖斯等政界要人，到罗伯特·德尼罗①、芭芭拉·沃特斯和芭芭拉·史翠姗等名流，都是朱利娅·里德的采写对象。她还是《商业周刊》的特约编辑和《纽约时代杂志》（*New York Times Magazine*）的特约撰稿人，《纽约时代杂志》专为她辟出了一个食品专栏。此外，朱利娅还是财经新闻电视网（CN-BC）②《与布赖恩·威廉姆斯谈新闻》节目（*News with Brian Williamns*）和美国全国广播公司有线电视新闻网（MSNBC）的电视访谈节目《与克里斯·马修斯硬碰硬》（*Hardball with Chris Matthews*）的常客。2004 年 3 月，蓝登书屋③还将出版朱利娅·里德名为《海龟德比皇后和其他南方故事》（*Queen of the Turtle Derby and Others Southern Phenomeana*）的图书。她的生活在曼哈顿和新奥尔良之间展开。

朱利娅·里德之所以入选"新女性俱乐部"，是因为她的明智选择为职业女性展示了"从此幸福永远"的新版本。

上学时，每到代数课，我总觉得无所事事，因为我非常讨厌那个课程，所以，我和最好的朋友总是在课堂虚构我们的婚礼——事无巨细，我们要虚构所有的环节。我们罗列出了女傧相的名单，我们也知道在这种场合应该用什么样的蛋糕，知道我们应该佩带什么样的鲜花。但是，新郎始终是个大问题，因为在 8 岁、10 岁或者 15 岁时，你根本就不知道自己会和谁结婚。我想，这也是让很多女性陷入麻烦的所在，当你还是个小姑娘的时候，如果你想到婚礼的场面，恐怕新郎是最不重要的人物了，你的所有注意力都会集中在盛大而华丽的婚礼场面上。你总是这么想，在那么盛大而喜庆的场面中，你只需要让自己很漂亮，只要做那个幸福的新娘就足够了，你会忘记设想那个最重要的环节，是的，那个重要环节当然是你要和谁结婚。但是，如果你也像我一样，等了如此长的时间才最终与心爱的人携手走进教堂时，那么你最后的关注点将会是另一个地方，是的，是婚姻，而不是婚礼。

---

① Robert DeNiro，美国著名演员，人们认为他拥有精彩绝伦的演技和人格魅力，是演技派的代表人物。

② 财经新闻电视网被公认为全球财经媒体中的佼佼者，其深入的分析和实时报道赢得了全球企业界的信任。财经新闻电视网的观众大多是具有影响力的人士和企业界高层，他们不但收入丰厚，而且消费能力也高过其他电视频道的多数观众。人们认为，财经新闻电视网的观众是全球最富有、最具影响力的精英。

③ Random House，全球最大的英文图书出版商。

我 29 岁时，"险些"就结婚了，即使在我 29 岁的时候，按照有些人的标准，我也是个"老新娘"了，所以，我的婚礼确实是一件"大事"。我父母列出了他们要邀请的客人名单，我也列出了我要请的人，新郎也有自己想邀请的亲友，我们突然发现，会有 1000 人出席我的婚礼！那时候，我和我母亲每天要打上 350 次电话讨论婚礼的事情，那么多的电话让我无暇想我到底在干什么。还有，这种婚礼，尤其如果你生活在南方的话，两人浪漫的结合会成为当地的盛大社会事件，你知道，我的家在密西西比三角洲，这个地方尤以大型的婚礼狂欢而闻名。我取消婚礼那天，或者说，我告诉母亲我要取消婚礼的那天，香槟酒已经都送到我们家里了，我想，一定有好几百箱的香槟，可我们不能再退回去了，不过，我觉得这样也好，因为我可以用那些香槟酒庆祝我险些错嫁给一个男人，所以，那些酒也说不上浪费。

当你在 42 岁准备婚礼时，所有环节都会有所不同。尽管你还没有老到不能和母亲吵架的程度，不过，你的成熟确实可以让你享有某些权力。你可以说："我不想请杰克表弟和我父亲的姑妈来参加婚礼，我也不想请一辈子和我们都没有什么往来的人来参加婚礼。"

你甚至还可以修改几项重要的婚礼程序。我曾经见识过 50 岁的新娘结婚的场面，出席婚礼的客人都是四五十岁的人，这些客人中间，还有装束滑稽可笑的女傧相，可能是因为我们还年轻，但她们的样子确实让人怎么看怎么别扭。我的原则就是不邀请 12 岁以上的孩子来参加婚礼，因为我担心他们和他们的母亲会让整个婚礼看起来像一场美国夫人的化装舞会。到了这种年龄，你很清楚谁是你的亲密朋友，你的朋友们也很清楚这一点。你不必对人说："朱蒂，我想告诉你我有多么喜欢你，你一定要来做我的伴娘。"我的侄女们是在我结婚之后结婚的，当然，从她们见到我未来丈夫时起，她们就渴望参加我的婚礼了，所以，她们成了我最好的女傧相。

年龄大了以后，婚礼前的准备工作也是不同的。当你还是个孩子的时候，如果你想象自己结婚的情形，你会想到，在婚礼上，你是炫目美丽的，你纯洁、清新的皮肤像带着露水，令人艳羡。我在长大以前，总是想象自己就是那些漂亮女孩婚礼上如花似玉的新娘。所以，我想，我当然也应该以 22 岁的清纯和娇媚出现在自己的婚礼上。是的，那种感觉多好啊！所以，在婚礼前的一个月，我使用保妥适来消除眼角的皱纹，我还做了 100 万次的面部按摩美容！这么双管齐下，效果确实要好得多！我母亲结婚那天，她让头发飘出汽车窗外，好让头发快干，除了抹一点口红，她根本没化妆，可从她婚礼那天拍摄的照片上看，她依然美丽无比。可我，乖乖，光是吹风机我就准备了两个！

如果你像我一样，也有个安德烈·利昂·泰利（《时尚》杂志的自由编辑）这样的上司，那么，你选择婚纱的方式也会有所不同，但是，我想到的一件事就是，我不能穿着大大的白色婚纱在婚礼上神气活现地走来走去。最初，我想买一件真丝印花结婚礼服，我以后也可以再穿，可所有的人都说，"你简直是疯了"。他们说，你应该去新娘沙龙挑选衣服，所以，我去了卡罗琳娜·赫里拉①工作室，不过，我想，如果我在诸如伯明翰或者安娜堡一类购物中心的百货公司选衣服，恐怕也没有什么不一样，反正你马上就要成新娘了，无论你的年龄多大。他们的建议很难拒绝，毕竟，那是你从孩提时代就一直幻想着的场面，所以，我还是选了华丽的婚纱，不过，婚纱的颜色并不炫目，是淡绿色的。我觉得，还是应该这样，尽管那套衣服停留在我身上不过只有大约 30 分钟的时间。之后，我会穿上性感、圆点花纹的短款卡罗琳娜·赫里拉礼服，穿上细高跟鞋，那时候，我就可以回到真正的自我了。

婚礼举行那天，我对自己是谁的清楚认识，以及为什么我感到幸福的清楚判断，在我的头脑中一直占据显著的地位。我听到过很多新娘在婚礼上战战兢兢、紧张不安的故事，但是，当你知道自己做的事情很妥当，当你想到你的决定，尤其是想到你曾经取消过一次婚约，并且最终得到了完满婚姻的时候，你会很平静的。

我还记得我 29 岁的时候本来计划好要举办一次盛大婚礼的情景，那时候，我一直在想，自己在婚礼上会是什么样子，一直想"进入角色"，可我就是想象不出来，就是进入不了角色。当我终于能想象出一点儿眉目时，我觉得，我看到的好像是演绎别人生活的电影，那让我很不踏实。人们告诉我，她们已经不记得他们举办婚礼时的场面了，她们那时候害怕得要死。对我来说，当我真的结婚了的时候，从头到尾，所有的过程都让我觉得非常美好。人们从全球各地赶来参加我的婚礼，真的，确实是从全世界各个地方赶来的，你知道，即使你从纽约飞来，找到密西西比的格林维尔也不那么容易，但是，朋友们因为关爱我们，因为很在乎我们的幸福，所以，他们费尽周折赶来了，这让我的婚礼更富有意味。所以，当我走出去，走到比大教堂或者饭店布置得要亲切得多的前院时，我看到了聚集在草坪上的人们，一张张热情洋溢的脸庞镌刻在了我的记忆中。

想到我的婚礼，我还记得我当时想，"我真高兴现在做了新娘"。我非常庆幸自己以前没有铸成大错。在我 30 岁左右时，我看到了很多职业女性的荒诞决定，以她们的智力而言，那些决定确实很荒诞。因为她们承受不了外界的压力，所以她们决定了，但她们的决定没有经过深思熟虑的思考，她们没想过自己到底需要

---

① Carolina Herrera，卡罗琳娜·赫里拉在纽约创建的一个品牌，旗下有香水、婚纱、时装等产品。

什么，没想过自己是不是已经准备好了，没想过她们将要面对的现实。我最好的一个朋友二十多岁的时候对婚姻一点儿感觉也没有，可她并没有退一步想想。对她来说，她的那场婚姻简直是一场灾难，之后，她又结婚了，可第二次婚姻因为完全错误的判断也一塌糊涂。我还有一个很要好的朋友，我们两人当时都在纽约，她的工作非常出色，而且日子过得也很快乐，可是，她很快就要到 30 岁了，她的姐姐已经结婚而且还有了孩子，她的母亲总是向她施压，让她也像她姐姐那样，快些完婚、生儿育女。我想，她让自己的年龄吓坏了，所以，她开始和一个很好的先生约会，后来嫁给了他。但是，直到两年以后，她才发现他到底是什么样的人，后来，他们离婚了。

因为我险些也走上那条路，所以，我很清楚，人们多么容易陷入"是的，到时候了"的圈套。我的情况是这样的，我和那位先生已经相处了很长时间，为了和我结婚，他从英国搬来美国，因为我觉得我不能搬到英国去。那时候，他的事业发展得比我更好，所以，他确实为我做出了很大牺牲，这让我觉得很有愧，因为他为我完全改变了生活。问题是当他把一切都安排妥当的时候，我觉得我们的关系不能再延续下去了。但是，那时候我曾想，"我还是应该跟他结婚，因为他为我付出了一切"。感谢上帝，在"最后一分钟"，我看到了曙光，因为我敢保证，我们一定会以离婚告终的。我险些只是因为感恩和愧疚而铸成第一次婚姻的大错！

当我说取消婚礼的时候，我母亲差点为此心脏病发作，因为我必须让她解开这个"疙瘩"，所以，我给我父亲一个最亲密的朋友打电话，让这位老先生从康涅狄格州赶来说服我母亲。所有的人都认为我完全是发疯了，好像我是个麻风病人一样，他们都对我敬而远之，我身边的人也都提防着我，因为他们觉得我简直是灵魂出窍了，"如果你有个结婚的好机会，你为什么不抓住它呢？"在看过《商业周刊》的那篇"恐怖主义分子"的封面文章以后，你会觉得，人们说的是对的，那篇文章说，如果女人超过了某个年龄，那么，她结婚的几率比遭到恐怖分子袭击的概率还要小，这种论断让人们加剧了对我的费解，真是雪上加霜。反正人们都认为我是个傻瓜。但是，我父亲的那位老朋友则很聪明，他说："解脱是一种美妙的感觉，不是吗，朱利娅？"

事实上，当我在 29 岁取消婚礼时，我确实觉得自己被"刑满释放"了。我看到，我很多朋友们在此期间因为嫁错了男人而陷于混乱、痛苦的境地，所以，我对自己的决定相当满意。刚刚取消婚礼不久，我就签订了一份合同，要我写作一本南方题材的书。之后，我来到新奥尔良，搜集一位地方长官的家族素材，这是我要写的书中的一部分。到了南方以后，我才认识到我有多么怀恋那里，所以，我搬到了这儿。这个过程刚好与技术手段的进步不谋而合，虽然那时候的笔记本电脑有 100 磅重，不过，我总算可以随时随地工作了。当我到了 30 岁时，我的生活之路宽广得超乎想象，可如果我在 30 岁的时候就结了婚，恐怕我的生活现状要刻板得多，我一定是和我丈夫固守在纽约，过那种我并不渴望的生活。可现在，我在新奥尔良落脚了，而且开始自行做出重要的决定。

　　我并不是说一切都很完美，以前，我就没做出最富有浪漫色彩的选择，可是，见鬼，那是什么浪漫啊？当我把一切搞得一团糟时，我更了解自己了。我取消那次婚礼以后，疯狂地爱上了一个人，他并不是我要嫁的那种人，但是，我用了 10 年的时间才弄清这一点。当你去看心理医生的时候，他们会告诉你，除非你弄清了你的麻烦所在，否则，你永远也摆脱不了麻烦。我想，对于女人和约会来说，你第一次爱上的人通常会让你一错再错。我觉得 23 岁，甚至 25 岁的人大都不明白这一点，对我们中的大多数人来说，真正认识我们自己要花费很长的时间。令人振奋的是，当你到了 40 岁左右的时候，你可以从容地发现真正的自己。不像我们母亲那一代人，她们如果陷入困惑，可能会想："我们做错了什么？"

　　当我 30 岁时，我的生活之路变得更宽广了，因为我逃离了那条"容不得灵活性存在的清楚路径"。但是，当我到了 40 岁，我的生活变得更加丰富多彩，40 岁的时候，我正在写作那本构思了 10 年的书，我开始为《纽约时代杂志》写有关食品的专栏文章，这是我以前从来没有想到过的职业方向。我的生活很圆满，而且，我比以往任何时候都更自信，包括我开始与我的丈夫约翰约会的时候，我也是信心十足。当我返回家乡，开始做我想做的事情时，我想，我所有的那些选择都在这场婚姻中"修成了正果"。

　　从一开始我就很清楚，我的这次恋爱与以往的恋爱有所不同，而且也让我觉得更平静。当然，刚开始时，我常常感到疑惑："是的，我恋爱了，可我感觉不到，我的心也没有狂跳不止。"我的朋友们也说："我不知道，可看起来好像并不是真正的恋爱。"不久我就真想对他们说："你们根本不知道真正的爱情到底是什么，因为你们从来没有经历过，你们经历的不过是像可卡因刺激起来的冲动。"那些坠入情网的神话把我们很多人引入歧途——你不但应该在婚礼上穿白色的婚纱，而且每次你看到他都会让你心跳不止，似乎只有这样才是真正的爱情。我们对爱情充满了丹尼尔·斯蒂尔①式的和朱迪思·柯蓝兹②式的美妙幻想，可是，这种虚渺的幻想实际上与我们的日常生活毫不相关。

　　看到我认识的职业女性的生活境况，我想，35 岁是考虑结婚的适当年龄，这

---

①　Danielle Steele，美国艳情小说作家。
②　Judith Krantz，美国畅销小说作家，出身于杂志时尚栏目编辑和自由撰稿人，所以，深谙畅销书的写作之道。她小说中的女性大多极具个性，倔强、坚强、执著而率真，时常做出一些出格和疯狂的举动。

个年龄结婚，你还有时间去生儿育女。当我大学毕业时，我想到的最后一件事才是结婚。我曾经在《商业周刊》工作过，所以，我非常清楚，无论如何，我都应该做我想做的事。我觉得，我 20 岁到 30 岁期间根本不需要考虑结婚的问题。如果我不是考虑到险些嫁给他的那位先生为我完全改变了自己的生活的话，我根本就不会考虑那时候结婚的，真的，我确实没考虑。对我们来说，"此后将幸福永远"的境界不应该像我们父母那代人那样，他们有很多人是出于经济方面的考虑而结婚的，那时候，并不是所有的女性都可以找到让人兴奋异常的工作。

当有关我婚礼的文章在《时尚》杂志刊登后，我收到了很多女性读者的来信，她们在信中谈到了关于我们选择多样性的问题。有一封信是一位 22 岁的女士写来的，她说："我刚刚读完了朱利娅·里德的文章——《42 岁正当年》，真让我大吃一惊。她有那么丰富的恋爱史，可依然对婚姻心存顾虑，真让我不寒而栗。尽管我只有 22 岁，可我对婚姻也有同样的担忧。如果碰到了更好的人怎么办呢？我会不会因为已经结了婚而错失我的真爱呢？这种感觉让我惊恐，我真担心我已经做出了错误的决定。"这个女孩在结尾处写道："请不要误解我，我只有 22 岁，我不会很快就和别人走上红地毯的，不过，我还是要感谢那篇文章，它让我意识到，我拥有的幸福是什么，我会倍加珍惜的。"一位 35 岁的女士在信中说，她把那篇文章叠成了小团挂在脖子上，这样，当人们对她的永久独身说三道四的时候，她就可以立刻展开纸团予以回击了。

我们需要认识到的是，我们完全可以选择全新的、更精彩的生活方式，所以，你的生活并不会因为你没有按照你母亲的意愿结婚而变得空洞无味，意识到这一点对我们确实很重要。你需要坚持自己的信念，这样，当你做出选择的时候，你就可以确保那会是一个正确的、自主的选择，而且是有充分理由的选择了。

> ❖ **玛西娅·金格瑞**
> **"美妙世界"创办人**[①]

30 岁时……

玛西娅·金格瑞将自己在家里创办的公司的 70% 股份，约合 3000 万美元出

[①] Blissworld，创办于纽约的美容中心和美容产品销售企业。

售给了酩轩集团①

现在……

玛西娅·金格瑞每天都在开发新产品，编写产品目录，有时候也给一两个客人做面部美容，和丈夫一起愉快地生活着。

> 玛西娅·金格瑞之所以入选"新女性俱乐部"，是因为她认识到，成功的商务生活和幸福美满的婚姻生活有一个共同点：两者都需要悉心呵护。

我在事业上走得最险的一步棋，就是从"我们一起面对"——三个房间的小型皮肤护理工作室——跳跃到了"美妙世界"，"美妙世界"是有 11 个房间的温泉美容中心。我没有制订商业发展计划，因为我知道，我一旦看到那么多繁复的数字，我就会吓得打退堂鼓的。

所以，我就先干起来再说。我找了个承包商，也找好了营业场地，花了 40 万美元（那时候，我还没有那么多钱），从零开始装修 5000 平方英尺的营业场所。我还记得去买照明设备的情景，了解到我想要的那套设备要多花费 15000 美元时，我自言自语，"这就是我想要的照明设备，所以，早晚我都要买的"。我还是买了那套设备，大笔的开销几乎让我破产，但是，我相信自己的直觉，而且希望我的直觉不要将我引入歧途。我必须让自己确信，我一定能想出挣钱的办法来，以便能及时偿还买设备的借款。结果，我成功了。

在不到一星期的时间内，我的公司就从只有我一个光杆司令增加到了 60 名员工。我从来也没有真正管理过任何员工，可突然之间，我有了 25 名需要工作职责描述和工作指导的员工。其间，我还要面试按摩师、美甲师和美学家，要接待一群群来找工作的年轻人，还要不停地回电话，还要安排经理——她曾经在大型高档饭店当过前台经理助理的工作。我们所有的人没有一个人有过开办一个大型项目的经验，但是，我们的热情都很高涨，而且为我们的新事业激动不已。对我来说，最重要的是，每个人都要清楚如何妥当地为客人提供美容治疗服务。我们边干边摸索出了门路。近来，如果有人来"美妙世界"应聘的话，她们要经过一个正式得多的培训过程，在这个过程中，她们要了解公司对她们的期望、她们

---

① Moet Hennessy，Louis Vuitton（也译为莫特·轩尼诗和路易·威登集团），世界上最大的奢侈品生产商，旗下拥有许多世界知名品牌，如 LV、CD、Givenchy、Kenzo，以及 Moet & Chandon 和轩尼诗等。

的工作目标和公司的文化，以及诸如利润等企业运营的基本概念，但是，在刚开始时，我们的运作完全靠员工的自觉性。

过去 7 年来，每天都要长时间的工作确实给我的个人生活带来了很大的麻烦，我想，很多雄心勃勃的职业女性在职业发展上投入的时间太多了，所以，她们常常要面对失去平衡、和谐生活的危险。如果你总是不停地工作，你可能会想，"如果我不能把时间用在能创造价值的事情上，那么，我以后就不会有好日子过"。这种心态很容易让你陷入老套的生活模式中，从而，让你的生活索然无味，连小小的生活乐趣也享受不到。如果你不能从中走出来，很可能，你会真的永远孤寂下去。

这些天，我正试图从周一到周五把我的工作时间限定在每天 10 小时（我曾经尝试过在周末工作，我觉得这样我就可以在平时让自己休息一天了，但是，这种办法根本行不通）。当我工作时，我总是心无旁骛、全神贯注的，我不聊天，不打私人电话，也不会无所事事地发呆、空想。我的工作日可能确实过于紧张了，不过，好在时间并不很长，当我回到家里时，我觉得我已经没有再坐在电脑前处理工作的欲望了。因为我是 A 型血的人，所以，如果我没有完成当天的工作，我还是会觉得有些不安，所以，当我和丈夫在一起时，我要努力压制脑子里关于工作的种种念头，努力不打有关工作的电话，尽量不心猿意马。我时刻提醒自己我们的婚姻有多么重要，所以，当我们在一起时，我一定不能心不在焉。

我的丈夫西厄瑞直到几个月前也在"美妙世界"工作，因为在公司总有各种各样的故事发生，所以，我们在吃晚饭的时候，从来也不缺少谈资。我们的关系曾经因为工作的问题一度搞得很紧张，企业刚刚创办的时候，因为一切都要从零开始，一切都还没有章法可循，所以，我们之间激烈的讨论和争吵在所难免。现在，他已经不在"美妙世界"工作了，情况也就完全不一样了。他现在不再热衷于和我谈论我事业发展过程中所面临的挑战了，不过，我并不怪他。

我常常看到有些夫妇一起吃晚饭时一句话也没有，所以，我给自己"约法三章"，我一定要经常提出些有趣的话题，这样，我们就不会陷入无话可说的尴尬境地了。现在，结束了一天的工作以后，我总要花 20 分钟的时间浏览网上新闻，所以，我们一起吃晚饭时，总是有新鲜的话题。人们常常纳闷儿，为什么他们的日子过得那么索然无味，我想，他们还没有意识到，保持婚姻关系的鲜活和有趣是要付出努力的。如果说我可以每天花费 10 个小时来努力提升我的工作质量，那么，我为什么不能花上半小时来改善婚姻质量呢？如果你不能对你们的关系兴趣盎然，那么，你们的关系难免会索然无味；如果你认为你们的婚姻关系远比你的工作更重要，那么，你就不应该把它视为你理所当然应该享有的"馈赠"。

很显然，作为总统夫人，杰奎琳·肯尼迪在举办晚宴之前总是悉心研究客人的趣味，因此，她总能让晚宴上的交流顺畅而愉快地持续下去。虽然社交就是她的职责（确实，大部分人都无法用数小时的时间进行联谊活动研究），可是，如果我们每个人都对自己的伴侣表现出哪怕多一点点的兴趣，我想，我们也会看到离婚率显著下降的成果的。

❖ 保拉·赞恩
美国有线新闻网（CNN）主持人

---

30 岁的时候……

保拉·赞恩失业了——自行选择的"失业"。

现在……

保拉·赞恩是美国有线新闻网黄金时段节目《保拉·赞恩现在播报》拥有艾美奖头衔的当红主持人，她还主持《新闻人物》（*People in the News*）——一档美国有线新闻网与《人物》杂志联合推出的特别节目，节目广泛报道富有新闻价值的政治、体育、商界、医疗卫生和娱乐业的事件。保拉·赞恩在美国有线新闻网工作的第一天，就开始不断出现在恐怖分子对纽约世界贸易中心进行的"9·11"袭击报道中。她在进入美国有线新闻网之前，曾经在福克斯新闻频道（Fox News Channel）主持一档日间新闻节目——《与保拉·赞恩一起透视》。她还在美国哥伦比亚广播公司（CBS）新闻频道有过十年的工作历练，曾经联合主持《CBS早间新闻》，独立主持每周六播出的《CBS晚间新闻》。更早的时候，保拉·赞恩是美国广播公司（ABC）《早间世界新闻》的联合主持人和《早安，美国》节目新闻部分的主持人。1987年，她是以《健康节目》主持人的身份加盟美国广播公司的。

保拉·赞恩之所以入选"新女性俱乐部"，是因为她并不羞于承认，"拥有一切"的理想在现实生活中完全不同于杂志和电视节目所渲染的那种光艳、美妙的境界。

当我到了 30 岁时，我走到了人生的一个重要十字路口。为了按期偿付我在中西部、得克萨斯和波士顿等各地的贷款，二十多岁时，我一直在职场打拼，这段经历让我对自己的职业理想有了相当清楚的判断。30 岁时，我因为实现了自己的梦想而热血沸腾、激动不已：我在洛杉矶这个全国第五大电视节目市场成了一名主持人和记者。

正当我在职业发展的道路上全速狂奔时，我的个人生活却出现了曲折。我的工作在洛杉矶，但是，为了结婚，为了与丈夫生活在同一个城市，我得搬到波士顿。

我很清楚，我会顺利通过这个"十字路口"的，但是，就像在生活中做出的所有决定一样，这次选择也让我开始质询自己生活的完整性。有一段时间，我总在想："我真的应该放弃这份全国最好的工作吗？"即便是我的朋友们也拿不准。有些人支持我搬到波士顿，可是，也有些像我一样卖力工作的朋友说："你要去波士顿？而且还没有工作？你到那儿去干什么呢？在起居室里独自大声念报纸吗？"

尽管我对新闻事业充满激情，可我很清楚，那只是生活的一面。有一段时间，当我常外出报道自然灾害时，我总是想："当加尔维斯顿①居民都因为热带风暴的即将到来而疏散出去的时候，我会不会是城里留下的最后一个人？而且手里还在拿着麦克风？"我决定索性来一个惊险的一跳，去波士顿。

这可能是我成年以后，在工作和家庭之间平衡的问题上做出的第一个选择，然而，我是比照自己的家庭做出的决定，他们就是我的榜样。当我不到 30 岁而且觉得自己无所不能的时候，在六个月之内，我的父母相继检查出了癌症。看着我的父母遭受病患的折磨，看到他们对自己的治疗方案做出艰难的决定，我确实深受震动。在他们与病痛顽强斗争期间，我也越来越清楚地看到，家庭有多么重要，我想，如果他们没有我们全家的支持，他们两人谁都不能活下来。那段经历确实让我深受触动。

所以，我辞掉了梦寐以求的工作，打点不能再简单的行李，搬到了波士顿。

当然，因为没有任何确定的计划，尤其那是成年以后的第一次"赋闲"，再加上我没有自己的收入，没有经济独立的感觉，所以，那时候总是心神不定。然而，毫无疑问的是，我想，总有一天我还要出去工作的，因为我确信，如果我认定了要干新闻工作，我总会发现进入这个领域的途径的。

好事儿来了，我开始寻找新工作不久，就从美国广播公司新闻频道接到了一

---

① 美国得州东南部的一座城市。

个电话，他们为我在华盛顿提供了一个每周播出一次的健康节目主持人的职位。考虑到一周只要外出几天，我们觉得，这是一个可以接受的挑战，所以，我就职了。做这份工作几个月以后，他们要我做《早安，美国》节目的替补主持人。我在做这项新工作的第一周，也是我第一次在全国电视观众面前露面的那天，一架客机被劫持了，这是引起美国广播公司高管层极大关注的事件，当然也是我新职业生涯的"良机"。

一个星期五的下午，当我接到鲁尼·阿里奇办公室的传呼时，我正从里根国际机场赶回波士顿的路上。我打回电话，他说："你看，我们想在早间节目里做些调整，你可以全职参与这份工作吗？"

我还记得我当时的念头，"啊哈！那可是电视界的'皇帝'在问我要不要做这份无与伦比的工作"！一方面，这个工作机会让我兴奋得战栗不已，可另一方面，我刚刚为了和丈夫生活在同一个城市而辞掉了前一份工作，现在，我们又要为同样的问题再度做出决定了。我告诉鲁尼·阿里奇，"你的好意真让我受宠若惊，不过，你可能已经知道了，我刚刚结婚，刚刚搬来波士顿，我得好好想想"。

和我丈夫经过几轮坦诚的对话以后，我们都认为，这么好的机会不容错过。所以，实际上，我们重新又开始了一轮新生活，这次是在纽约。

我们这次的新生活并不轻松如意，我们搬到纽约让我丈夫备受折磨，这不但是因为他正处于发展事业的时期，而且，我们还准备生儿育女。有近三年的时间，理查德每天都要在波士顿和纽约之间跑来跑去。我们住在一家饭店里。在早间节目部工作，意味着我每天凌晨2:30就要去上班。

那段时间压力很大，不过，那也是让我们兴奋、激动的一个时期，那种生活方式让我们作为夫妻在很多方面一起成长、发展。那段"颠沛流离"的生活给我们的重要启示就是，适应性和耐心是婚姻完满的必要条件。我曾经为他搬到波士顿，这次，他又为我搬来纽约，当然，我们并不需要遵循不可违逆的原则，但是，这种经历开了个好头，就是当我们中的一个人走到"十字路口"时，两人一起做出决定，无论事情是大是小。

有了三个孩子以后，我现在的生活与30岁时已经完全不同了，但是，其中的有些环节依然没变，那就是我们依然要在很多事情上达成完美的平衡。我们的家庭生活有没有"运转失灵"的时候呢？当然有。人们每天的生活不可能事事顺心，生活不可能有条不紊、行云流水似的展开，但是，我从生活中得到的最重要的启示就是，你既要专注于短期利益，也要放眼未来。因为有这样的原则，所以，大的决定总是更清楚、更明确的。当你回首自己的生活历程时，你应该确切地感觉到，我享受了家庭生活的欢乐，我的事业也得到了发展，此外，我敢说，

我的生活历程让我问心无愧。

❖ 苏珊·勒弗
医学博士、肿瘤学家和作家

---

30 岁的时候……

苏珊·勒弗博士刚刚做外科医生来谋生，而医生的收入刚刚让她不必再做兼职工作。

现在……

苏珊·勒弗博士是"苏珊·勒弗博士乳腺癌研究基金会"的主席和医学指导，这是一个位于加利福尼亚圣巴巴拉①的非营利性组织，旨在彻底根治乳腺癌。她还是加利福尼亚大学洛杉矶分校大卫·格芬医学院的外科临床学教授，是服务于女性健康的多媒体公司"鲁米纳利"②的创办者和高级合伙人，同时，也是"资助母亲"运动———项旨在支持女性与乳腺癌抗争运动的倡导者，并通过在"全国乳腺癌联合会"和"'为什么是我'全国乳腺癌组织"理事会的工作，将引导女性与乳腺癌抗争的工作持续下去。1998 年，苏珊·勒弗博士被克林顿总统任命为"全国癌症顾问委员会"委员。她的著作《乳房圣经》（*Dr. Susan Love's Breast Book*），被《纽约时报》誉为"乳腺癌患者的圣经"。

> 苏珊·勒弗博士之所以入选"新女性俱乐部"，是因为她发现了如何既拥有自己渴望的家庭生活又能取得职业发展目标的途径——尽管两者都不合常规。

我的生活很像那则古老的笑话那就是，你许愿时要小心……我 30 岁时，所有的愿望就是有一个同居的伴侣，有一所由白色栅栏围起来的房子，还有孩子。当我是个女同性恋者的事情"东窗事发"时，我想，我永远也实现不了自己的梦

---

① Santa Barbara，加利福尼亚南部的一个城市，位于洛杉矶西北偏西方的圣巴巴拉海峡。。
② LLuminari，一家健康教育资讯机构，旨在利用先进的多媒体传播技术为公众提供令人鼓舞的、最新的医学信息和知识。

想了。但是，到头来，我的愿望却完全实现了——只是有一点点区别，因为现在，我有一位和我有 21 年同居经历的同性恋伴侣，我有一个十几岁的女儿，有两条狗，两只猫，还有两条金鱼，而所有这一切都在有白色栅栏围起来的房子里。

我是 40 岁的时候才怀孕的，孩子生得这么晚有几个特别的原因。首先，如果我在做实习外科医生的时候怀孕，我会被解雇的，马上解雇，一点儿商量都没有。这是最让那里的女性们懊恼的事情。我记得有人曾经对我说过："我讨厌跟女医生共事，因为我对她们大喊的话，她们会哭哭啼啼的。"我说："是吗？可如果你不对她们大喊大叫的话，或许，她们会感激你的。"他说："有意思，我可从来没想过这一点。"再有，我在参加实习外科医生聘用面试的时候，肯定会被问道的一个问题是："你用什么方法避孕？"要知道，这可不是很久以前发生的事情！所以，我连想都别想在二三十岁时怀孕。

后来，当我 32 岁时，我想，"这种情况该结束了。"我是家里五个孩子中的老大，因为别人已经有了孩子，所以，我也没有往生孩子的事情上投入多少注意力，可是，我的同性同居伴侣非常想要孩子。有一年的时间，她都在尝试怀孕，可都没有成功。后来，换成我尝试了，我成功了，我们利用的是别人捐赠的精液，人工授精。我女儿的"生父"就是我同居伴侣的堂兄。

我的家庭非常普通，比起洛杉矶的大部分男同性恋家庭来，我们的生活更接近于异性恋家庭。你知道，所有家庭的生活都要围着孩子在学校的时间表来运转，都要围着工作转，说实在的，我们的生活与其他人的生活惟一的不同就是，我晚上在床上翻身时，看到的是另一个女人，而不是一个男人。当然，我们的女儿凯特还很小的时候，我们就开始讨论，怎么告诉她这个世界有人对同性恋深恶痛绝。我们告诉她，这不是她的错，但是，有人对同性恋持有偏执的态度难道不是一件很无奈的事吗？她是个纯洁的孩子，没有任何问题。她甚至也还爱着我们，要知道，现在她已经 15 岁了，这对我们来说可是个非同寻常的成就！

最近，我又开始制订我的"著名五年计划"——这类计划从来也没有精确地实现过，在计划中，我决定，直到凯特上大学之前，我不会再这么没完没了地出差了。现在我知道了，比起他们在蹒跚学步的阶段来，孩子们的少年时期更需要你和他们多在一起，孩子的少年时代正是你把自己的价值观灌输给他们的好时机。有时候，我偶尔听到凯特滔滔不绝地说出来的东西正是我以前告诉过她的东西，所以，虽然她从不承认接受了你说的话，事实上，她还是把你说的听进去了。和蹒跚学步的孩子在一起，你更容易和他们一起度过"高质量"的时光，因为无论什么时候，你只要想和他们一起玩儿，他们都会欣然接受你。当凯特很小

的时候，如果我出差去纽约，我会在电话里给她讲睡前故事，她很喜欢那么听故事。很小的孩子见到你总会非常兴奋，而且他们总是想和你一起玩儿。但是，当小姑娘长成少女的时候，你总也弄不清她们什么时候想和你说话，所以，你需要更经常地环绕在她们左右。我想，现在我更经常地待在家里比以前要更重要。

在工作和孩子之间达成完美平衡的关键就是严格遵守日程表。你还记得每年年初坐在日历前勾画假期的情景吗？那些时间一旦确定下来，除了度假，任何其他事情也不要插进来。在事业和家庭之间巧妙地游走也一样，你也需要仔细筹划。当凯特还很小的时候，我每天都要送她去学校，再从学校把她接回家，所以，我确定的假期常常被工作给挤占了。不过，已经有好多年了，我一直坚守自己的日程表，我在最初划定的那些假期里不接受任何病人的诊断预约，除非确实是急诊。如果人们因为你对工作日程有特别的需要而不雇用你，那么，你应该坚决为自己争取合法的权益。因此，找到一个能适应自己生活的工作确实非常重要。

你必须按照自己渴望的方式来生活，我从自己的经验中得到的这个启发实际上适用于所有人的生活，无论她是异性恋者还是同性恋者。因为每次你对自己撒谎，或者明知故犯——无论是假装自己并不是同性恋者，还是假装自己并不在乎一星期工作100万个小时从而无暇照顾孩子——你都会给自己的内心刻上一道伤痕，而这些伤痕是可以产生累加效应的。但是，当你真诚面对自己的时候，尽管看似你放弃了某些机会，可你的生活一定是更美好的，之后，不同的机会自会到来，而这些机会产生的结果会更好，因为它们恰恰符合你的生活方式。试图把一个圆柱形的木栓塞进正方形的洞里，感觉永远都不会对路的。

❖ 艾里斯·克拉斯诺
　作家和记者

30 岁的时候……

艾里斯·克拉斯诺是华盛顿合众国际社（United Press International）国际特别报道的作家，擅长人物特别报道。从表面上看，她的生活充满魅力，但是，她觉得，自己错失了某些非常重要的东西。

现在……

艾里斯·克拉斯诺是四个孩子的母亲，最大的孩子 13 岁，是两本畅销书——《向为母之道投降》（*Surrendering to Motherhood*）和《向婚姻投降》（*Surrendering to Marriage*）的作者，最近，她又推出了一本名为《向自己投降》（*Surrendering to Yourself*）的新作。她的文章曾经刊登在很多全国性的出版物上，比如，《旅行》、《华尔街日报》和《华盛顿邮报》等。她还是坐落于华盛顿的美国大学的新闻学副教授。现在，艾里斯·克拉斯诺和丈夫以及孩子生活在马里兰州，并在全国范围内发表以婚姻、培养孩子以及个人成长为主题的演讲。

艾里斯·克拉斯诺之所以入选"新女性俱乐部"，是因为她为了追求自己认为更重要的事情而改变了生活。

我 30 岁时采访了约旦王后，那时，我还是单身。采访是在安曼富丽堂皇的皇宫进行的，侍者端上了冰镇橙汁，还有装在银盘子里的杏仁，那时候我想："哦！我的天啊！我真的到了天堂了！"一星期以后，我还是我，却独自站在我在乔治城小公寓的橱柜边，没滋没味地吃冰冷的中国餐。我默默地嚼着，没有电话铃响，我还记得我当时想："可我不久前不是还去过哪儿哪儿吗？"

1976 年，当我从斯坦福大学毕业时，正是女权运动进行得如火如荼的时候，我决心要在新闻领域闯出一番天地来，那是我梦寐以求的领域。28 岁时，我在合众国际社落脚了，负责采写国际特别报道，我的长项就是采访名流。我为自己的触角能够延伸到如此广泛的疆域而深感自豪，要知道，很少女性能有我这样的机会。所以，我觉得自己"大权在握"，而且对与采访对象之间的姐妹情谊忠心耿耿。

但是，我觉得什么东西让我备受折磨。我开始意识到，"我和这些知名人士见了面又能怎样呢？他们不会给我打电话约我去喝咖啡的"。他们并不是我的朋友。虽然我"开足了马力"追求职业上的发展，但是，我的内心却充满失落。有一个强大的声音一直在我脑子里回响，那就是对结婚和生儿育女的强烈渴望。

一天晚上，大概是我 31 岁时，我蜷缩在沙发上，通过电话和我在芝加哥的父亲聊天，他问我："你的工作怎么样？"我说："很好，爸爸！"

他停顿了一会儿之后说："你知道，你应该尽快考虑结婚和生儿育女的事儿了。"

我知道他是对的，但是，出于自我防卫，我还是对他说："我想那些干什么？现在，我要在全世界飞来飞去，哪个男人会受得了呢？"

这位有三个孩子的父亲温柔地说："因为家庭是生活的根本，这就是原因。"我花了颇不短的一段时间才认识到他是多么的正确。

天啊，我可真走运，我终于认识到了。我是33岁时结的婚，刚一结婚，我们就想要孩子了，因为我们看到，我们的很多朋友深受生育障碍之苦。查克和我一个接一个地生孩子，这是我们相处不久就渴望的事情，而且，我们当时也说得很明白。那是在一家杜邦商圈的餐厅里，我们在那儿喝啤酒，我想，那是我们的第三次约会。这个可爱的、让人崇敬的男人告诉我，他想在40岁之前生四个孩子。我说："我觉得你的主意很好，我们最好向着这个目标努力。"所以，我们的"座右铭"就是"40岁之前有四个孩子"，在我39岁生日两个月以后，我生下了双胞胎杰克和赞恩，我们完成了"既定目标"。

我知道那些明确表示不要孩子的女性是怎么想的，我会对她们说，"因为你们有这么确定的信念，上帝也会保佑你们的"。不过，千万不要因为觉得自己应该生孩子而生孩子。但是，对我们这种强烈渴望生儿育女的人来说，我们确实要屈从于做母亲的渴望，当然，这常意味着我们要牺牲自己的一部分事业。

现在回想起来，我觉得离开新闻界的日常工作是我做出的最明智的决定。我是因为深受压力和愧疚的反复折磨以后，才从几乎让我无暇顾及家庭生活的工作中逃脱出来的。如果你的孩子还很小，那么，你在办公室工作的一整天中，常常会担心孩子的情况，而当你回到家里时，你又会为在办公室尚未完成的工作忧心忡忡。没人能在这场让人疲惫不堪的无休止战争中获胜，有些东西必须放弃，否则，你很难确保自己的心智健全。

对于像我这么争强好胜、不甘人后的职业女性来说，放弃一份全职的工作确实很不情愿。但是，先是从名校毕业，之后，又登上了职业发展的高峰，经历了这一切之后，我终于认识到，"一切"太多了，你永远也得不到。是的，我也曾经"退缩"过——当我看到黛安·索耶在飞机上采访我也想采访的名人时，当我在《名利场》杂志上读到我也想写的文章时。但是，当我们的四个小家伙开始长成善良、富有同情心、懂礼貌的小男孩时，我从来没有追悔莫及地对自己说过："天啊！我真希望我没有从'快车道'上下来。"在我生活的这个阶段，"慢车道"恰恰是我们最好的选择。毕竟，无论你的工作有多么"大权在握"，无论你的工作有多么声名显赫，可工作就是工作，只有家庭才是一切。所以，你大可不必理会那些以不可遏止的热情在职场上狂奔的职业女性会认为你是"逃兵"。

我能告诉年轻职业女性最重要的观点就是，不要向往别人的生活，认为别人比你拥有的更多，或者认为别人比你更幸福的判断是毫无根据的，你看到的表象从来都不会是他人生活的真面目。我已经48岁了，我成年以后领悟到的就是，越敢于向自己挑战，就越能享受到充满欢乐、充满激动人心的经历，越能享受到内心平和的生活。当然，如果人们并不喜欢这样的生活方式，那是他们的问题，而不是我的问题。最重要的是，你要真实地生活——这样的生活才是你生活的原动力所在。

> ❖ 克劳迪娅·肯尼迪
> 前美国陆军少将

30 岁的时候……

克劳迪娅·肯尼迪少将正在为成为美国国家安全局情报官员接受训练。

现在……

2000 年，当克劳迪娅·肯尼迪少将从美国陆军退役时，她作为美国军方历史上的第一位三星将军而被载入了史册。这是她退役时女性在军中取得的最高军衔，时任美国陆军情报副总参谋长，统帅着分布在全球的 45000 名官兵。

克劳迪娅·肯尼迪所以入选"新女性俱乐部"，是因为她领悟到，有些女性即使没有孩子也一样感受到了"拥有一切"的境界。

女性达观的情感和自尊必须从自身获取。如果你幻想自己可以从外部获得支持，那么，你就是在浪费时间，因为无论你能否得到它们，完全是个随机事件。你应该只根据自己的兴趣来解读生活中出现的积极和消极因素，而不要将它们当作决定性的因素，如果你将它们视为生活的决定性因素，那么，你一辈子都会疲于应付。

我是 1974 年 11 月结的婚，1975 年 8 月，我开始为成为军方情报官员而接受培训，那是我职业生涯的重大转折，那次转折对我来说可远不只是有点令人畏缩，因为有很多男性在我之前已经接受了好几年的培训了，所以，那时候，我并没有觉得自己可以得到那些职位，我得补回落下的很多培训。

尽管我并不清楚在前面等着我的是什么，可我还是觉得去韩国对我的职业生涯来说是个不错的选择，但是，我已经结婚了，而且我非常希望和丈夫在一起生活。我们必须做出决定，他是跟我到我任职的地方去，在自己的事业上无所作为呢，还是暂时分开，之后去我最可能被派往的下一个地方等我。那时候，"我们怎么才能做到一起生活"的问题迫在眉睫，现在我还清楚地记得，这个问题我想了很长时间，而且权衡再三。不过我当时也想，我们会有轻易解决这个难题的机会吗？我敢肯定，那样的时机永远也不会有。我接受的每一个新职位对他来说都是一场"斗争"，因为每次他都要重新开展自己的工作，或者每次都要寻找新工作，无休无止。那时候，他已经为不能实现自己的任何职业理想而懊恼了，而且他也不想再和军人妻子"玩下去了"。

基于以上所有的理由，当我成为军方情报官员的培训即将结束，我需要和负责任务分配的官员交流的时候，我想，制订一个确保我的职业生涯和婚姻生活达成平衡的清楚"游戏规则"尤其重要。负责分配任务的官员的角色相当于职业顾问，但是，当我和他解释我的想法时，他却说，"在我们这些大男子主义的家伙们滚出军队之前，你们女人休想在军中取得成功"。他的表达非常直率，其中的意味也是显而易见的，可是，顺便说一句，他可是应该鼓舞我们所有人的人啊！他可是职业顾问啊！

不过，我很清楚，除了某些人设置的阻力以外，我还可以从其他官员那里获得某种程度的支持，我还认识一些并不像他那么极端的官员。但是，我之所以如此迷恋军旅生活，主要原因在于比起那些家伙如何看待我来，我更喜欢在军队的感觉。当然，我确实想知道谁支持我，谁反对我，但是，在我与那位分配任务的官员交流的时候，我就已经认识到了，我是否留在军队并不取决于他们，而是取决于我自己。这是让我心情舒畅非常重要的缘由。

最后，我和我丈夫还是以离婚结束了我们的关系。那不是军队的错，我们两人确实有些合不来，对我来说，他并不是我的恰当伴侣。那个阶段对我来说确实很艰难，因为我还清楚地知道，离婚意味着我可能没有机会要孩子了。如果你往回算一下就会知道，当我意识到那桩婚姻不会持续下去，最后的解体不过是时间早晚的问题时，我28岁。那时我就知道，我不会和这个人生孩子的，不过从婚姻的阴影中走出来需要几年的时间，弄清下一步的生活路径还需要几年。而那时，人们认为35岁是怀孕的最大年龄了。等我到了35岁时，我想，我到40岁时也还可以生孩子，可等我到了40岁的时候，我觉得45岁也许一样可以生孩子。我的朋友们听了15年我的这个痛苦故事。然而，我想，我之所以还留在军队，是因为我发现我的工作确实让人欲罢不能。我确信，我可以把工作做得很出色，工作结果的好坏完全取决于我，只要我勤勉地工作，结果一定会很理想。我已经认识到，努力工作并不一定会给婚姻带来好结果。或许，在我能真正享受到幸福的婚姻之前，我需要努力成熟起来。

　　我最终认识到，即便我没有自己的孩子，也可以在所有地方找到自己孩子的"替代者"，我有侄子和侄女，我的朋友们也有孩子，此外，我还可以加入到帮助那些无暇照顾自己孩子的父母的社团中去，在这种团体中，你可以代替他们承担做父母的职责，你的帮助对象既可以是年轻的士兵，也可以是有了孩子的士兵。在美国陆军，领导者的职责之一就是要确保你的下属总能得到悉心的关爱。所以，我把做些实事从而让为人父母的官兵生活更轻松当作自己的职责。我察看了部队中的情况，我想弄清楚的是，让官兵们每周七天每天 24 小时轮值却并不为他们提供看管孩子的支持是不是不近情理，这种做法说得通吗？确实没道理。所以，当我担任营指挥官时努力想改变那种局面，可没有成功，后来，当我担任旅指挥官时，我找到了一种为官兵提供孩子看护支持非常富有创新意义的方法，这让我高兴极了。

　　我是作为美国陆军历史上第一位三星女将军退役的，对此，我感到非常自豪，但是，我觉得，自己最大的成功是在实现了自己期望的时候，也就是当我思考自己的追求并一贯为之付出努力的时候。所以，我并不会因为自己在成年以后的 30 年生活中没有一个成功的婚姻、没有孩子而觉得是个失败者。经过漫长的 10 年或者 12 年以后，我才最终认识到，我的生活不可能像预想的那样发生了。现在，我又结婚了，我是 2002 年 9 月结婚的。尽管我自己没有孩子，不过，我丈夫有孩子，还有孙子，我一样可以爱他们，我觉得这样非常好。如果我和他们的关系可以在所有方面都保持得很健全、很自如而且很快乐，那么，对我来说这也是巨大的成功。

　　在我的生活历程中，我曾经不止一次地想过，"好了，就这样吧，这个时机我又错过了"。因为我错过了某些关键的时机——我认为那些时机标志着我在某些时期想要实现的阶段性目标——我这样或者那样的愿望便永远不会实现了。虽然我没能完成阶段性的标志性目标，不过，这种结果几乎总是让我给自己留下了更多的时间，用于完善自我，让我能够更深入地投身于某些事情，让我在某些领域获得更丰富的经验，后来的结果证明，更加完善的自我、对投身于其中的新事情和新领域的全神贯注，恰好是我完成下一个重大工作、取得下一个重要目标的前提。

　　我们不应该忘记的很重要的一点，就是时间是流动的。我想，无论什么时候，只有当女性觉得自己的青年时代已经结束了以后，她们才会感受到 30 岁的危机。不过，你猜怎么样？你的青年时代可能已经结束了，但是，与此同时，你也远离了中学时代的轻狂和愚蠢，而这些幼稚的轻狂和愚蠢会阻止你积累经验，会阻止你的创新欲望，也会阻碍你的创造力。在未来的日子里，你会发现，你比现在的你更美丽，你只有到了一定的年龄才能感受到那种特别的美丽。我常用鲜花这个比喻来说明那种境界。当我有一束鲜花的时候，我会两三天以后或者一周以后就把它们扔掉吗？从来不会。我不停地给它们换水，之后，从某个时候开始，我不再给它们加水，就让它们一点一点地干枯，就让它们保持那种美艳的姿态。通常，它们枯死的姿态比鲜活的样子更美丽。如果你很早就把它们扔掉，那么，实际上，你就错失了欣赏它们美丽的机会，你永远也看不到它们最美艳的姿态了。当它们变得干枯得再不能附着在枝条上时，你可以把花瓣收集到透明的瓶子里，它们的美丽将永不消逝。可是，为什么说它们干枯的美艳比怒放的姿态更美丽呢？因为那是一种别样的美——这就是原因。

第七章

冲破新玻璃屋顶

在工作—家庭的迷局中自如游走

从很多方面来说，破解"工作—生活/孩子—家庭"迷局是职业女性摆脱30岁中年危机过程中最为棘手的环节，因为这个迷局不只是我们自身要面对的问题，同时，走出这个困境还关乎我们深爱的人，关乎我们对他们的承诺，还意味着我们必须巧妙地履行我们的承诺。当我们试图冲破"新玻璃屋顶"的时候，首先要牺牲的往往就是对自己的承诺。我们在这里介绍的"新女性俱乐部"成员，既找到了履行自己对他人承诺的方法，也发现了实现对自己承诺的途径，在这个过程中，她们找到了一条介于她们的母亲曾经面对的"非黑即白"、"非此即彼"式的选择之间的"中庸之道"。对于我们这些正在穿越"工作—为人母"疆域的职业女性而言，她们弥足珍贵的启示为我们提供了行进的路线图。

❖ 玛丽·马特林
政治战略家

30 岁的时候……

玛丽·马特林是法学院一年级的学生，她在 31 岁生日到来之前辍学了。

现在……

玛丽·马特林曾经担任乔治·W. 布什总统的助手，同时，还曾担任迪克·

切尼副总统的高级顾问，她是白宫中集这两个职位于一身的唯一官员。在进入布什/切尼任期的白宫之前，玛丽·马特林在美国有线新闻网主持广受赞誉的辩论类节目《交火》。她还曾经为包括《商业周刊》和《洛杉矶时报》等在内的多家报刊撰稿，此外，她还与丈夫詹姆斯·卡维尔——1992 年克林顿/戈尔竞选的首席竞选战略家——合作出版了政坛选举畅销书《一览无余：爱，战争和总统竞选》（*All's Fair: Love, War, and Running for President*）。

> 玛丽·马特林之所以入选"新女性俱乐部"，是因为当她认识到自己的家庭更需要自己时，义无反顾地离开了在白宫中备受尊崇的职位。

到 30 岁时，我知道，我渴望参加政坛的竞选工作。但是，我可不想整天守在电话机旁，也不想像个邮局似的没完没了地处理信件，我想真正参与到大人物的竞选过程中去，我想参与到总统的竞选过程中去。

竞选的生活就像游牧民族的生活，而且看起来很幼稚，不过我很喜欢那种状态。就像竞选时面对复杂精密的重大议题一样，那些解决竞选过程中出现问题的人，他们的日常生活同样需要练达和策略，那种状态就像在研究生院学习一样。你们会生活在饭店里，你们那个"大家庭"就是竞选班底。无论是共和党全国代表大会召开期间，还是总统大选正进行得如火如荼期间，我的房间总会成为大家结束一天的工作后聚会的场所，我们会一起喝酒，吃些零食，一起抽烟。事实上，那种状态已经远不只是一个工作，而成了某种生活方式。

我们在 1992 年的总统大选中落败，我的全部社交体系和职业结构不但在那次失败中全线坍塌，而且我在大选班底中的显赫地位也在竞选领域产生了广泛的"影响"，从而，没人想聘用我。那是个让我不知所措、意乱神迷的日子，但是，我不能无所事事、自甘堕落，我要振作精神。我不能在"一棵树上吊死"，不能"一条道跑到黑"，因为我的政治观让我在政界的发展空间变得极为逼仄。

令人庆幸的是，有人给我打电话，问我是不是愿意制作一个电视节目，而这份新工作将我推向了一条完全出乎预料的新方向。我每天要主持三个小时的广播节目，每天晚上还要主持半小时的电视节目，我从来没想过会主动去做这样一份工作，不过，机会就是那么"砸"到了我的头上。之后，我结婚了，也生了孩子，一切都顺理成章地走过来了。

过去的很长一段时间，只有一次，我停止了顺遂的工作，开始充满激情地重新评价自己的职业发展前景，那就是当乔治·W. 布什在大选中获胜的时候。他改变了政党的前进道路，而他的变革让我欣欣鼓舞、激动不已。我也想作出自己的贡献，想推波助澜，想再度进入公众服务领域。我的想法是这样的："我以后再也没有机会从事这样的工作了，永远也不会有任何人像布什总统一样，能让我如此忠诚的了。"我的那个想法改变了一切。

在接受白宫的那份工作之前，有一位做了母亲的职业女性给了我非常宝贵的建议，她对我说："你必须从心底里明白，你为什么要做这份工作，因为人们会不断告诉你，你工作的转换完全是个愚蠢的决定。"我很清楚，我的新工作不可能轻松自如，确实，那是份艰苦的工作，尤其在"9·11"恐怖袭击事件发生以后，工作变得更加艰难。但是，即使是工作的压力几乎将我压垮的时候，也就是在那段上班的路上我在汽车里独自饮泣，并诘问自己"我为什么要做这样的工作"的日子里，我也总是清楚地知道问题的答案——我坚信这位总统的能力。

我的工作让我的家庭深受其累。我们不妨从最现实的角度说起：再度为政府工作让我的收入减少了90%，而我们已经有了孩子，我们必须有足够的经济条件才能保证我们的生活方式，此外，我丈夫认为，钱对我们确实是很重要的，客观地说，在我那个年龄，金钱也确实很重要。另外，我的工作时间也出奇的长，那是一个突发的变化，而且是个重大的变化。

我告诉我丈夫詹姆斯，女儿们的生活不会有任何问题，总体来说，她们的生活也确实没出现什么问题。有些母亲很赏识我们孩子的自理能力，因为我对她们的影响并不在于我一直守候在她们身边，而在于我在她们身边时的全神贯注。除非出现了重大灾难，除非因为身在绝密场所而身不由己，通常，当我回家以后，我总是不再想工作的事情，在孩子们面前总是全神贯注于她们的需要。虽然现在我已经做不到这一点了，但孩子们一直很好。

最感艰难的是詹姆斯。坦白地说，他不是21世纪的男人，他还停留在比沃尔·克莱维尔生活的年代。他的母亲很能干，而且很聪明，她比我干得要多得多，但是，你依然会有这样一种印象——她是琼·克莱维尔式的女性。我们这一代女性与你们这个年龄的女性最显著的区别在于，你们的丈夫是由严谨的职业女性带大的，所以，他们看起来很能应付棘手的事情。而詹姆斯来自南方，我们结婚时，他已经49岁了。他希望所有的事情都能按部就班地展开，所以，当情况变得远离诺曼·罗克威尔①的风格时，他会觉得无所适从、不知所措。有很长一段时间，他对家庭有些心不在焉，尽管我怀疑他可能是有意为之的。最重要的是，他能完全忍受我的工作状态，我想，他能丝毫不反对我的工作就是我能从他

---

① Norman Rockwell，美国最著名也是最受喜爱的杂志封面画家，他善于将日常生活中常见的景物描绘出独特的艺术韵味，这种风格，再加上他描绘的大都是人们熟悉的题材，从而使他的作品深受推崇。

那里得到的最大支持了。

詹姆斯和我一直试图在家庭生活上达成平衡，但是，生活中的有些事情你是没有办法"预谋"的，所以，有些事情的发生会给我们的生活带来重创。比如，我们的保姆（她从孩子出生开始就一直照看她们）去世了，这对我们来说太可怕了，她的离世让我们痛苦不堪，而且也太突然了。事实上，她已经远远不只是一个保姆了，她就像是我的"妻子"，就像我孩子们的另一个母亲，她把一切都打理得有条不紊，所以，失去她确实糟透了。我们都很爱她。

我因为工作常常不在家也让家庭生活的平衡屡遭破坏。当我要去中东10天时，我会在离家之前把一切都提前安排妥当，简直就是在我们家里上演的"斯戴普福特故事"①。但是，我没有料想的是，我们家的宠物仓鼠会在我离家期间死去，马蒂会换牙，没想到詹姆斯会觉得自己作为父亲力不从心——因为他在帮马蒂完成学校布置的一个任务时卡了壳，而且，他觉得实在勉为其难（尽管马蒂自己可以做得很好）。

经过一段时间以后，我面临的问题已经不是"我是不是能把工作做好"或者"我是不是应该拥有一切"了，而是"我怎么才能长期做好工作"了。如果我在一份工作中投入80%的精力，我想，我完全就可以把工作做得很好了，但是，当时的情况并不是那样。那时候，我的工作很重要，而我为其工作的人又是我非常推崇、尊敬和崇拜的人。迪克·切尼副总统非常有才华，他自有衡量他人能力的标准。比起我在家里的工作来，我常常觉得自己在白宫的工作力不从心，我想，那对我并不是一个适合的工作场所，此外，我觉得总是疲惫不堪。

最后，我得到了一个"真正的女性启示录"（与琼·克莱维尔完全无关），终于，我开始问自己："谁更需要我呢？"就是那时，我认识到，应该由别人来做我的那份工作了。对我的孩子们来说，我是不可或缺的，但是，对白宫而言，我则是无足轻重的。我从心底里爱我的丈夫，我想，他完全有理由享受到更好的生活。另外，我非常想和我的孩子们在一起——守在她们身边确实乐趣无穷。尽管我已经尽力而为，不过，我和孩子共度的时光实在乏善可陈，因为孩子们并不遵从我的时间表，所以，我渴望与她们更多地待在一起。

我已经50岁了，我是在42岁和45岁时生的孩子，所以，我对工作和生活的判断标准与你们是完全不同的。我确实希望自己能为切尼工作，而且这样的工作让我很有成就感，但是，我并不想让自己的职业生涯在政坛中得以发展，事实

---

① 斯戴普福特为电影《复制娇妻》故事的发生地，该片讲述了一位职业女性和丈夫搬到斯戴普福特镇以后发生的生活故事，斯戴普福特镇环境优美、邻居友好，男人整天游耍、闲谈，每位太太都笑容可掬，都对丈夫言听计从，有如机器人一般。

上，完全投身于政坛恰恰阻碍了我的职业发展。如果我的年龄像你们一样，我不知道在这种情况下我会怎么做，因为我觉得，对某种工作不能 100% 的投入会让我感到紧张异常。

你想知道解决方案吗？对于职业女性而言，如果她既想在事业上有所发展，又能兼顾家庭生活，那么，她唯一的出路就是掌控自己的时间表。你必须为自己创造性地寻求职业发展的道路，而这样的职业发展道路并不一定是以"直线"状态出现的，而所有那些目标设定和职业发展路径划定的华美言词只能让你充满虚妄的幻想，只能让你陷入混乱。

最让我振奋的是拥有自己企业的女性数量不断壮大的统计数字——这个趋势正在成为女性摆脱几乎不可调和的"事业—家庭"困境的可行解决方案。聪明的职业女性更不愿意忍受组织制度上的陈规陋习，虽然职业母亲们非常善于"一心多用"，但是，如果别人将你强力拖离你的工作，那么，任何人都无能为力。我很喜欢听到各个行业职业女性们的诘问，"为什么这个会非要开这么长时间呢？在其他环境中，我可以把事情做得好得多，也快得多"。每次我走在我居住的街区，我总能发现，这里新开了一家亚麻制品店，那里开了一家服装专卖店，那边一家鲜花店开张了——这就是幸福女性们的宣言："我曾经在别处工作，曾经做过别的事情，现在，我在做自己的事情，我在向自己证明自己的价值。"

女权运动的步伐如此之快，以至于当我们刚刚接受了新变化，并开始依照新的模式付诸行动的时候，她们的思想又变了。对可长期持续"拥有一切"途径的探索，让年轻的职业女性们焕发出了更为强大的创造力。我想，她们的探索确实太"酷"了——新的途径更有利于家庭生活，更有利于女性自身，而且为女性们拓展出了一个全新的疆域。令人遗憾的是，有些东西依然盘桓不去，那就是当事情没有按照她们的预期发展时，她们还会自怨自责。尽管我为职业女性们在其二三十岁时能够或即将取得的成就而欢欣鼓舞，不过，我们仍需要摈除我们的自责感，以便阔步前行。

❖ 特雅·赖安
美国有线新闻网（CNN）执行副总裁和总经理

30 岁的时候……

特雅·赖安在加利福尼亚的地方媒体制作电视新闻杂志。

现在……

特雅·赖安负责美国有线新闻网每天播出的新闻，其职责包括新闻节目的安排和制作的所有环节。她在 2002 年担任这一职位之前，曾经在美国有线新闻网的标题新闻频道任职执行副总裁和总经理。特雅·赖安是标题新闻频道再造的始作俑者和设计师，该频道的再造版于 2001 年 8 月播出。特雅·赖安以其杰出的工作业绩获得过包括一次艾美奖、一次有线电视 ACE 奖、几次"广播电视界美国杰出女性奖"、休斯敦奖和环境媒体奖在内的多项大奖。

特雅·赖安之所以入选"新女性俱乐部"，是因为她娴熟地掌握了很多 X 一代职业女性孜孜以求的方略——如何在养育一个新生儿的同时出色地完成工作。

我女儿阿历克西娅刚好是在美国有线新闻网标题新闻频道改版重播的前一周出生的。我还记得，我当时看着我丈夫说："我真不知道怎么才能应付这一切。"但是，当频道开播时，我就在播出的现场，而且我是在产房顺利生下女儿的。说真的，我似乎觉得那一周我经历了两次分娩。

我们可以想象一下，想象一个怀孕七个月的孕妇的状况。那是异常紧张的时期，因为你根本不知道会发生什么情况——即将临产的女人随时都可能改变自己的想法。所以，那是一种让人神经高度紧张的体验，我对待所有不确定性的方式就是保持缄默，直到临产那一刻的到来。当时，我的顶头上司吉姆·沃尔顿是唯一知道实情的人，大部分人直到我分娩那天才了解到我的情况。

我女儿实际上是在圣地亚哥出生的。星期日，我和丈夫一起飞到圣地亚哥，我女儿在星期一上午来到这个世界，星期一、星期二、星期三和星期四，我一直陪在她身边，之后又飞回亚特兰大，星期五、星期六和星期日一直在工作。改版后的标题新闻频道是星期一播出的，我在亚特兰大一直呆到星期三晚上。之后，星期三晚上我又飞到了圣地亚哥，星期四陪女儿，星期五，我们把她从医院接回了家。这期间，我丈夫一直守在女儿身边。那是我第一次也是最后一次与女儿的分离超过两夜，自那周以后，我极少离开女儿那么长时间过。

在我的一生中，那是既令人疲惫不堪又让人兴奋不已的一个星期。我紧张得几乎透不过气来。我想，我之所以顺利完成了工作，是因为前期的铺垫工作已经做好了，我有很多非常有才情的同事，他们一直保持着工作的顺利进展。我确信，我的工作是对路的，我对再造后的频道将忠实反映我的理念信心百倍。从技术上行得通吗？我不知道。会不会发生我无力掌控的情况？也许会。但是，我很清楚，我们一定会如期顺利开播的。

在电视领域，如果你想非常出色地完成工作，你应该学会的技巧之一，就是要像激光一样精准地专注于手头的工作。当你身在导播室的时候，除了导播，你不能想任何其他事情。如果有突发新闻事件，你必须全神贯注于那些事件，必须专注于每个环节，直到播出完成。那就是我投入工作的方式。这种能力给了我很多帮助。我还记得，阿历克西娅出生后几分钟，她的身体泛着些蓝色。我们来到保育室，护士把阿历克西娅放进了温箱——她的情况很快好转了，不过，他们花了差不多四个小时才把她的体温提升到正常水平。那期间，我一直守在女儿身边，我敢发誓，那四个小时以及其后的那个晚上，除了女儿，我什么都没想。

当你有了孩子以后，你的工作会更具风险。有孩子之前，你的丈夫有自己的工作，你有你的工作，你们可以等到方便的时候再到一起，但是，当你有了孩子以后，一切都不同了。因为对你真正重要的变成了家庭。你希望有能力支撑起家庭生活，同时，在工作中获得成就感也很重要，但是，当你六个月大的婴儿需要你时，你只能无条件地满足她的需求。这可不是一场公平的战斗，因为，孩子永远都是胜者。对另一个人那种不可思议的、难以言喻的强烈爱恋总会让你屈服的。不过，那是一种非常美好的屈服。你渴望与孩子在一起的那种生理上的、情感的和文化上的引力是难以抗拒的。所以，在这些情愫和工作对你的需要之间达成完美的平衡确实极为困难。我想，对大多数为人母的职业女性来说，这是她们，当然也包括我，每天都要面对的挑战。

当然，人人都会碰上不如意的日子，我不应该粉饰太平。但是，我确实很爱我的工作，我非常喜欢电视台的建筑，我喜欢编辑室，我喜欢导播室的工作程序，我想，突发新闻总是令人激动的，而且我非常喜欢制作长纪录片。我对创造性的表达有高涨的激情——这种心理就像画家一样。我还对新闻自由的力量笃信不疑，那是纪录片的灵魂。所以，对我来说，工作是令人激动的经验。

我的职业生涯总是一个惊险接着另一个惊险，我做过很多别人认为行不通的项目，也做过很多引起广泛争议和令人瞩目的项目。标题新闻频道的再造就是一个极大的冒险——要知道，我从事的是一项非常公开化的工作，要在一个非常知名的组织内进行某些非常剧烈的、非常显见的变革，你根本不可能隐藏自己的工作，你工作的成果就摆在那儿——所有的人都能看到。但是，在我的头脑中，你不再冒险的时候也就是你的创造力宣告枯竭的时候。而如果你相信自己的创造力，虽然你会经历多次成功和失败，不过，你总能切实感觉到自己生命力的

存在。

现在，我是一位母亲了，所以，我要承担的专业工作风险也有所不同了。我会尽早离开办公室，头也不回地径直走开，因为你必须相信，无论你当晚做了多少工作，总还会有更多的工作在等着你。所以，不要把自己逼得焦头烂额——放下手头的工作，回家，去照看家里人，和他们在一起。同样，这也需要专心致志。当我回到家以后，我会将全身心都扑在家庭上，但是，我必须坦白地承认，难道我的家庭生活就不会受到工作的干扰吗？恰恰相反，家庭生活从来也不会免受工作上的牵绊，至少，在每周 7 天、每天 24 小时运转的新闻业，你不能有这样的奢求。

什么东西让我获得了成就感呢？不是大奖，不是职位的升迁，也不是工作上的头衔，让我真正获得了成就感的是我做了我渴望做的事情，是我做了符合我信念的事情。在我的职业生涯中，我一直建议他人采纳某些令我激动不已的想法，我总是试图说服他们，那些创想同样对他们有利。那么，是不是我的想法总能被接受呢？当然不是。我有很多我非常想实践但不能说服老板或者公司实施的想法，但是，我做得已经足够多了，所以，我很满足，也很幸福。

❖ 伯娜丁·希利博士
《美国新闻和世界报道》的资深作家

---

30 岁的时候……

伯娜丁·希利博士是巴尔的摩约翰斯·霍布金斯大学的一位助教。

现在……

伯娜丁·希利博士曾担任过美国国家卫生研究院（NIH）、克利夫兰门诊医院①研究院、俄亥俄州立大学的医疗和公共健康学院以及美国红十字会的领导职务。"9·11"恐怖袭击事件发生后，依照总统签署的联邦应急计划，伯娜丁·希利博士领导美国红十字会为善后处理工作提供了从组织志愿者到提供血浆以及金融支持在内的多项帮助。在美国国家卫生研究院，伯娜丁·希利博士构想并发起

---

① Cleveland Clinic，是全球第二大医疗集团，也是美国俄亥俄州最大的医院。

了美国国家卫生研究院妇女健康计划，该计划是一项 6.25 亿美元的研究项目，旨在对影响中年及以上年龄女性健康的疾病进行病因研究、预防和治疗，该计划是美国历史上最大的临床研究项目，将为全国范围的女性不断提供有关女性健康的全方位资讯和疾病治疗信息。现在，伯娜丁·希利博士是《美国新闻和世界报道》的医疗、健康以及科学领域的专栏作家和资深作家，同时，在总统科学技术顾问委员会任职。

> 伯娜丁·希利博士之所以入选"新女性俱乐部"，是因为在其职业生涯中，一直在工作需要和家庭需要之间保持着长期的完美平衡——无论是在单身期间，还是结婚以后。

我一直确信，自己既可以全身心地投入工作，同时又能激情满怀地投入到家庭生活中去。对我来说，开发和利用上帝赐予我们的先天禀赋——无论男人还是女人，无论母亲还是父亲都拥有的先天禀赋——我们可以给任何婚姻关系带来积极的影响，同时，也能激发我们在事业上的进取精神。很多年前，当我即将开始自己的职业生涯时，人们普遍认为，女性的事业发展不可避免地要受到家庭生活的牵绊。对这种武断的论断，我一直不以为然，我始终不认为自己一定会陷入自怨自艾的怪圈，我总是相信，我在医疗领域的事业发展会全然不同的。如果适当地调配，一个需要与科学和社会进步的步伐保持同步的、促进他人身心健康的人道主义职业是非常有趣的。不妨看一看我和女儿以及丈夫所保持的亲密关系，我的处理方式确实很有效。

我是 34 岁时生的第一个孩子，生第二个孩子时，我 41 岁，所以，孩子的到来恰好是我事业发展的关键阶段（顺便说一句，我喜爱的工作本可以到来得更早些）。不幸的是，第一个女儿刚出生，我就离婚了，我成了单身母亲，成了家里的唯一家长。突然之间，我对工作的需要变得不容置疑了——因为我要挣钱养家。但是，后来的事实证明，就职业发展和为母之道间的平衡而言，是不是单身母亲并没有什么不同，因为我生了第二个孩子以后，情况还是一样，这个孩子是我第二次结婚（一个非常美好而幸福的婚姻）以后生下的。无论你是单打独斗，还是有伴侣在身边，你都可以在拥有美好家庭生活的同时，获得职业上的良好发展——只要你能认识到，你需要做出某些牺牲，需要全神贯注。有些事情你当然需要放弃，比如，每周去看电影的嗜好，还有一些事情，你必须不再让自己为其担心比如擦玻璃一类的事情。

几年前，一本医学杂志上刊登过这样一则故事，描写身为人母的医生所处的绝望境地。故事中说，她忙乱的一天是这样度过的：早晨起来让孩子们做好上学准备，弄些早餐，把脏衣服扔进洗衣机，一路小跑着赶去工作。之后，一天繁重的医务工作结束以后，她还要拖着疲惫不堪的身体去超市采购，要将衣服送到干洗店，再跑回家做晚饭，打扫房间，督促孩子们做家庭作业，并一直为儿子的口吃自责。天啊，确实是一个令人畏缩的"双班倒"。

做好一个职业母亲的关键，还要学会如何做一个"总经理"。你不可能做完所有的事情，做一个好妻子或者一个好母亲，并不意味着你必须亲自做每顿饭，并不意味着你要亲自洗每件衣服，也不意味着你要自己采购所有的日常用品，更不意味着如果你不能完成这一切就应该自怨自艾。你必须提前计划，只要尽力就够了，没人能把一切都做好，试图完成一切的想法是不现实的。你自然需要把一切家务事都想清楚，不过，求得他人的帮助同样很重要。因为世界上没有"女超人"。

现在，我的两个孩子一个 24 岁，一个 17 岁，这两个女孩子都能自立了。即使我不能一直守候在她们身边，我和她们的关系也极为亲密。当然，她们也并不想让我终日守在她们身边，但是，她们同时也很清楚，我和她们保持沟通的大门永远是敞开着的。你必须和她们融洽相处，而且要确保自己不要和她们疏于联络。电话、传真、电邮这类手段，让人们保持联络便捷了很多，而尽量保持沟通正是保持良好关系的关键所在。当然，你也要和她们经常面对面地交谈，也需要拥抱她们，需要和她们一起度过充满爱的时光，此外，当她们需要你时，放下手头的任何事情满足她们的需要应该是你无条件承担的义务。孩子们长大成人、远走高飞以后，他们与家庭的关系是否亲密，在很大程度上取决于他们成长过程中你和他们经年建立起来的联络和沟通方式。

每个人都应该为自己的个人生活和职业生活划定界限，无论你是否有孩子，这个原则都是适用的。我的工作从来都不是限定在每周 30 小时内的，更像是每周要工作 60 多个小时，不过，我也用一个我称之为"周末法则"的原则犒赏自己，我很少违逆这个法则：不让工作搅扰我的周末生活（同时，我在自己从事的每个工作中，也一直尊重我员工的周末）。作为一个医生，你必须随时保持待命状态，要招之即来，这很好，但是，你也必须确保自己能够得到补偿。我曾经放弃在一家常春藤联合会①大学获得名誉学位的机会，原因就是要获得那个学位需要我牺牲周末的时间，我的婉拒让那所大学的校长大吃一惊，而且他一定认为，

① Ivy League，由美国东北部八所著名大学和学院组成的一个联合组织，包括布朗大学、哥伦比亚大学、康奈尔大学、达特茅斯大学、哈佛大学、普林斯顿大学、宾夕法尼亚大学和耶鲁大学。

我之所以放弃，是因为我接受了和他们学校形成竞争态势的另一所常春藤联合会大学的邀请，他很难相信，我拒绝的真正理由是因为他们的邀请侵犯了我的"周末法则"。

保持事业发展和完满家庭生活之间平衡的另一个关键是创造力。当我第一个女儿四岁时，我接到去澳大利亚和新西兰进行一次为期十天讲座的邀请，我给邀请方打电话说，我接受邀请的惟一条件就是要带上我女儿同行。那时候，带孩子参加这么严肃的学术活动还是闻所未闻的事情，但是，我得说，邀请方做得非常出色。在那次行程中，我女儿也是我的好旅伴和好朋友，因为我在讲座之前需要先哄我的亲属入睡，所以，她让我立刻"名声大噪"。那次旅行让我充满温馨的回忆。有一天清晨，我正准备讲座时，我的小宝贝蹑手蹑脚地走进来，开始在我身边做自己的"功课"，几乎没有打扰我，后来她递给我一张用美丽的蜡笔画装饰的非常可爱的小纸片，上面写着："我爱你，妈妈。你是个痴情的人。"我想，对我的家庭而言，对我的事业而言，我确实一直是个痴情的人，而且我的痴情确实为我带来了成功。

❖ **朱蒂·布卢姆**
作家

30 岁的时候······

朱蒂·布卢姆是位居家母亲

现在······

朱蒂·布卢姆的作品已经被翻译成二十多种文字，在全球范围内，她的作品发行量超过了 7500 万册。成年人和孩子都将朱蒂·布卢姆的系列作品《主啊，你在吗？我是玛格利特》（*Are You There God? It's Me, Margeret*）、《超级谎言》（*Superfudge*）、《倾诉》（*Blubber*）、《迪妮》（*Deennie*）、《永远》（*Forever*）和《纽约时报》评选的第一畅销书《夏日姐妹》（*Summer Sisters*）视为经典。朱蒂·布卢姆还是"顽童基金"的创办人和理事，"顽童基金"是一个慈善、教育基金；此外，她还担任"反对审查制度全国作家联盟"的理事，致力于保护知识分子的自由①。

　　　　朱蒂·布卢姆之所以入选"新女性俱乐部"，是因为她发现，先生孩子后发展事业完全可行，此外，她还认识到，每个人最终都必须选择适合自己的"工作/生活/家庭"平衡方式。

　　今年，我受邀在蒙特霍利约克学院毕业典礼上发表演讲。当我准备讲稿时，我想到了一个 20 年前从这个大学毕业的女性，她的职业发展非常令人艳羡，所以，我给她发了一封电子邮件，问她："劳拉……你希望你在当时的毕业典礼上听到什么？"她的回复很快，而且语气坚决，她说，她毕业的时候，人们告诉她们，她们不但能"拥有一切"，而且必须"拥有一切"，否则，就是失败。她恳请我告诉毕业生们，她们根本不必非"拥有一切"不可，即使你没能"拥有一切"，也大可不必为此感到愧疚。我想，她是对的。

　　女性可以顺序地展开自己的生活（如果男人愿意，他们也可以）。如果你想要孩子，你就应该给自己留下生儿育女的时间，这一点很重要。有些女性可以努力在获得事业发展的同时享受完满的家庭生活，但是，如果你做不到这一点，也不要勉强自己，不要自责。自由的全部内涵就是能够自如选择对自己适合的生活方式，而且是自行选择，不要屈从于为了向他人证实"我完全可以做好这一切"的压力而选择自己的道路，不要为自己没能获得他人的认同就自认为是个失败者。

　　我的孩子们觉得我的事业发展是轻而易举的，不论我这么做是好是坏，我一直想让他们免于受到我职业上成功和失败的影响。我想，他们在成长过程中，并不怎么关心我工作上的事情。那时候，我是我们居住的那个街区中唯一有工作的母亲，不过我不想让他们觉得我和别人的母亲有什么不同。或许，孩子们之所以没受到我工作的很大影响，是因为我尽量淡化写作，因为只有在不干扰我那时候的丈夫生活的前提下，他才能容忍我继续写下去。如果我可以从头再来的话，我会让我的写作生活成为生活中更重要的一部分。20 世纪 70 年代，在我们居住的郊外社区，也包括我自己的家庭，所有的人都认为写作是我的业余爱好。有趣的

---

①　2004 年 9 月 15 日，朱蒂·布卢姆荣获美国国家图书奖的终身成就奖。以大胆描写青少年性心理而闻名的作家朱蒂·布卢姆曾经引起很多争议，她的作品因为在性爱、手淫、童贞、宗教和离婚问题上的直言不讳，被很多人认为不适合儿童阅读，因而在图书馆里受限良多，甚至屡遭封存。评论界对她的评论也大相径庭，有人称赞她诚实恳切的风格，亦有人批评她文笔拙劣。现在，朱蒂·布卢姆被推崇为"青少年性学大师"。青少年读者因为朱蒂·布卢姆贴近实际生活的生动情节与细腻的心理描述而热爱她，而且朱蒂·布卢姆将人生观与正确行为态度等教导巧妙地融合在情节中，丝毫不显说教。

是，直到现在，我还能从孩子那里收到这样的信件，他们问我："除了写作以外，你还有其他业余爱好吗？"看到这样的信件，我总是忍俊不禁，因为写作当然不是我的业余爱好，而且也不是为了好玩儿，大部分作家都会告诉你这一点的。

现在我认识到了，决心在成功中扮演的角色和天才一样重要。你可能是世界上最富才情的人，但是，除非你有坚定的决心，否则，你一定过不了不可避免要遭受到的被人拒绝的难关！我想，我当时一定是很有决心的，因为我的稿件很多次被人拒绝！我并不是受到成功的驱策才写作的，相反，我之所以坚持写作，是因为我有创造性表达的愿望和需要。如果我现在刚刚成年，我不知道我会做些什么，不过，我很清楚，一定也是在需要创造性的艺术领域里工作，还会是写作吗？对我来说，钟情于写作是因为这种工作可以在家里做，而且也不需要什么投资。我需要的所有东西不过是我在大学期间使用过的打字机，还有在脑子里盘桓了很久的故事。

有些女性看到我的生活会说，"是的，你说得对，可是，当你开始尝试写作的时候，你丈夫可以保障你衣食无忧"。确实如此。我的故事确实与那些极度渴望做些别的事情、但又不得不为如何填饱肚子而担心的人迥然不同。

你在家里做家务的同时创编故事的结构，始终是你要面对的挑战。如果你的孩子还小，那么，你就需要真正的全神贯注。当孩子和保姆在一起时，当孩子在幼儿园时，或者当孩子小睡时，如果你有两个小时可以写作，那么，在那两个小时内你必须做完该做的工作。即使是那么简短的时间，你也不能将其奢侈地用于回复电子邮件，或者付账单。但是，你没有坐在桌前奋笔疾书并不意味着你就不能工作了，我最好的想法都是离开电脑的时候想到的。对我来说，真正大有斩获的一天可能是这样的：我想到的一句话可能演绎出一个故事，或者某一个人物的声音突然在我脑子里浮泛上来。我的窍门就是马上把那句话记录下来，把那个人的声音写下来——即使只能写在面巾纸盒的侧面，或者超市购物小票的背面。否则，它们可能永远飞离我的脑子，再没有机会找回来。

只要我们还要生儿育女，只要我们还要改变自己的生活以适应孩子们的需要，女人的世界和男人的世界就永远不会相同。我知道，有些女性有促进自己事业发展的好伴侣；我知道，有些男人在家里带孩子；我知道，有些男同性恋夫妇和女同性恋夫妇在两人双双获得事业发展的同时，还能很好地养育孩子。但是，我想，当我的孩子还小的时候，我没有能力同时处理好费力劳神的工作问题，那对我来说，压力太过沉重了。

工作时，当我觉得不知所措的时候，或者觉得因为压力过重而难以承受的时候，我学会了退让，我会提示自己，我不可能马上做完所有的事情。之后，我会离开电脑，走到户外去散步。如果是家庭生活让我倍感压力，我会坐在电脑前，把门关上，让自己浸润在工作中。每位女性都有自己的节律，关键是要发现它，并听从它的指引。

❖ 苏珊·维加（SUZANNE VEGA）
　 歌手、歌词作家

---

30 岁的时候……

苏珊·维加获得了三项格莱美大奖提名，包括年度唱片奖提名。她的歌曲《鲁卡》是以一个饱受虐待的男孩的视角写成的，这首歌曲的样带被多家主流唱片公司拒绝以后，登上了排行榜的第三名。

现在……

苏珊·维加已经发行了 8 张受到广泛赞誉的个人专辑，并继续为狂热的歌迷演唱。她的《充满激情的眼睛：苏珊·维加文集》已获出版，这是一本诗歌、歌词、散文和日记等体裁作品的合集。

苏珊·维加之所以入选"新女性俱乐部"，是因为她毫不隐晦地坦承：为人母的艰辛和生儿育女的生理渴望同样势不可挡。

对我来说，30 岁是个很奇怪的年龄。我在 24 岁时就发行了首张唱片，27 岁时获得了巨大成功。30 岁时，我的第三张专辑，也是艺术风格更广泛的唱片刚刚发行，但是，发行的时机实在太糟糕了。那是 1991 年，我们和伊拉克的战争正处在一触即发的边缘。经济形势也每况愈下，我们的唱片推广巡演也不如前一张专辑那么成功。此外，我们还面临着很多新的竞争对手。在《鲁卡》走红以前，所有的人都对我说："我们不能和你签约，因为你只是一个会弹吉他的姑娘。"后来，《鲁卡》大获成功以后，所有的唱片公司都说："啊哈！太棒了！我们就需要一个会弹吉他的女歌手！"这种反差真让我难以理解。

我还很想生个宝宝。我还记得，那时候走在街上，当我看到一个孕妇的时候，想生孩子的渴望会在我体内迅速膨胀起来，我真的很嫉妒她们。想生孩子的生理性渴望袭来的时候，你会产生身体上的反应，就像饥饿的感觉一样。那种感觉的强烈程度真让我吃惊。

　　长期的旅行生活搞得我非常瘦弱，总是筋疲力尽的，而且还患上了贫血。所以，我要常常去医院，护士们总是和我打趣："你什么时候要孩子啊？"她们说："如果你现在不要，你就永远没有机会了。"还说："听着，宝贝儿，你必须现在就生孩子，因为等你 35 岁以后，那可不是好玩儿的。抓紧吧！"她们说的确实有道理，后来，我的生活真的应验了她们说过的话。

　　我母亲 24 岁之前就已经生了四个孩子。她 18 岁的时候生的我，我记得，我以前总是觉得，是我的到来影响了她的生活。所以，我想，"我可不想像我母亲那么早就生一群孩子"。因此，我一直在等，等待，一直等待——直到一股恐慌袭来，"哦！天啊！我等的时间太长了！现在，我可能根本生不了孩子了！"

　　之后，我遇到了米切尔。那时候，我 32 岁，他是我的制作人。我们的工作关系非常好，合作出奇的默契，而且我们深深地坠入了爱河，但是，他已经结婚了。我不想和别人的丈夫弄得不清不楚，所以，我一直和他保持着距离，直到他和妻子分手——我想，那是他们明智的选择。

　　我很想要个孩子，可是，米切尔刚刚与家庭和孩子分手，而且，他对此一直觉得有愧。我想，如果他还有其他选择的话，他一定不想那么快就进入到另一桩婚恋关系中去的。他更倾向于等几年再说，但是，如果我们不尽快开始，我担心再过几年，我可能就不能怀孕了。我常想，我怀孕以后一定很孱弱，像奥黛丽·赫本一样，需要长时间卧床休息，但是，后来的情况并不是那样，我很快就怀孕了，而且我的肚子大得像座房子，我强壮得像头牛，一点儿也没有病弱的迹象。现在回想起来，我当时有些操之过急了。

　　我们相遇了，之后，有了孩子，之后，我们结婚了。所有的人都说，婴儿会改变你的生活，他们确实会让你的生活发生根本性的变化。首先，瑰丽的幻想早就跑到九霄云外了，我能想到的只是："宝宝要吃东西了吗？她不想吃东西吗？我怎么才能让她吃些东西呢？"真让人束手无策。有时候，他们会闹毛病，有时候，他们很惹人烦，有时候，你就是弄不懂他们何以连续哭上 4 个小时。婴儿的需要实在让人迷惑不解，弄清他们的需要实在太难了，实在让你不知所措。我对为人母准备得如此不充分，真让我自己吃惊。

　　我们有了鲁比以后，米切尔从加利福尼亚搬来纽约和我们同住，所以，这对我们的生活来说也是个需要调适的新变化。他还保留着加利福尼亚的房子，所以，我们经常在两地跑来跑去的。在工作上，他是我非常出色的伙伴，但是，当他搬来和我们同住以后，很清楚，家务活都要由我来干了。你知道，米切尔来自一个非常传统的家庭。所以，他下午6点回家以后，会看着我问，"晚饭在哪儿？"他从来不会带着责问的口气问："我的晚饭呢，老婆？"而更像是说："晚饭怎么样？晚饭会放在哪儿呢，苏珊？"

之后，我会突然大叫："我他妈怎么知道晚饭在哪儿？"哭闹的婴儿，铃声大作的电话，漏雨的屋顶，烧焦了的锅……哦！天啊！是的，还有一份合同要谈，因为我是一个歌手。我们的生活就像《我爱露西》①，不过，远没有那么有趣。

米切尔对我暴怒的反应就是抽身离开，去工作。常常在午夜时分，谢乐尔·克劳会打来电话："嗨，米切尔睡了吗？"

"稍等一会儿……谢乐尔。"

?!?!?!?!?!?!

现在，我不想说谢乐尔·克劳的坏话，我想，她是个优秀的音乐家，而且是个很可爱的人。但是，当我留守在家里时，当我的体重增加了20磅时，当我每天试图弄清孩子为什么哭闹时，她在录音棚一定是我丈夫的美妙情人。我嫉妒她，我想再度扮演美妙情人！

把所有这些事情都打理好确实太难了。我们一起度过的最好时光就是一起旅行演出的时候。米切尔是为我伴奏的乐队的指挥，这让一切都平和下来，因为演出团体中的每个人都在靠自己的工作挣钱，我们大家在一起就像一个大家庭一样，而且各自的角色都很清楚。这种时候，我们总能一起度过很多美好时光，我们厮守在一起，一起在旅行大巴上和鲁比玩耍。但是，当我带着孩子，跟他去工作室或者录音棚的时候，一切就都不一样了。我觉得自己好像是个累赘，可是，我实在不想独自一人待在家里。这让我们的婚姻关系很紧张。

最后，我意识到，我不能带着鲁比满世界跑了，她得开始和别的孩子交往了，她需要去学校了。同时做一个艺术家、母亲和妻子真的很难。所以，我想，妻子我就不必做了吧，但我还要做母亲，还要做艺术家。我们决定分开，他又回到了加利福尼亚。

我曾经一直幻想，如果你真的爱一个人，你们会心有灵犀，而且他始终清楚你的需要是什么，你们总能预见到对方的需要，你们从来也不需要解释什么，比如，你不需要告诉对方，一整夜都在给孩子喂奶有多么疲惫不堪。否则，那个人会气得你七窍生烟。难道你就不能去厨房自己弄晚饭吗？保持婚姻关系融洽，需要比我想象得更多的交谈和更少的直觉判断。你对可能发生的事情了解得越多，

---

① The Lucy Show，美国电视史上最受欢迎的喜剧剧集，也是50年前开播的长篇剧集，曾以轻松诙谐的台词、演员极具生活化的搞笑表演，倾倒了美国一代又一代电视观众。

你们的婚姻状况越好。

现在，我花费很多时间写情爱札记。我常常告诉女儿："宝贝儿，妈妈爱你。我保证，等我演出旅行一结束，我们就要在一起玩儿，就要和你的宠物蜥蜴一起玩儿。"后来，我常常对听众们说："嘿，我不久就会推出新作品的。抱歉，我花的时间长了点儿，因为我近来忙着和我女儿一起玩蜥蜴。"有些天，我觉得我在做母亲和做歌手两件事情上都很失败，但是，随后，也会有些时期，我觉得自己把所有的事情做得都很出色。我的职业生涯可圈可点，而且我还有一个漂亮的女儿，此外，我还有一个长期保持着的情爱关系。想到这些，一切都很值得。

我在这里和大家分享的一个实用建议是：当你有了孩子以后，得到有带孩子经验的人的帮助，你会受益匪浅。我妹妹就住在街区的拐角处，我母亲住的地方离我家只有三个街区远，她们带给我的帮助真是难以置信。她们两人都有工作，所以，她们很清楚如何把工作和有孩子的家庭生活摆平。所以，如果可能，如果你和他们相处得很好，你应该住得离家近些，或者，居住在这样的社区——身边有其他有孩子的女性，而且她们知道你的现时处境，情况确实会不一样的。

❖ **阿莱莉娅·邦德尔**（ALELIA BUNDLE）
作家、记者、总经理

---

30 岁的时候……

阿莱莉娅·邦德尔刚刚离开她在国家广播公司新闻频道（NBC News）的工作去休假，她要用其后九个月的假期研究她的曾曾曾祖母沃克夫人（C. J. Walker）——美国历史上第一位女性百万富翁，她用自己的研究成果最后写成了畅销书——沃克夫人的传记。

现在……

阿莱莉娅·邦德尔是美国广播公司新闻频道设在华盛顿和纽约机构的人才培训经理。在美国广播公司和国家广播公司做过 20 年的电视制片人之后，阿莱莉娅·邦德尔在 1996 年到 1999 年期间，在华盛顿任职美国广播公司新闻频道的副总编辑职务。她受到广泛好评的作品《自己掌控：沃克夫人的生活和她那个时代》（*On Her Own Ground：The Life and Times of Madam C. J. Walker*）被《纽约时

报》评选为 2001 年度最优秀图书。阿莱莉娅·邦德尔曾获得过包括杜邦金接力棒和艾美奖在内的多项新闻奖。

> 阿莱莉娅·邦德尔之所以入选"新女性俱乐部",是因为她认识到为使工作和生活达成平衡而在两者之间划定清楚界线的重要性。

我 20 岁到 30 岁之间的大部分时间和 30 岁以后的很长一段时间都在拼命工作,很少享受个人生活,自那以后,我在工作和个人生活之间坚定地划清了界限。我知道,自己不会成为首席执行官,因为工作只是我生活的一部分,而不是全部。但是,即使你为工作和个人生活划定了一次界限,也并不意味着你可以一劳永逸了,并不意味着你不需要对很多新机会和新挑战一次又一次地做出决定了。我很清楚,如果我愿意搬到纽约生活,我在美国广播公司可以得到更多的发展机会。但是,至少现在,我还能将自己的时间在纽约和华盛顿之间有效地分配,我更想生活在华盛顿。我的理由是:多年来(确切地说是 10 年)我一直希望发现自己的如意郎君,我终于找到自己的生活伴侣时,已经 44 岁了,在这个年龄,在我生活的这个阶段,我已经非常清楚为了获得自己生活的安宁和幸福需要什么了,而你一旦弄清了自己的渴望和需要,你就知道该如何去做了。

至于平衡,哈哈!我觉得自己从来也没有真正发现过"平衡之道"。我一直(而且很可能还会)"脚踩多条船",同时做很多项目,总是想承担更多的工作,等等。过去三年来,因为在美国广播公司新闻频道工作的原因,我每星期都要离开华盛顿的家在纽约呆两天,同时,每月至少还要有两次(在 2 月份的"黑人历史月"活动期间和 3 月份的"妇女历史月"活动期间,旅行还要更频繁些)去其他城市发表演讲和参加图书签售活动。我总是在同时"抛接很多个球",所以,总是觉得我在个人生活和工作的各个方面都落在了后面。如果我有孩子,我想,我现在的生活是不可想象的。

我之所以能这样生活,而且可以驾轻就熟,应该归功于我的知心伴侣,他很善解人意,而且为我提供了很多支持,还能忍受我很少做饭、很少做其他家务活。我很喜欢的一幅漫画是大概一年前我在《华尔街日报》上看到的,画面显示,一个男人坐在办公桌前,看着一大摞文件,对助手说:"这么多的文件我从来也没弄完过,永远也不会弄完的。"我 51 岁了,我渐渐悟出了同样的道理——"我从来也干不完,永远也不会干完的。"

最后,我认为,每一位女性都要有自己对成功的定义,都要自行判定什么是"拥有一切"。我当然想有很多钱,可以让我随心所欲地花,但是,除非我中了彩票（可我一直都没玩过彩票），看起来，这种好事不会发生了；我当然想有非常充裕的时间去看书、写作和度假旅行，当然想有很多悠闲的时间每天傍晚坐在阳台上欣赏日落，但是，除非某个信托基金突然不可思议地"物化"成了时间，看起来这也不太可能发生。生活就是一系列的权衡和妥协。如果我已经养育了自己的孩子，那么，我就不能写我的书了，或者，至少我不能把书写得那么翔实、全面了，至少不能为写作进行工作量那么庞大的研究了。如果我在二三十岁就结婚了，那么，我很可能就无缘在那么多个城市居住了，而且很可能就无法取得我职业生涯早期所取得的那么多成功了。如果我没有那么坚定地为自己的生活寻求到平衡，那么，我可能就不会遇到我心心相印的伴侣了。

我很清楚，在我正式的全职工作期间，我非常高兴自己能挣到那么多薪水，非常高兴可以做那么多工作，但是，我付出的代价是丧失了足够的自由时间。在我休假写作那本书的一年半里，我为自己完全可以按照自己的节奏旅行而欣喜若狂，但是，我付出的代价是，我必须大幅紧缩自己的生活开销。在不同的时期，两种方式对我都很合适，我觉得，我可能永远都会在两者之间不断跳来跳去的。

我们再来谈谈孩子的问题：尽管因为我没结婚也没有养育自己的孩子，曾经经历过一段倍受挫败感和忧郁沮丧的时期，不过，我都挺过来了。事后看来，我想，如果我和很多同事一样把有自己的孩子看得那么重，我完全可以自己生个孩子或者领养个孩子，这并不是多么困难的决定，只是环境一直都不合适。直到现在，我也没有对目前的状态感到空虚和遗憾，再有，我可以和朋友们的孩子和孙子一起玩耍，此外，我的书和我在美国广播公司的工作也不断为我提供了引导年轻人的机会。或许，这正是我理想中的境界。

第八章

战术调整

策略、实用主义和百折不挠的神力

有时候，成功完全在于你使用的策略，在于你是否能以全新的角度来研判你所面临的挑战。这些"新女性俱乐部"的成员已经认识到，当你规划自己的职业生涯或者持续提升自己的职业生活时，常常是你解决问题的方法为你带来截然不同的结果。无论你是想追随自己的热情发展自身，而不是循着公司划定的路径前进，或者想弄清如何筹集资金，以便加入到日渐壮大的女性创业队伍中去，还是想了解坚忍不拔和"出头露面"的重要性，这些职业女性都为上述议题设定了全新的成功标准，而且她们已经在竞争激烈的职场中得到了如鱼得水般的自由发展。优秀的导师总是难求，但是，这些职业女性，包括来自好莱坞、华尔街以及来自首都的商界人士、富有创造力的梦想家和领导者，和我们一起分享了她们令人鼓舞的故事，百折不挠追求自己目标的故事，而且她们还为我们的个人发展提供了诸多教诲。在很多故事中，她们的战术和策略已经创造了我们今天可以坐享其成的良好契机。

> ❖ 杰拉尔丁·莱伯恩（GERALDINE LAYBOURNE）
> 电视网的首创者和发起人、氧气传媒公司的首席执行官

30 岁的时候……

杰拉尔丁·莱伯恩在 EPIE 协会工作，这是一家为教师提供服务的非营利性

组织。

现在……

1998 年，杰拉尔丁·莱伯恩创建了氧气传媒公司，并自公司成立起，一直担任公司董事会主席和首席执行官职务。氧气传媒公司的有线电视频道现有 4300 万家庭用户。1996 年，在《好莱坞记者》评选出的娱乐业最富影响力的 50 位女性中，杰拉尔丁·莱伯恩拔得头筹，并在《时代》杂志评选出的美国最富影响力的 25 位人士中占有一席之地。杰拉尔丁·莱伯恩在尼克公司工作了 16 年，在她的领导下，尼克儿童国际频道成为 24 小时播出节目的一流有线网络，并多次获得包括艾美奖、皮博迪奖、有线电视 ACE 奖以及"父母之选"奖等奖项在内的多项大奖①。1995 年，杰拉尔丁·莱伯恩入选"广播和有线电视荣誉纪念堂"②。她和丈夫基特有两个孩子。

> 杰拉尔丁·莱伯恩之所以入选"新女性俱乐部"，是因为她并不循着公司划定的传统路径按部就班地发展自己，而是通过追随自己的激情，为儿童电视节目带来了革命性的变化。

我一直都有为孩子们提供优秀产品的激情，这已经成了我压倒性的使命。我并不是因为喜欢电视业才进入这一领域的，我是因为想为孩子们做些事情才跻身于电视界的，我的这个出发点给我的职业生涯带来了很大的帮助。我认为，职业女性追随这样的道路，比起循着传统的职业发展途径来，取得成功的几率要大得多。

在我职业生涯的早期，一位非常聪明的年轻姑娘曾经为我工作。那时候，我处在经理级别，她是个主管，她问我，我是否想成为公司的副总裁，还问我，我觉得自己升任公司的副总裁需要多长时间。我看了看她，说，"其实，我根本不在乎这类事情。我在意的是，如何为孩子们提供优秀的产品，这是我的一贯原则，除此以外，别的事情我都不怎么想，我想，如果我专注于孩子们的事情，其他的都会水到渠成"。

---

① 尼克公司是全球儿童娱乐业的巨人，也是全球最大的传媒集团之一。公司拥有 22 年历史，是全球儿童娱乐的首选品牌。尼克儿童国际频道在美国的收视家庭超过了 8000 万。

② 杰拉尔丁·莱伯恩曾有个外号：电视女沙皇。不管人们对她这个称谓作何感想，这至少证明了她在电视界的一种权威地位。

她不解地看了看我，对我说，"如果你这么缺乏雄心，我恐怕要找其他工作了，因为我不想与一个没有任何雄心壮志的上司共事"。我告诉她，对于如何为孩子们提供优秀的东西，我志比天高，但是，我确实不怎么在乎如何为自己的职业生涯划定路径。

所以，她后来真的离开了，而且她后来在职业上的发展确实乏善可陈。我经常把这个故事告诉别人，因为她把全副精力都集中于错误的方向上了。我想，对于职业女性来说，当我们从事那些更积极而且更能产生富有建设性结果的工作时，我们比男同胞们更能焕发出工作的激情。通常，我们取得的成绩往往是协作和专注的结果，而不是竞争的结果。

对我来说，我在尼克公司工作最美妙的事情就是我拥有一个由优胜者组建起来的团队。我与所有人达成的约定就是："如果你全身心地投入到工作中来，而且不只是考虑本部门的工作，不去狭隘地考虑自己的职业发展，我向你们保证，你们将就此进入一个'总裁培训班'（我们将其称之为 PIT 项目）。"后来，安妮·斯韦尼①离开公司成了总裁，德比·毕斯（Debby Beece）离开公司成了总裁，杰弗里·达尔比（Geoffrey Darby）离开公司成了总裁，里奇·克罗宁（Rich Cronin）离开公司成了总裁，马克·罗森塔尔（Mark Rosenthal）离开公司成了总裁②。他们最终都成了总裁或者总经理——有的人任职分支机构总经理，有的人则担任公司总裁职务，我想，这都是我们当初的"约定"所带来的成果。这个约定除了可以让我们所有的人协同努力共创辉煌以外，我想，这样的约定还让职业女性感到很踏实、很舒服，因为对每个人来说，它所带来的终极结果是双赢。

我知道，我的运气好得出奇，我在最恰当的时机进入了尼克公司，但是，我想你们还应该看到，当我还是个小经理的时候，我就一直对周边的事物留意了。当有些事情需要完成的时候，无论那些事情是不是我应该做的，我总是努力去完成。我觉得，我们所有人都有比我们所认为的更出色的能力，可是，我们却在哀叹"我们干不了这个"或者"我们干不了那个"上面浪费了太多的时间。我想，我们能做的事情远远要超出我们自以为能做的事情。如果你确实专注于创造更优秀的结果，而不是只关注自己，那么，你就能征服艰险，而且最终总能得到自身

---

① Anne Sweeney，安妮·斯韦尼被《财富》杂志誉为"商界权力女性 50 强"，同时跻身《福布斯》"世界权力妇女 100 强"之列，这位商界女强人现任迪斯尼媒体部门主管。

② IPG 集团任命马克·罗森塔尔出任集团下的媒体集团董事长和首席执行官，负责旗下包括优势麦肯（Universal McCann）、极致传媒（Initiative）以及麦格纳环球（Magna Global）在内的所有机构的运营，该媒体集团 2004 年的营业额达到了 380 亿美元。

的发展。

❖ 南希·佩雷茨曼（NANCY PERETSMAN）
艾伦公司（Allen and Company）的副总裁和常务董事

30 岁的时候……

南希·佩雷茨曼是萨洛蒙兄弟公司（Salomon Brothers）的一位副总裁。单身。

现在……

南希·佩雷茨曼被《财富》杂志评选为"美国商界权力女性 50 强"之一，被《金钱》杂志评选为"金融领域最聪明的 50 位女性"之一，此外，南希·佩雷茨曼还被女金融家协会（Financial Women's Association）评选为"2001 年年度女性"。她曾经为在业界居于主导地位的媒体公司和新媒体公司主持过大宗公司交易，南希·佩雷茨曼被人们誉为华尔街的顶级投资银行家之一。南希·佩雷茨曼是普林斯顿大学的荣誉托管人，而且在新学校董事会中担任董事会副主席职务。现在，她和丈夫、女儿居住在纽约。

南希·佩雷茨曼之所以入选"新女性俱乐部"，是因为她与那些渴望加入日益壮大的女性企业家队伍的女性无私分享了自己的商务运营经验。

很多由女性运营管理的优秀企业最初是由女性创建的。如果你看看化妆品行业，你会看到其中有雅诗兰黛①和芭比·波朗②；在金融领域，有缪里尔·西伯

---

① Estee Lauder，一个由创建者的名字命名的家喻户晓的奢侈品牌。公司旗下拥有雅诗兰黛（Estee Lauder）、倩碧（Clinique）、阿拉米（Aramis）等著名护肤、化妆和香水品牌系列。
② Bobbi Brown，芭比·波朗品牌得名于其创始人的名字，在十多年的发展历程中，该品牌始终秉承着自身的哲学——"化妆是女性展示内在美的一种方式"。芭比·波朗的拥护者们常常会告诉你：一旦您拥有了芭比·波朗的 10 支口红，无论您出席何种场合，搭配何种服饰，都不会手足无措。

特①；在零售行业，有唐纳·卡伦②和莉莲·弗农③。我们看到，总有很多女性能为自己的企业筹集到资金，所以，这已经不是什么新潮流了。我们现在看到的新潮流是，取得成功的女性人数已经达到了空前的规模。当我第一次出现在华尔街的时候，我还是个"异类"，比起我的女性性别来，人们对我疑问更多的是我的"特异"和我的"与众不同"。我在这里谈到的并不是关于女性的问题，而是"你"（作为女性的你）并不属于"他们"（统辖那一领域的男性），我想，少数民族的境遇与此相同，因为这是一个由相类似的人构成的世界。

社会经过了 25 年的快速进步以后，你当然可以演绎一个完全不同的故事了。你可以成为卡莉·费奥瑞娜——她是一个非常成功的、具有典范意义的、坚韧的而且承担重大责任的首席执行官，并且她也是女性；你可以成为康多莉扎·赖斯——国家安全策略的建议者；你可以成为舍莉·拉扎勒斯（Shelly Lazarus）——奥美公司（Ogilvy and Mather）大权在握的首席执行官，她在演绎自己辉煌职业生涯的同时，还养育了几个孩子。关键是，尽管这些女性都是成功的职业女性，但是，她们又彼此各异，所以现在，你在这个群体中有多个榜样可以学习。一旦你开始追随她们的足迹，非常有趣的是，你真的会在某种程度上认同她们，你之所以认同她们，并不是因为你和她们一样同是女性，而是因为你也可以演绎出同样的故事。当然，你必须对女性创业的全景有所了解——你在看到那些取得了显赫成功的女性的同时，你也应该看到，有很多人失败了。你必须了解社会全景，现在的社会环境为下一代女性提供了充分解放的条件。

所以，现在你已经大可不必担心自己能不能做男人做的事情了，也就是说，如果你多才多艺，而且在某一领域也取得过一定的成绩，不妨考虑创建并管理、运营自己的企业。女性应该明白，资金并没有性别偏好，事实上，资金是中立

① Muriel Siebert，缪里尔·西伯特被人们誉为"华尔街第一夫人"。缪里尔·西伯特在华尔街拥有许多个"第一"：1967 年，缪里尔·西伯特以 44.5 万美元购得纽约证券交易所的一个席位，成为第一个拥有纽交所席位的女性；缪里尔·西伯特是出任州银行监察官的第一位女性；缪里尔·西伯特创办的缪里尔金融公司是美国第一家提供佣金折扣的经纪公司。后来，她在伦敦证券交易所也购得一个席位，成为继英国女王之后第二位在伦敦证券交易所拥有席位的女性。人们常说，美国商界如果缺少了缪里尔·西伯特这样一位女性，会乏味得多。

② Donna Karan，1985 年，与雕塑家丈夫斯蒂芬创立了"唐纳·卡伦纽约"（DKNY）品牌。他们把工厂设在自己的起居室里，边学边干，很快受到了瞩目。后来，公司产品的领域拓展为时装、成衣、男便装、牛仔装、男式正装、皮革制品、女内衣、靴鞋、服饰配件、香水、运动装等等。她的顾客不仅限于社会名流，更有摩登的青年人。唐纳·卡伦说："我并不是时装设计大师，而是帮助妇女解决问题的医生。"唐纳·卡伦被认为是现今最懂得建立自己事业的设计师之一。唐纳·卡伦与普通消费者保持零距离接触，是摸得着、看得见的时装大师。对男人来说，她是理想的女性：温柔、性感、天资聪颖；对女人来说，她是可以推心置腹的朋友，唐纳·卡伦自己也说过："因为我也是女人，我为自己解决问题的方法，也一定可以帮助其他女性。"

③ Lillian Vernon，也译为莉莉安·维侬，莉莲·弗农邮购公司的创始人和首席执行官。1951 年，莉莲·弗农以 2000 美元作为启动资金，把家里的餐桌当成办公桌，创建了莉莲·弗农邮购公司。到 1989 年，公司的营业额已经高达 1 亿 4000 万美元，获利 810 万美元，现已成为广为人知的零售业公司。

的，并不偏向任何性别，它只寻求才能，只看重能有效运用它的能力。

你在创业行动之前，应该先考虑几个方面的问题。如果你想"另立门户、自己单干"，你必须要有充分的理由。只是想自己做，这个理由并不充分，也就是说，你自行创业的理由不在于你自己，而在于你的产品。我总是告诉人们，奥普拉·温弗莉（Oprah Winfrey）并不是为了成功成为亿万富翁而开创自己的事业的，她之所以自己做，是因为她热爱自己的产品，是因为她擅长生产自己的产品。"我不想给大公司打工，我想创建自己的企业"，根据我的观察，这种观念并不是通向成功的路径，将你引向成功的道路是："我想做某些事情，如果我脱离大企业自己独立来做的话，会取得最好的成果。"很多企业家认识到，她们很想自行做某些事情，而且必须独立来做。

创业之前你需要考虑的第二个问题是检视现实：你和市场是不是"合拍"？你必须考虑："我只是因为对蛋糕坊充满激情就要开一间吗？我的产品是不是真的有市场？"有时候，如果你的创想足够出色，你也可以发明出一个新市场来。比如，星巴克的成功向我们表明，确实存在 4 美元一杯咖啡的市场。但是，有时候，你猜会出现什么样的结果？是的，没人在乎你的"创想"，没人理会你的"独到产品"。为了免于让自己陷入困境并最终取得成功，要么你有足够引人注目的创想和产品，要么你就要有说服别人的能力——让别人确信你有更优秀的产品可以更好地满足市场需求。帮宝适纸尿裤的成功就是个经典案例。

第三，你绝对要有幽默感和百折不挠的精神，因为你会面临很多失败。并不是所有的事情都能水到渠成，所以，成功在很大程度上说在于不言放弃。从某一个起点开始，之后，一帆风顺，直抵成功的美妙境界，我想象不出哪一个企业家可以为我们演绎出如此精彩的故事。我总是告诉人们，"最优秀的棒球选手也只能击出 300 个安打"。很显然，你在商务领域的胜算率应该比这个数字高些，但是，即使高些，也不会是 1000 个"安打"，而且你永远达不到 1000。你的正确必须多于错误，而且不能轻易放弃。成功的关键是修正错误，然后，继续前行。

❖ **玛丽·布伦纳**（MARIE BRENNER）
作家和记者

30 岁的时候……

玛丽·布伦纳是美国棒球联赛的第一位女性专栏作家，跟随波士顿红袜队

（Boston Red Sox）的比赛足迹四处旅行。

现在……

玛丽·布伦纳是《名利场》的特约作家。当彼得·菲茨杰拉德（Peter Fitz-gerald）参议员在一个参议院委员会的审议过程中引述玛丽·布伦纳的文章对某些证词提出质疑时，她对安然公司丑闻的调查结果立刻成了全国性的新闻。玛丽·布伦纳有关杰弗里·威根德①和烟草战的爆炸性文章成为 1999 年摄制的电影《局内人》（*The Insider*，也译为《内幕新闻》）的脚本，这部电影由阿尔·帕西诺（Al Pacino）和拉塞尔·克劳（Russell Crowe）主演，获得包括最佳电影在内的七项奥斯卡大奖提名。玛丽·布伦纳迄今出版了五本书，其中包括名为《伟大的女性：我从年长女性那里学到的》（*Great Dames：What I Learned from Older Women*）的畅销书，此外，她还是哥伦比亚大学新闻研究生院的副教授。

玛丽·布伦纳之所以入选"新女性俱乐部"，是因为她热心帮助其他女性更好地构想自己的目标，而且帮助她们实现自己的目标。她还与我们分享了如何在勇气和品位之间达成完美的平衡的经验。

我在 29 岁时经历了一次重大转折。事情发生在 1979 年春天的伦敦。此前，有两年时间，我一直以自由作家的身份努力工作，可是，我的工作收入也只能勉强维持我在国外的日常生活。我为《华盛顿邮报》和《纽约时报》杂志的编辑们供稿，不过大部分稿件是为唐·佛斯特写的，唐·佛斯特是《洛杉矶先驱报》一位很精明的编辑。那年 4 月，天气格外阴冷沉闷，好像一直都在下雨，这是典型的英国式阴湿寒冷天气。我和男朋友到了必须做出决断的时候，我非常想念家里的朋友们，可我身在伦敦——辉煌壮丽的伦敦，不过，对我来说，伦敦的博物馆已经没有了当初的魅力。

那之后的一天，我的电话响了，是唐·佛斯特从洛杉矶打来的。"你的口音

---

① Jeffrey Wigand，杰弗里·威根德博士是美国布朗·威廉姆逊公司前任副总裁及首席技术官，他在法庭作证时称，公司就安全卷烟的研制问题欺骗了美国的消费者。杰弗里·威根德先生在法庭作证时指出，早在前几年，布朗·威廉姆逊公司曾试图开发所谓的安全卷烟，后来由于多种原因放弃了该计划，但该公司的科研人员还是就加强卷烟的致癌性进行了大量的研究工作，并做了大量的试验。同时，杰弗里·威根德还指出，布朗·威廉姆逊公司的高层管理人员很明白，吸烟可以导致多种疾病，但是，公司并未就此事向媒体公开。

听起来有点儿怪，好像长期旅居在外的人。对了，我正在去波士顿的路上，我找到了一份新工作，在波士顿，是《美国先驱报》。那是一份曾经辉煌过一阵子的小报。"是的，奇迹就从唐·佛斯特的电话开始了。

我被分配了一个异乎寻常的独家报道任务——跟随波士顿红袜队，为报纸写一个专栏。为什么说这是一个异乎寻常的任务呢？因为1979年是允许妇女进入棒球联合总会俱乐部会所的第一年。唐·佛斯特觉得，"一个女流"可以大大提高报纸的发行量，那份报纸在新英格兰正在不断流失订阅者，波士顿又是红袜队的主场所在地，而且这里拥有红袜队的大量拥趸，他们对这支球队富有悲怆色彩的激情已经成了这个城市历史的一部分。

我对棒球一无所知，简直就是个棒球白痴。我脚蹬高跟鞋、带着珍珠项链、穿着颜色鲜亮的运动夹克衫出现在芬威体育场，哪个傻瓜会穿着高跟鞋去芬威体育场呢？很遗憾，我当时就是那个打扮。而且我说话还带着不伦不类的英国腔——那是我在伦敦生活过两年所取得的"惊人成就"，也是我的"炫耀资本"，当时，我自己觉得，我全身都透射出欧洲式的优雅。我穿着高跟鞋在芬威体育场的斜坡看台上步履蹒跚、袅袅婷婷。

自此，我的生活开始了。

整个赛季我都和球队在一起。那是我承担过的最艰巨的任务。我骨子里没有一点儿"棒球细胞"，可我突然就身陷世界一流球队的队员中，而且这又是一支最保守的棒球队。

我一周要写两篇专栏文章，不过，我的工作还算顺利。我的文章包罗万象，三垒手受伤了，一个即将加盟红袜队的运动员在加利福尼亚露面；我采访红袜队队员的妻子们；球队的首领卡尔·亚斯特列布斯基正在努力让队员击出第3000个安打和第400个本垒打。有一天，我在体育场的看台上注意到，场内似乎连一个黑人球迷也没有，我的这个观察也成了题为《在芬威体育场为什么没有黑人？》的专栏文章。为此，报纸收到了无数泄愤的信件，不过，唐·佛斯特却非常开心。

6月下旬，在扬基体育场的新闻间，我与乔纳森·施瓦兹（纽约广播界的名人和作家）不期而遇，并坠入情网。乔纳森·施瓦兹是红袜队的真正专家，连稀奇古怪的东西也了如指掌，他对红袜队的这种热情从7岁的时候就开始了。

乔纳森·施瓦兹引导并启发我像个人类学家一样地思考这支球队，我也潜心学习。1979年的棒球赛季结束时我们结了婚。我们的婚姻没有持续多长时间，但是，我们之间的友谊、对彼此的奉献和对我们女儿凯西（现在21岁了）的热爱则一直持续下来。我们两人后来都再婚了，两个家庭之间的关系不同寻常地密切。

在我们二十多岁时，20 世纪 70 年代的女性觉得自己想对所有事情都拥有发言权。这个潮流被赞颂为"说出真相"，我们则称之为"做真实的自己"。我们挣脱了胸罩的束缚，我们唤起自我意识的觉醒，我们出席集会，并改写了一代女性的历史。现在，人们越来越多地听到了另一种观点——"秋后算账"。妇女运动的历史常常是这样的：进一步，之后，退两步。你可以在 20 世纪的数十年历史中发现这个规律——每次妇女取得了进步，比如从获得选举权到职业发展的空间得到拓展，立法者的反对浪潮和道德责难就会出来向这样的进步发难。

我们生活在一个怀旧的时代。你会听到某些功成名就的女性认真地谈到想让女性"蜕变"回去的愿望，她们希望女性多听别人的，自己少说些；你会看到很多人在扮演达官显贵的情妇角色；很多人为在男人统辖的"神殿"生存而陷入权力的倾轧中。这是 2003 年，还是 1925 年？

我在 30 岁时，有意识地追随一句老话：只要显示自己的存在，你就取得了生活 90% 的成功。我让人们看到了我的存在，从而，我的生活也发生了根本的变化。作曲家科尔·波特①曾经说过："对所有的事情都说'是'。"在我看来，这个为我们献上了《夜以继日》（Night and Day）以及其他优秀作品的人说的是对的。

❖ **凯瑟琳·哈德威克**（CATHERINE HARDWICKE）
获奖影片《十三岁》（*Thirteen*）（也译为《芳龄十三》）的导演

---

30 岁的时候……

凯瑟琳·哈德威克在正在洛杉矶低成本电影拍摄现场奋力工作。她在罗杰·科尔曼（Roger Corman）的一部影片中担任布景设计师和替补导演助理，并戴着假发、穿着花衣服出演所有摩托车特技镜头。

现在……

凯瑟琳·哈德威克以其编剧和执导的故事片处女作《十三岁》获得了 2003

---

① Cole Porter，美国作曲家及抒情诗人，以其机智俏皮而又成熟的百老汇音乐剧而著名。

年美国圣丹斯电影节（Sundance Film Festival）导演奖。作为颇有成就的制片过程策划师和制景师，凯瑟琳·哈德威克在《十三岁》中采用的富有视觉冲击力的画面风格，部分源自她在很有影响力的影片中的工作经验，比如，受到广泛赞誉的由卡梅伦·克劳（Cameron Crowe）执导的影片《香草天空》（Vanilla Sky）、科斯塔·加夫拉斯（Costa Gavras）执导的《疯狂的城市》（Mad City）（也译为《危机最前线》）和理查德·林克莱特（Richard Linklater）执导的《爱在黎明前》（Suburbia），此外，戴维·拉塞尔（David O. Rusell）执导的《三条好汉》（Three Kings）（也译为《夺金三雄》）所表现出的画面张力也给凯瑟琳·哈德威克带来了很多启发（凯瑟琳·哈德威克对自己影片的处理受到了《三条好汉》的影响，《三条好汉》在表现画面深层次的动态张力方面达到了很高的境界）。《十三岁》的另一位编剧是13岁的尼姬·里德，尼姬·里德是凯瑟琳·哈德威克前男友的女儿，凯瑟琳·哈德威克与前男友保持着密切的联系。

凯瑟琳·哈德威克之所以入选"新女性俱乐部"，是因为她对任何问题从不将"不"当作答案，从而，最终以《十三岁》一片，将自己从成功的制片设计师引向了导演领奖台。

作为制片设计师，我工作的项目非常庞杂，范围也很广，每部影片的预算都大不相同。我曾经参与过卡梅伦·克劳拍摄《香草天空》的工作，那是一部大制作电影，在我负责的部分，我要管理150人的工作。戴维·拉塞尔的《三条好汉》是另一部大制作，那次合作非常愉快，让我至今自豪不已。但是，我也参与过低成本电影的制作，比如，《劳雷尔峡谷》（Laurel Canyon），那是一部艺术片，拍得非常棒，还参加过理查德·林克莱特的低成本电影《爱在黎明前》的摄制工作。这些导演都很出色，和他们在一起工作的感觉好极了，我总是从影片拍摄一开始就和他们一起坐在片场的前排。但是，当你担任制片设计师时，所有的人都把你只当成制片设计师，而不会把你看成导演。这倒不一定是什么传统，不过，他们觉得那就是你的能力，他们实在无法想象你还会做其他事情。他们认为："你很擅长你现在的工作，我们可不想再失去一个制片设计师！"

当我决定拍摄自己的电影时，我曾经和理查德·林克莱特和他的制片人安妮·沃克尔谈过，我说："我非常、非常想拍摄自己的电影，你们能帮帮我吗？"我确实以为他们会帮助我的，因为我们相处得像一个大家庭，我们一群都是得克萨斯人，而且志趣相投。可理查德·林克莱特给我的最大帮助就是说："你想拍自己的电影？好啊，去拍吧，凯瑟琳，你真的该拍自己的电影了。"我简直目瞪口呆。

后来，我想，那个卓越的天才戴维·拉塞尔至少会看看我的《十三岁》剧本，之后给我提些建议吧。但是，他们都在埋头做自己的事情，他们都太忙了，根本无暇帮助我这样一个人转换职业。然而，从另一方面说，他们确实给了我帮助，因为他们让我认识到，他们当初也是如此这般地开始的。无论是理查德·林克莱特，还是戴维·拉塞尔，他们当初拍摄诸如《懒鬼》（Slacker）和《追求金钱》（Spanking the Money）一类的低成本电影时，没人帮过他们。

我开始明白了，自己的血、汗和眼泪就是你的所有，没人会真正帮助你。这就是我所经历的。

拍摄制作一部电影就像创建自己的企业一样。首先，你要在大笔收入上做出短期的牺牲，以其作为你对自己计划的长期投入。就在我和尼姬·里德一起创作《十三岁》剧本之前，我确实得到了一份很好的工作，那是一部大制作电影，由一位杰出的导演执导。但是，我想："不，拍摄过《香草天空》和《三条好汉》以后，我会一直收到这类收入颇丰而且很有意思的工作邀请的，我之所以有这么多的工作机会，是因为我是个制片设计师，但是，如果我去做那些工作，我可能永远也没有机会拍摄自己的电影了。"所以，我谢绝了所有的工作邀请，靠自己的积蓄生活，并开始实施自己的计划，尽管我很清楚那是一个充满风险的计划。我不知道我的设想能不能最后实现，因为那是一个极大的挑战。但是，我对自己的设想笃信不疑，我想："我必须试试！"

其实，那已经不是我第一次试图拍摄一部电影了。我在理查德·林克莱特和他的制片人安妮·沃克尔那部《牛顿小子》（The Newton Boys）剧组的工作完成以后，我意识到，我一定要在自己认为有价值的电影摄制中参与工作，一定要在为这个世界提供美好情感或者宣讲重要理念的电影摄制中工作。所以，我开始一头扎进图书馆，查找坚强女性的故事。我找到了一个真实的故事，故事发生的背景是国内战争，期间，一个女孩假扮了两年男孩，这样，她就能怀抱自己的信念为北方而战斗了。我发现，这本书一直总在读者手中流传，因为可供人们研读的女英雄的书实在是少之又少。自克利奥帕特拉女王①和圣女贞德之后，我们很难觅到其他女英雄的踪影了。所以，我想，为女孩子们多提供些选择是一件非常有意义的事情。

我写出了剧本，而且我确信，根据我创作的剧本摄制影片花费会很少。影片的预算大约 900 万美元，而且还有很大的回旋余地。我绘制了一些场景图和非常

---

① Cleopatra，埃及女王，因其美貌及魅力而闻名。曾率领军队英勇征战。

有特色的建筑透视图，我还制订了拍摄地点顺序表。我拍了一系列微缩场景的镜头，我还在我的起居室搭了一个国内战争时期的帐篷。我收集了一些服装并将一些音乐片段组合到一起。我把一切都计划好了，这些都是我在大制作的影片摄制过程中曾经做过的工作，不同的只是这部影片投资更少，而且同样引人注目。那时候，我真的以为："这是个心血之作！"

但是，没人愿意投资。

所以，我随后决定，我要创作摄制费用更低的剧本。我想先找一份参加大制作电影拍摄的工作，之后，在拍摄间隙，上一个剧本创作班和表演班，同时，开始为自己的电影做构思准备，尽管那时候我还不知道那会是一部什么样的影片。

终于，我写出了另一个剧本，影片的预算在 500 万美元和 700 万美元之间。但是，人们还是对我说："你永远也找不够那么多钱拍摄自己的影片的。"我沮丧透了，但是，我一直还记得理查德·林克莱特和戴维·拉塞尔在拍摄大制作电影前摄制低成本影片的经历，我想："我不能怨天尤人，我一定要拿出低成本影片的好创意。"我要拿出一个故事流畅、有内涵而且完全令人满意的创意。

谁会想到尼姬·里德个人生活中的一个危机成了我的转机，并把我引向了自己的目标呢？当我在《劳雷尔峡谷》摄制组工作时，我注意到，尼姬·里德出了问题。这是一个我深爱着的孩子，我想和她在一起，我想帮助她，帮助她的父母，并在她所经历的无论什么样的生活中扮演一个小角色。我想让她积极向上，想让她创造些东西，而不是破坏，这就是我开始与她一起工作的原因。我们一起尝试了很多东西，从冲浪到画画，从一起上表演课到参观博物馆，是的，我们一起尝试了任何可以让她对艺术和美好生活发生兴趣的活动。后来，我们"修成了正果"，那就是我们开始一起创作《十三岁》的剧本。那是我们把事情都理顺的成果之一。

令人惊异的是，我们只用了六天的时间就写出了剧本的草稿，而且草稿已经很严密也很令人满意了。我们完成初步阶段的合作以后，尼姬·里德回学校上学去了，她上八年级，那时候是中学的冬季学期。我读着草稿想："我的老天！这太有感染力了！"我和尼姬·里德以及她的母亲和她的朋友们觉察到的文化气息在剧本中都体现了出来。我想："我一定要拍这个片子！"

我调整了偿还住房按揭贷款的计划，决定一年内不再出去工作。我不会自己出资拍摄这部电影的，但是，任何可资利用的资金都会投入到影片中去。我谢绝了很多工作邀请。我的经纪人不断给我打电话，告诉我说："谁谁谁，也就是你一直想和他合作的那个大导演打电话来邀请你。"我总是回答他："是吗？保罗，我不是不近人情，可是，我不知道你是不是理解这一点——我正在拍摄自己的电影。"而他也总是说："是的，可你不能同时也出来做这份工作吗？"我告诉他："不，我不能，我不能同时干两份工作。"

我所有的精力都集中于如何摄制完成这部电影。《十三岁》在一年之内完成了。从 2002 年 1 月 3 日我们开始创作剧本，到 2003 年 1 月，也就是一年以后，这部片子已经完成可以上映了，也就是说，我们完成了挑选演员、拍摄准备、拍摄以及剪辑等等所有的工作。对于任何一部你在电影院看到的片子来说，能在这么短的时间内完成都是难以想象的，我们的这部影片几乎创造了一个记录。但是，此前我一直是每周工作 7 天，每天 24 小时都处于工作状态的，心无旁骛、目不斜视、全神贯注。我把自己能想到的事情都做了，不只是做导演的常规工作，而是任何有助于电影摄制的想法我都会去实施："我要去拍摄一个镜头。""我要把这部片子介绍给别人。""我要学习如何剪辑，我要把学到的技巧用上。"我能想到的任何事情、所有事情，我都会去做，都不会以"不"做答。

这个过程让我想起了大概五六岁的时候自己创编、自己玩的一个小游戏，我站在房间的一头，之后，走到房间的另一头，一路走过，我会撞倒所有的东西——家具、宠物、食品还有我姐姐、哥哥和父母——撞倒任何阻挡我走过去的东西，撞倒一切就是为了走到房间的另一头，我边走边喊："没有什么可以阻止我，没有什么可以阻止我，没有什么可以阻止我！"现在，我意识到，我在这部影片的摄制过程中也坚守着同样的原则——没有什么可以阻止我。我为完成最终目标做了充分的准备，总是向着目标努力工作，我为任何变故都做好了准备。

但是，一路走来，我也确实碰到了不少很难逾越的障碍。首先就是挑选演员的问题，尤其是挑选片中重要角色特蕾西的扮演者时，最后，这一角色由埃文·雷切尔·伍德（Evan Rachel Wood）出演。起初，我们很难与任何有表演经验的演员接上头，他们的经纪人、经理人和他们的父母出于很显然而且也情有可原的理由，都不想让他们出演这部影片。没有赞助商，而且是有史以来预算最低的影片，他们从中得不到多少报酬，而我又是第一次担纲导演，此外，影片的素材和内容看起来也有很大的风险。经纪人不让埃文·雷切尔·伍德与我们接触，也不让她来试镜。

我们曾经邀请霍莉·亨特（Holly Hunter）出演该片，但是，我们碰到了同样的问题：这部片子没有赞助商，是一个光从纸面上看就前途堪忧的项目。后来，制片人迈克尔·伦敦说服了霍莉·亨特的经理，同意与我们接触。我满怀狂热的激情和乐观的期待去找那位经理，后来，那位经理被我鼓动起来，答应我他至少会说服霍莉·亨特看看剧本的。霍莉·亨特看了剧本，而且被深深吸引住了，因为那是一个她一无所知的另一个世界，最后，她同意和我会面。在洛杉矶，我是在一个星期四的下午四点得知霍莉·亨特想在第二天下午三点在纽约与我见面的。我真的开始进入挑选演员的阶段了，我自言自语："我一定要去。"我抓起小摄像机，开车直奔尼姬·里德的家。

幸运的是，尼姬·里德正好在家，我拍摄了一组尼姬·里德在卧室、起居室和厨房走动的镜头，她在摄像机前说："嗨，霍莉，我是尼姬·里德。我们爱你！请参加我们这部电影吧！"从尼姬·里德家出来，我径直去了机场，登上"红眼航班"，第二天下午，在纽约，我要面见霍莉·亨特。在霍莉·亨特面前，我拿出摄像机，打开小屏幕，对她说："嗨，这就是和我一起写剧本的那个小姑娘。这是她的家，这些是我们在电影里想要表现的场景。"霍莉·亨特停下话头，我想，她没意识到画面中真的是一个13岁的小姑娘，她没意识到是一个真实的少女为这部片子赋予了灵感，但是，她还是立刻做出了合乎情理的反应。

她对这部影片很有热情，但是依然没有答应我们的出演邀请。她说："以前，我吃尽了那些首次执导的导演的苦头。我想给我的角色加些细节，让她更丰满些，不过，我在看到那些细节落实到剧本中之前，我不会答应你的。"我在回家的航班上就开始在笔记本电脑上改写、充实情节，星期一早晨，霍莉·亨特就收到了我修改后的剧本，最后，她答应了。

我们签下霍莉·亨特以后，马上就又和埃文·雷切尔·伍德的经纪人取得了联系，我说："你真的不想让埃文出演……霍莉·亨特的女儿吗？"之后，他答应让埃文·雷切尔·伍德看看剧本。后来，埃文·雷切尔·伍德来找我，我们一拍即合，我希望她和尼姬·里德也能完全合得来。她们两人都来到我家，握了握手，大约3分钟以后，我给她们拍了些镜头。她们俩像连珠炮似的说个不停，立刻打成一片，她们之间的默契非常生动，两人都很兴奋，对对方的感觉都很好。这种情景让我很激动，我想："现在，我一定能成功拍摄这部片子了！"我很清楚，这部影片一定能拍好。

但是，我们还面临着其他问题，包括资金的问题。我们的一位制片人杰夫·利维—辛特说，他可以筹集到100万美元，但是，我们还需要更多的钱，我们在开拍之前，甚至在与霍莉·亨特签约之前，需要的资金就不只这个数，那种情况确实很艰难。我曾经和一家名为"演职员字幕"的独立制片公司合作过，迈克尔·伦敦（我们这部影片四个制片人之一）也曾与他们合作过，所以，我们想从他们那里筹些钱，至少，我们可以靠那些钱开机了。我们请他们拿出50万美元入股，奇迹发生了，就在我们开机之前，他们同意了。

即使这部影片的摄制到了那个阶段，我每天依然至少要哭20分钟。我不知道为什么，不过，我并不羞于承认这一点。我就是那么一下子泪流满面的，你知道，我依然承负着难以想象的压力，而且我不知道我到底是不是个傻瓜。我很多朋友拍摄的影片都无疾而终了，那些片子从来没有公映过。我们从经验都知道，拍电影的时候，任何事情都可能发生，影片摄制期间，尽管不是你的错，但很多事情可以让你彻底垮台。有人会生病，明星可能会摔断腿，确实，任何事情都可能发生。所以，影片摄制完成并且看起来还不错确实是个奇迹。我知道，拍这部片子是个很大的冒险，但是，我确实对她充满了期待。我还相信，只要我努力工作，只要我努力想到所有的环节，我就一定能拍摄成功。

我还想倾听他人的想法，这对我可是个很重要的环节。我通过参加一个即兴喜剧表演班来学会倾听他人，确切地说，这个表演班改变了我的生活。因为从这个表演班开始，我不再只专注于自己的想法，而是更多地倾听别人的想法。我认识的有些人说："我知道凯瑟琳做过很多制片工作，也了解影片的摄制过程，可她知道怎么与演员协同工作吗？"所以，我开始暗中参加一些表演班，让自己与陌生人打交道，并强迫自己登上舞台，勉为其难地参加表演。尽管我并不想成为一个演员，不过，我还是强迫自己那么做，这个过程改变了我的一切。比如，表演课教的"梅斯纳"表演技巧就是教你如何倾听他人的，是教你如何理解他人对你说的话做出反应的。出于某些奇怪的原因，我却从来也没有"进入过角色"，就像我小时候"没有什么可以阻止我"的游戏一样，我需要先有一个念头，之后，假设这个想法可以实现，只有这样，我才能"进入角色"，因为这时候，我的心脑是默契合一的。

表演课上还有一种练习叫做"是的，不过……"的即兴表演，就是如果有人走向你，对你说："嘿，我很喜欢你的蓝头发。"如果你回答说："我哪儿有什么蓝头发呀？你真是个蠢货，你是不是该换眼镜啦？"那么，你就是在"否定"他们说过的话，这样，幽默感就完全消失了，本来可以演绎成幽默小品的表演就可能演化为一场争论或者就此终结。不过，如果你说："是的，不过……我更喜欢你这个游泳池造型的绿头发。"突然间，蓝头发和绿头发都成了很神奇的东西，当然，这段表演也可以继续精彩下去了。通过认可和接受别人的话头，通过协作和配合，荒诞的事情就此转化成了非常有意思的结局。

我把这个在表演课上学到的"是的，不过……"式的思考方式也应用到了我的电影摄制中。当我们正在拍摄期间，有很多次，人们找到我说，有些事情根本做不了。比如，他们会说："7 分钟以后孩子们就走了，今天这个镜头你还有 7 分钟的拍摄时间，我们没有获得在这条街上拍摄的许可，所以，汽车不能开走。我很抱歉，不过，事情只能这样了。"如果我在那 7 分钟的时间里说："为什么那辆汽车不开走?"或者,如果我停下手头的工作,责问他为什么不提前弄到拍摄许可,或者,如果我问他为什么那些女孩子得提前离开,这些对话可能就要占宝贵7分钟时间中的5分钟,而且,到头来,你还是根本没拍成那个镜头。所以,我会说:"我知道了,是的,不过……我还是有7分钟的时间的,汽车不开走没关系,我一定要让你看到,这是你从来也没见过的效率最高的7分钟!"在某种程度上说,这是我在影片摄制过程中每天都要平衡的事情,甚至每小时都会碰到类似的问题。

你可以强调客观,放慢节奏,不过,你也可以说服别人,或者,你还可以说:"就是在这种条件下,我也要做出好东西来。"这就是那部影片产生的精神力量。在《香草天空》摄制期间,曾经有一次,我边站着喝咖啡,边接受一位专职女按摩师的按摩。说实话,在那部影片中,单单是美术部门的开销预算差不多就有《十三岁》全部预算的四到五倍。所以,我们想最大限度地利用每一秒钟的时间,我们想抓住所有的机会,看到影片时,你也可以从中感觉到那种激情的。你被某种力量驱策着,你完全沉浸在其中。演员根本没有时间在跟随拍摄的房车里休息。我想,正是那种激情和紧迫感帮助这部影片早日获得了公映。

❖ 阿莱莉娅·邦德尔
　作家、记者、总经理

关于阿莱莉娅·邦德尔的个人背景,请参见第161页。

阿莱莉娅·邦德尔之所以入选"新女性俱乐部",是因为她一直不遗余力地帮助女性获得事业上的发展,是因为她聪慧地看到自己的未来在于发现家族的过去。她之所以引人注目还在于她告诫我们,沿着又远又曲折的求索之路前行时,百折不挠是抵达成功佳境的关键要素。

如果我在30岁时就知道马丁·路德·金说过的那句话就好了,他曾经说过,"苍穹的跨度虽然很长很长,但它会向正义弯下身躯"。如果我们的年龄足够大,如果我们冒过很多风险,那么,不可避免地,我们都会在我们的个人生活和职业生活中遭遇很多障碍,但是,经验告诉我,正义通常总能战胜权势。回想过去的经历，虽然并不是必然，不过那些让我的生活陷入暂时困境的无能老板或者充满敌意的同事确实总能看到，我挺过了困境，我在继续前行，而且到达了我为自己设定的目标。逆境使人更坚强，确实如此。我并不是说遭受困苦是多么有趣的经历，也不是说我们要刻意追求困境，但是，随着时间的推移，你需要寻找到翻越和征服"路障"的方略，而一旦你获得了胜利，那种喜悦确实难以言表。

20 世纪 70 年代后期，作为国家广播公司设在休斯敦分支机构的年轻制片人（那时候，我不到 30 岁），最初的两年，我工作在一个非常优秀的团体中：一位分支机构领导、一位记者、一位制片人、一个摄制组还有几位编辑，他们都很有才情，而且愿意指导我、帮助我学习业务。直到今天，我依然将自己成了一个有竞争力的新闻制片人的成果归功于他们。感谢上帝，我与他们共事的经历给我带来了非常积极的影响，因为我在休斯敦最后一年的经历委实痛苦不堪，那时候，他们都被派往其他分支机构了。当时，分支机构的领导被另一个人取代了，那个人是被降级使用的，他从芝加哥分支机构（更大的机构）的领导职位被贬到休斯敦分支机构（小得多的机构）。更糟糕的是，这位白人老板在芝加哥是被国家广播公司历史上的第一位黑人女领导取代的，这样的职位变化一定让他的自尊深受打击。

从他就任那一刻开始，我们的冲突就没有中断过。我以前从来也没经历过如此强的工作压力。我开始在睡梦中咬牙，那时候我吸烟，与他的冲突让我的吸烟量从每天一包增加到一包半。值得庆幸的是，我从商的父亲给我提供了挺过困境的指导，他提醒我，只要坚持最出色地完成自己的工作就可以了。与此同时，我也极尽努力转变自身的状况。我吸最后一支烟的时候是下定了这样的决心的：我决不会为了这个蠢货杀了我自己！终于，新机会来了，我调到了亚特兰大，在那里，我愉快地度过了五年时光。往事不堪回首。后来，那个休斯敦的领导因为在职业上的发展乏善可陈而被人们淡忘了，我则在一直前进。那段经历确实毫无乐趣可言，不过，我常常用这个故事告诉那些在事业上遭受挫败的年轻人，他们完全可以挺过来，他们最终能取得胜利。正如人们常常说到的，"机会在于自己把握"。

❖ 琳达·查维兹（LINDA CHAVEZ）

报业辛迪加的专栏作家、"机会均等中心"（The Center for Equal Opportunity）主席。

30 岁的时候……

琳达·查维兹刚刚休完生第二个孩子的产假（四个星期）回去工作，时任卡特政府卫生教育福利部的政治特派员。

现在……

琳达·查维兹担任"机会均等中心"主席职务，该中心是设在华盛顿的一家研究公共政策的非盈利组织。她为报业辛迪加撰写的专栏文章每周都刊登在全国的报纸上，同时，她还担任福克斯新闻频道的政治分析家。琳达·查维兹曾担任过多项政治职务，包括全国移民教育委员会主席、白宫公众联络官和美国人权委员会主席助理。琳达·查维兹是 1986 年马里兰州共和党推举的参议员候选人。此外，琳达·查维兹还是美国对外关系顾问委员会的成员，同时，是《超越西班牙语区域：同化西班牙族裔的新策略》（*Out of the Barrio：Toward a New Politics of Hispanic Assimilation*）和《不坚定的保守派：一个前自由主义者的转变》（*An Unlikely Conservative：The Transformtion of an Ex‑Liberal*）两书的作者。2000 年，琳达·查维兹以其对美国文化遗产和历史遗产的贡献，被美国国会图书馆授予"传奇人物"，2001 年，琳达·查维兹被乔治·布什总统提名为劳工部部长候选人，但琳达·查维兹自行退出了。

> 琳达·查维兹之所以入选"新女性俱乐部"，是因为她与我们无私分享了她在政坛习得的生存策略和经验——这些策略和经验既适用于国会山，也同样适用于办公室。

我从华盛顿学到最重要的策略之一——而且很少有人认识到的一点——就是你永远也不要将你的工作和你本人混同起来。我们经常看到这种情形，很多人试图将自己的身份与自己所从事的工作融合起来，尤其是当他们大权在握的时候。最终，人们会形成这样的错觉，以为自己之所以广受尊崇是因为自身的魅力，而不是源于自己所从事的工作。我在白宫任职公众联络官的时候，对此体会尤其

深刻。

当你在白宫工作时，你的电话总是可以尽快得到回复，你在饭店或者餐厅订座位时也总能得到最好的待遇，从而，你很容易生活在虚幻而瑰丽的泡沫中。我想，很多人都很难处理好这类事情——这种观念会深植于他们的头脑中，而且他们真的开始以为，他们确实大权在握了，而不会觉得自己得到的所有特别待遇不过是因为自己的工作职位碰巧有些权力。这可是个不容小视的问题，因为在政坛，工作是会转换的，会频频变换，而且通常都是向不好的方向转换。当某一届政府春光不再的时候，你会丢掉工作；或者，如果你想竞争某个职位，你可能会以失败告终。如果你所有的自我感觉完全包埋在自己所从事的工作中，那么，这些变化对你而言可能成为灾难性的事件。

要想在华盛顿取得长期成功，第二个要诀是：要"记住小人物"——当你平步青云的时候，当然应该记着他们，因为当你"走下坡路"的时候，他们会给与你可贵的帮助。我一直抱定这样的信念：尊重所有出色完成本职工作的人是非常重要的，无论他们做的是什么工作。如果他们的工作是清运垃圾，打扫卫生，只要他们勤勉工作，而且值得信赖，并且令人愉快，那么，他们当然应该得到尊重。我想，我的这种观念与我的生活背景有关，我是一位经常失业的油漆匠的女儿，我成长的环境并不很好。不过，你对待身边人的策略和方式也很重要，因为一度曾经为你工作的人将来可能会从事非常重要的工作，甚至有一天有可能成为你的重要盟友。

在我的生活中，约翰·米勒就是这样一个人。确切地说，我是他参加工作以后的第一个上司，他在成为我的研究助理之前，曾经在《新共和》（*The New Republic*）杂志实习过一段时间。他很优秀，所以，当我决定建立自己的智囊团时，我是和约翰·米勒一起开始创建工作的，他担任副主席职务。几年以后，当我作为劳工部部长人选遭受非议的时候，约翰·米勒勇敢地站出来为我辩解——他把自己经历的过程写进了一篇非常出色的文章，发表在《国家评论》（*The National Review*）杂志，他在公开场合对我的观察结果验证了我说过的话——引起有人大肆指控我雇用非法移民的那位危地马拉妇女并不是我的雇员，而是在其最困难的时候得到我救助的人。

在我的全部职业生涯中，这个事件对我来说是最具灾难性的事件之一，有趣同时也很重要的是，当我"靠边站"的时候，我并不孤独，我可以将一群我曾经帮助过的人团结在自己周围，其中包括两个移民——一位作为越南难民来到美国时，我曾经收留了他并为其提供过救助；另一位妇女作为管家和我两个孩子的保姆，确实曾经为我工作过，后来，她在人权委员会为我工作。当我遭受非议时，他们都站在我一边，并告诉公众我为他们提供帮助的故事。所以，我常常觉得，友善对待他人——尤其是帮助那些遭受不幸或者为你工作的人——并不只是无私的行为，你的友善行为同时也是个"保险"，因为，你很可能以后会需要他们的帮助。如果你友好地对待他人，他们会记住你的，而当你陷入迷惘时，他们则会来到你身边。

在华盛顿取得成功的第三个关键点是"达观"。如果你看看发生在华盛顿的事情，你会觉得非常有趣，因为有很多成了耀眼明星的人，后来出于某种原因，一下子在政坛消失得无影无踪了。我想，我最不寻常的行为之一就是，我总能再度回来。在华盛顿，我曾经担任过很多职务，因为我能坦然面对失败，而且能把失败转化成机遇，从不让自己囿于某次失败的阴影中。我竞选参院落败的经历就是个经典例证。

1986年，当我参加参院竞选时，我很清楚，我所在的州是自由度在全国排名第二的选区。其中，共和党选民所占比例非常小：根据选民登记机构的统计，民主党选民与共和党选民的比例为2.5:1，此外，在诸如巴尔的摩这类城市，这一比例还要更高，在这些地区，民主党选民与共和党选民的比例高达7或8:1。那是一场艰难的战斗，再者，我知道，因为我第一次参加参院竞选，我获胜的希望并不大。

没有什么样的失败比在竞选中落败更具公众效应的了。你就站在大庭广众之下，"腹背受敌"，无可隐藏。我不只是在竞选中落败，确切地说，是遭受了惨败，只得到了39%的选票。毫无疑问，那是我职业生涯中的一个低潮期。我永远也忘不了竞选开始前那几个星期的情形（尤其是因为我是从白宫出来参加竞选的），人们总是来敲我的门，向我发出邀请，为我提供特别的机会，所有的人都想成为我的朋友。但是，当我在竞选中落败以后，突然间，我的电话没人回了。你成了"明日黄花"，没人想帮助你。

寻找一份新工作对我来说很难。以前，我曾经想过，如果我在竞选中失利，我就回到政府工作。后来，我真的在竞选中败北了，我刚刚失利，"伊朗门"丑闻就爆发了，白宫不得不全神贯注于这个突发事件。与此同时，我曾经认为会离开政府机构的很多人那时候并没有离开，所以，根本没有什么工作空缺。此外，我并不想成为一个说客，所以，恢复元气、再度出山确实很困难。

然而，我的竞选失败为我打开了通往新机遇的大门。我因为在竞选中与另一位女性芭芭拉·米库斯基（Barbara Mikulski）形成对垒之势而成了全国知名人物。那是美国现代历史上首次出现两位女性竞争一个参院席位的情形，从而，得到了地方媒体和全国媒介的广泛关注。竞选结束以后，我开始在美国国家公共广播电台（NPR, National Public Radio）定期为听众提供评论，同时，我还开始撰写专栏文章，发表在《芝加哥太阳时报》和其他几份报纸上。很显然，如果我未曾参加过参院竞选的话，我就不可能得到这样的机会，编辑们也可能不给我这样的机会。所以，尽管我在竞选中失利了，而且经历了在公众面前的难堪，不过，我将自己的"知名度"当作了优势，它也确实为我打开了另一扇大门。具有讽刺意味的是，就是从那次失利开始，我终于能够做自己一直想做的事情了，那就是写作。

❖ 苏珊·萨兰登（SUSAN SARANDON）
　获奥斯卡奖演员

---

30 岁的时候……

苏珊·萨兰登陪伴那时候的丈夫、演员克里斯·萨兰登参加影片《乔》（Joe）的试镜，意外获得了扮演一个角色的机会。那份工作为苏珊·萨兰登带来了更多的出演机会，并得以在多部肥皂剧中扮演角色，1975 年，苏珊·萨兰登在影片《洛基恐怖秀》（Rocky Horror Picture Show）中作为主演扮演了珍妮特·外斯。

现在……

苏珊·萨兰登已经在数十部广受好评的影片中出演角色，并在银幕上塑造了很多坚强女性的形象。20 世纪 80 年代，苏珊·萨兰登以其在影片《末路狂花》（Thelma and Louise）、《洛伦佐的油》（Lorenzo's Oil）和《致命内幕》（The Client）中的出色表演获得奥斯卡奖提名，并从此声名日隆。苏珊·萨兰登因为在探索死刑的影片《死囚上路》（Dead Man Walking）中饰演海伦·普里吉恩而首获奥斯卡奖，该片由苏珊·萨兰登的长期伙伴提姆·罗宾斯改编并执导，苏珊·萨兰登扮演的这一角色为我们展示了一位敢于为言论自由和人权仗义执言的激进主义分子形象。

苏珊·萨兰登之所以入选"新女性俱乐部"，是因为她将一个微不足道的出演机会演绎成了自己在表演领域的重大转机。

我在影片《紫屋魔恋》（*The Witches of Eastwick*）中的经历——本来由我来扮演的角色给了谢尔——起初确实让我深受打击，而且觉得自己受到了羞辱。我需要工作，因为我要养活我女儿，但是，我同时也知道，女儿非常在意我的沉郁和沮丧。影片拍摄期间，我意识到，我要么找到一种扭转局势的方法，要么一走了之。后来，我决定"点石成金"。

最初，我本来是要和杰克·尼科尔森演对手戏的，我扮演一位极为坚强的女性，一个最执著的对抗主义者。那个夏天，我正要从意大利回来参加拍摄的时候，我接到了乔治·米勒打来的电话，他问我愿不愿意扮演另一个角色，一个演奏大提琴的女人，那个角色在剧本中几乎没有什么"戏份儿"。我说，不，我要扮演阿历克斯，我原来的角色，而且希望尽早开拍。

等我到了以后，我才得知，我的角色实际上已经被换了。尽管我没有什么彩排任务，可我还是得坐在排练现场，听谢尔念本来属于我的台词。他们说会给我扮演的角色加些戏的，但是，一直也没有什么新戏份儿写出来。后来，我开始学习演奏大提琴，对一个从来没有演奏过任何乐器的人来说，那种学习经历实在让人受不了，而且剧组要求我在三个星期以后就能"像模像样"地在镜头前演奏！不知道出了什么问题，我还受到了服装部门的不公正待遇，后来，我不得不借用谢尔在《桑尼和谢尔》（*Sonny and Cher*）中穿过的服装。如果我"罢演"，制片厂说，他们会起诉我，所以，一走了之实在算不上什么可以考虑的选择。但是，有一天，剧组要求我静静地坐在那儿，听其他两位演员排练。从排练现场回到家，我泪流满面。我 18 个月大的女儿满眼同情地看着我，她觉得很吃惊，我知道，我必须做些什么了。

所以，我决定自己重写我扮演的角色，我要按照自己对角色的理解重写。我想，扮演一个与其他环节联系很少的无足轻重的小角色最大的优势就是，你有很大的自由发挥空间。我觉得我扮演的角色——因为她没有孩子的牵绊——应该是最爱达里尔（杰克·尼科尔森饰演）的人。我弄来了红色的假发和很多小道具，直到那天早晨在镜头前出演那个角色之前，我再没有看过剧本。拍摄结束时，事实上，我比任何人都更快乐，因为我的镜头比以前多了一倍，场景是一个战场。我的经历再次向自己证明了我完全可以掌控自己的命运。后来的结果表明，那次出演的角色对我非常重要，直到今天，我和摄制组的成员们还是好朋友。

❖ **丹尼斯·奥斯汀**（DENISE AUSTIN）
健身专家

---

30 岁的时候……

丹尼斯·奥斯汀在一家刚开播尚不为人知的电视台 ESPN 主持一档健身节目。

现在……

丹尼斯·奥斯汀已经销售了数百万盘健身、锻炼录像产品，并在生活频道（Lifetime Television）主持了 7 年两档每日播出的健身节目，《每天跟丹尼斯·奥斯汀锻炼》和《与丹尼斯·奥斯汀一起节食塑身》。丹尼斯·奥斯汀写作了 7 本书，她的专栏文章"塑身"每月都刊登在《预防》（Prevention）杂志上。她还是总统体能锻炼顾问委员会的成员，2003 年，丹尼斯·奥斯汀入选"电视名人纪念堂"——她是首位获此殊荣的健身专家。现在，她和丈夫杰夫以及两个女儿卡蒂和凯利生活在一起。

> 丹尼斯·奥斯汀之所以入选"新女性俱乐部"，是因为她不言放弃的故事为我们揭示出"不断提出问题，直到得到肯定答案为止"的宝贵价值。

我一结婚，就从洛杉矶搬到了华盛顿，因为我丈夫的事业在那儿。我在东西海岸之间曾经来回跑了一年，但是，我很清楚，我迟早都得放弃在洛杉矶的电视节目《与丹尼斯一起放松》的，这档节目是在 KABC 播出的。然而，我渴望在电视上露面，因为我知道，我有些非常好的东西应该告诉观众们。在华盛顿电视圈里，我是唯一拥有学位的健身专家，所以，我决定开辟一条制作电视节目的路子，以便与丈夫一起生活在东海岸的同时有工作可做。

一天，我从《今日报道》节目末尾的职员表上发现，这档节目的执行制片人是史蒂夫·弗里德曼，所以，我拨通了他的电话——我打了差不多有 35 次！每次，我都给他的秘书留下口信，可他一直也没给我回电话。但是，我没有放弃，坚持打下去。一天，我选了一个很奇怪的时间——晚上 6:30——拨通了他的电话，这次，他自己接听了电话。和他谈过以后，他答应和我会面，第二天，我飞也似的跑到他的办公室，就在他的办公室为他现场表演了健身操。他端坐着，手里握着一根棒球棒，看着我在地板上给他演示锻炼小腹的最佳方式！我就是那么得到节目试播机会的。

我接着想到如何更好地利用这个机会，我的节目第一次在《今日报道》中播出，就收到了 8000 封观众来信，因为我在那期节目中投入了很大的精力。我写了一个名为《在电脑前让自己更健康——电脑操作人员的锻炼指南》的小册子，免费索取，这个小册子在 1984 年推出非常恰当。当人们纷纷索要这本小册子的时候，制片人就能够统计我的节目有多少受众了。因为很显然，我的节目得到的大量即时反馈证明，这档节目吸引了很多观众的注意，所以，我得到了一份为期四年的合同——我的节目每月都在《今日报道》中播出。这份合同为我带来了很多其他机会，它标志着我的职业生涯在全国电视界拓展开来的开始。

第九章

改变方向

深思熟虑的行动，决定性的结果

在研究他的惯性理论时，伽利略发现，一个运动着的物体在改变运动方向之前，必须经历一个短暂的停顿过程。我们人也是一样。很多女性觉得，她们深受束缚，生活痛苦不堪，工作不如意，婚姻关系乏善可陈，或者当她们的个人生活和职业生活没能按照预期发展时充满挫败感。而"新女性俱乐部"的这些成员则深谙"暂停"的精妙艺术，她们会花些时间判断如何进入自己渴望的生活新领域。她们这些极富启发意义的故事向我们证实，重新拓展个人生活和职业生活的道路比你想象得要容易得多，将"求变"的系统想法付诸实施会产生立竿见影的结果。

❖ **艾莉·温特沃斯**（ALI WNETWORTH）
谈话节目主持人、喜剧演员

30 岁的时候……

艾莉·温特沃斯在一部情景喜剧中出演角色，与一位喜剧作家生活在洛杉矶。

现在……

艾莉·温特沃斯是一个名为《与艾莉·温特沃斯纵情欢乐》的谈话节目联合

主持人，该节目在全国范围内联合播出，现在，她和丈夫乔治·斯蒂芬诺坡罗斯以及女儿生活在纽约和华盛顿。2002 年，艾莉·温特沃斯在电影《上班一条虫》中出演角色，最近，她主演了迪斯尼公司重拍的影片《金龟车再现》。艾莉·温特沃斯还完成了独立电影《纯洁处女》以及由著名导演迈克·莫尔执导的美国哥伦比亚广播公司试播节目《美妙时光》的制片工作。此外，艾莉·温特沃斯还正在拍摄根据自己的经历改编的故事片《模特世界》。她的表演获得好评的影片还包括《冒牌代言人》、《甜新先生》（也译为《金发女郎》）。艾莉·温特沃斯的第一本书《美国白人菜谱》于 2002 年 10 月出版发行，这是一本罗列了 90 道菜（还包括 11 种鸡尾酒）烹饪方法的菜谱。她还在《生动的颜色》一片中出演了角色，并经常出现在《杰·勒诺今夜秀》节目中。

> 艾莉·温特沃斯之所以入选"新女性俱乐部"，是因为当她的生活
> 应该转向的时候，她能全面把握。她因为自己的明智决定而取得了个人
> 生活和职业发展的双重成功。

我在遇到我丈夫乔治大约一年前，生活的所有环节都开始变化。我觉得，生活的变化恰好与我开始有意识地掌控自己的生活同时发生并不是巧合。对于追求自己渴望的东西，我经过了深思熟虑，从那时开始，我不再考虑别人怎么判断我，我也不再在意别人怎么看待我的浪漫关系和职业发展。

那时候，我做了生活中的两个最大冒险。我结束了与一个男人长达八年的恋爱关系，其实，我们已经订婚了，而且也在同居。他比我要成功得多，很长时间以来，他也是我情感的依托和财务的保障。我们分手以后，我做了一件所有人都认为太过疯狂的事情——我买了一所大房子，我很清楚，我还不起那么多的贷款，不过，我希望能找到一份收入不错的工作，能让我按时偿还按揭贷款。我父母为此也很恼火，但是，那是我有生以来干得最漂亮的事情。自那以后，我开始努力工作，以便清偿贷款，那时候，我的感觉好极了。

与此同时，我对自己的职业特长和职业发展目标也越来越专注，而且越来越实际，我想，到了我对自己的创造力客观评价的时候了。是的，我很想成为梅里尔·斯特里普①，但是，我必须承认，我不会取得那么显赫的成功。那是一次艰难的抉择，因为我已经认定，在舞台上扮演戏剧性的角色比在喜剧中出演角色更"高雅"、更值得称道，此外，我母亲也希望我在百老汇的舞台上演绎吉尔伯特和

---

① Meryl Streep，被影评人誉为"一代只出一个"的影坛常青树。2005 年初，获得美国电影学院终身成就奖。

沙利文的作品。可是，我到了必须给职业发展定位的时候了。我很喜欢喜剧，而且，我也擅长表演喜剧，表演喜剧让我乐趣无穷，所以，我最终选择了喜剧。我开始写剧本，开始努力寻找我喜欢而且也适合我做的工作机会。同时，我的个人生活也发生了显著变化。我对约会的态度变得更为开放，比以往任何时候都更乐于结识新朋友。

大概一年以后，到我遇到乔治的时候，我的生活已经发生了翻天覆地的变化，而且我比任何时候都更幸福，也更独立。我确信，正是我的变化，让我一下子就意识到，他就是我在寻找的"那个人"。我在见到乔治之前就对他有了些了解，不过，我对他所取得的成就和政见并不感兴趣。然而，当他走进餐厅时，我立刻就喜欢上了他，而且马上就被他强烈地吸引住了。再说什么"一见钟情"确实有些老套了，不过，我们之间所产生的情感确实就是一见钟情。我们很快就发现，我们有无数的话题要谈，而那些话题与各自的工作毫无关联。我们两人意乱情迷、心神激荡，我们像孩子一样地凝视着对方，把盘子里的食物翻来找去，搅得一塌糊涂。很显然，我们马上意识到，我们的关系将会走向一个美好的境界。

当然，我们的关系确实走向了美好的境界。遇到乔治以后，我的生活也开足了马力，所有的环节都以每小时 100 英里的速度高速前进——相识三个月后，我们订婚了，六个月后，我们结了婚，我们度蜜月的时候，我怀孕了，真让我们大感意外！后来，在我怀孕期间，有人打电话来，邀请我参与谈话节目的主持，我想，我们足足搬了六次家。三年前，如果有人告诉我，我的生活状态将是这个样子，我当然会很不高兴的，因为我觉得他一定是在奚落我、讽刺我。但是，我能肯定的是，如果我没有做出那么多艰难的选择，几年前，如果我没有让自己的生活发生那么多的变化，所有这一切都是不可想象的，而且也一定不会发生得如此之迅速。对此，我确信无疑。

现在，我对生活中所拥有的一切都充满感激之情，所以，我会努力把它们保护在自己的"羽翼"之下，不受任何伤害，而且我要确保自己用每个家庭成员都不受伤害的方式在工作和生活之间达成平衡。周末，我不会接听任何有关业务的电话，一天只查一次电子邮件，我会穿上运动裤与孩子在一起玩耍，我会去超市购物，我丈夫会问我晚饭我是不是要弄鸡肉。平时，乔治和我起得都很早，这样一来，我们就能更多地与女儿在一起玩了。还有一点，我们会婉言谢绝我们接到的 99% 的邀请，周末的时候，我们绝对谢绝任何邀请，甚至平时也一样。除非非去不可的重要场合，我们哪儿也不去，我们两人都觉得自己很幸运，因为我们从各自的工作中和一起相处的时间中得到了足够的满足和兴奋，我们不需要每天晚上外出去寻找快乐了。

❖ **卡伦·希尔亚德** (KAREN HILYARD)
企业家

30 岁的时候……

卡伦·希尔亚德已经离婚，债务缠身，身体肥胖，干着一份让自己痛苦不堪的工作。

现在……

卡伦·希尔亚德已经结婚，是一个幸福的母亲，是一位长跑爱好者，有一份自己非常喜欢的工作。她是创想农场公司的副总裁，这是一家在肯塔基州丹维尔主营市场运作和公共关系的机构。当卡伦·希尔亚德担任位于纽约的斯普林·奥布伦广告公司副总裁职务期间，她的客户包括惠普公司、著名的电信网络运营商环球电讯公司和威尔士发展局等。她曾经在美国有线新闻网工作过八年，担任助理编辑，负责监管美国有线新闻网、美国有线新闻网国际频道、美国有线新闻网西班牙语频道的直播访谈节目的编辑工作，此外，她在美国有线新闻网还是一位资深制片人。卡伦·希尔亚德曾经获得过艾美奖、有线电视 ACE 奖，并以对俄克拉荷马州城市爆炸事件的全面报道获得全国标题新闻记者奖。

卡伦·希尔亚德之所以入选"新女性俱乐部"，是因为她对生活道路的选择忠实反映了她的生活取向。

1995 年的时候我 30 岁，我得承认，那一年的情况简直糟透了。一个维持很久但并不如意的爱情关系的突然终结，让我的感情受到了很大伤害，经济上也陷入了困境，就在几年前我还觉得非常好的工作，那时候觉得似乎走到了尽头。我认识的所有人都开着更新的汽车，都常常外出享受令人心动的假期，业余时间的生活也都丰富多彩。我的很多单身朋友也都在恋爱，已婚的朋友们大都有了自己的孩子。眼睁睁地看着自己的年龄渐渐增长，那种焦灼感让我非常不开心，生活充满了不安全感，曾经有一度我觉得前途暗淡，根本看不到希望。

只是说我的生活发生了变化确实有些轻描淡写了：事实上，我 30 岁以后的生活与之前判若两人。五年前，我一改终日懒散在家的生活习惯，第一次完成了马拉松比赛；三年前，经过几轮乏善可陈的恋爱和几年孤独的单身生活以后，我和一位最出色、最有吸引力也是最体贴的先生结婚了；两年前，我们决定，要远离令人疲惫不堪的、无休止竞争的环境，要离开大城市，想找一个可以让我们在工作和生活之间达成完美平衡的环境生活，一年前，我们搬到了一个颇具诺曼·罗克威尔式田园风光的小镇住了下来，我 36 岁时，生了漂亮、结实的女儿。此后，我的事业发展也渐入佳境，现在，我是一家国际市场发展战略咨询服务机构的股东，而公司离我家只有一个半街区远。回想当年，当我迈进 30 岁门槛时，当我经历那个"糟糕透顶"的一年时光时，我并不知道 30 岁的生日是我新生活开始的里程碑。

我的很多朋友和熟人觉得，我的生活确实美妙得令人艳羡，他们觉得，我可能是交了好运了。但是，抵达这个美好境界实在是我艰苦努力的结果，事实上，是我在 30 岁时追随我的生活哲学的结果：那时期，我有意识地排除外界事物和他人的行为对我的冲击，开始审慎地付诸实施那些可以让我更接近自己生活首要目标的行动。回头看看，我认识到，我之所以陷入"糟糕透顶"的境地，其实是 10 年或者更长时间以来，我没能能动地掌控自己命运，只是随波逐流的必然结果。生命是短暂的，所以，我们不能只是随遇而安、逆来顺受。

是几次"顿悟"将我引领到目前这个美好生活境地的，不过，如果追溯起最为关键的一刻，我想，那应该是我和最要好的朋友一起度过的那个周末，那时候，我们两人都刚刚 31 岁。对生活都觉得茫然失措，都在漫无目的随波逐流，都需要有人为我们指点迷津，也都需要确立未来的方向，为此，我们接受了别人让我们去海滨过周末的好意，那是 11 月份，我们知道，在那种狂风大作的寒冷冬日，我们只能专注于我们此行的目的——为我们的生活寻找出路。

在你把我当成那种目标导向型的人之前，把我当成始终能为自己提前设定目标和远景的人之前，我必须赶快说明，我从来都不是一个善于为自己设定目标的人，而只是一个惯于罗列工作条目的人，也就是说，我可以把每天的日常工作做得很好，但是，除了怕很快忘得一干二净而将业余时间的理财计划列出来以外，以前我从来也没有静静地坐下来为自己描绘过目标远景。但是，当我 31 岁的时候，我强烈地感到自己的生活完全出了轨，或者根本就从来没有入过轨，所以，找出纸和笔，静静地坐下来，将自己的未来计划写出来似乎已经成了我掌控自己生活惟一可做的事情。

实话实说，我那时候制订的目标最重要的部分恐怕就是更专注于约会而不是其他事情了，但是，我制订约会目标的过程与我检视生活所有其他方面的过程并没有什么两样，所以，有关约会的计划是个很有代表性的例子。

很长时间以来，我一直试图与尽可能多的男人约会，好像找到如意郎君不过就是约会人数的概率游戏，而与其他环节无关。当我制定目标的时候，我换了一种方法，我把自己在恋爱关系中寻求的所有品质都写了出来。我回顾了自己以前的恋爱史，从中发现了成败的原因所在。我把自己渴望得到的优秀品质罗列出来，同时，也把那些自己厌恶的品行写出来。我不是指那些表面上的东西，比如，他是不是长得很帅，他是不是很善良、很风趣，他是不是很聪明，等等，我要看他读什么书，看他喜欢什么食品，还要看他如何过周末，等等。此外，我还要了解他和他母亲的关系状况，要了解他和他的宠物狗以及汽车的关系。等我将这些罗列出来以后，他在我脑子里已经形成了非常鲜明的形象，我甚至可以"看见"——尽管不是真的看见——他的样子，我确信，当他出现的时候，我一下子就可以把他认出来，至少，我可以把他的举止辨认出来。我在这里说"出现"并不准确，因为我不能坐等他的"出现"。

相反，我用侦探破获迷案的方式向寻求爱情的目标主动出击。就像侦探一样，我将自己的"推断"和"设想"也罗列出来，我想，我应该了解他的习惯，应该弄清他会常去什么地方，之后，站在他的角度换位思考。我向自己提出了这类问题："如果我是个很喜欢聚会但并不会过量喝酒的男人，如果我是个爱好运动但并不喜欢看体育比赛电视转播的男人，如果我是个有才情但并不自命不凡的男人……那么，星期六的下午我会去哪儿呢？"

我很清楚，寻找如意伴侣需要付出努力，因为他不会径直来敲我的门，自己找上门来，除非他刚巧是联邦快递的投递员。我不想和很多男人约会以后，可到头来却依然缺乏自己的判断，相反，我想提前"划定自己的标准"，而且全力以赴地、有目的地付诸行动。我加入了某些团体，参加了某些活动，我觉得，我的如意伴侣也会加入到这些团体和活动中去。在尚未存在这些团体的地方，我会着手创建，我会拓展那些开展富有挑战性活动的交际圈子，那是我一直想参加但从来没有全身心投入过的活动，比如，长跑、徒步旅行、野营和游泳等等。

当然，我也制订了"应变计划"，我想，就帮助我承担寻找如意伴侣的风险而言，我制订的"应变计划"是个关键。有了应变计划，我就再不必害怕失败了，因为一个计划失败了，并不意味着你就全线失败了，你只需要转而实施"B计划"就可以了。就"寻找心心相印的伴侣"而言，我的应变计划是这样的：如果我到35岁或者40岁时，我所渴望的一切依然没有出现，我依然孑然一身，那么，我也要让经济状况和工作状况足以让我独自养育一个孩子。我很高兴我没有用上"B 计划",但是,我认为,即使我用上了"B 计划",也不能说自己就是失败的。

我用了一年半的时间找到了我的丈夫,但是,我确信,我当初罗列的理想伴侣的形象细节,是取得后来结果的必要前提,是我在那些充满幸运和巧合机遇的地方有意识地采取的行动将我们带到了一起。

1996 年那个寒冷的海滨周末,我用同样的方法制订了自己的职业发展目标和个人财务目标,那种方法确实很灵验。对自己在电视新闻行业看似"充满魅力的工作"进行反复权衡之后,我发现,那么低的收入不值得我在工作中投入那么多时间,所以,我把改变自己工作状况的计划罗列出来,并把它们分解成一个又一个容易完成的小目标,每个目标都设定了完成期限。不到两年的时间,我就在一个新行业向完全不同的职业发展方向进发了,比起我以前的工作来,我的新工作收入水平更高,而且工作时间也更短。在考虑自己的财务状况时,我决定,要还清所有的债务,要为自己储备应急资金,我还要为以后的生活储备大量退休金,我努力以最富有创造性的思维来考虑如何让这一切顺利完成。在不到两年的时间内,我就还清了所有的助学贷款,重新装修了房子,而且还学会了管理自己的投资。当然,罗列目标是很容易的事情,但是,完成目标则需要付出诸多努力,而且要履行对自己的承诺。

只是关注自己的目标并据此重新安排自己的生活还是不够的,它们不能让你一劳永逸。我和丈夫的几年生活很快就过去了,我每周工作 80 个小时,住在纽约。我们刚刚结婚,就搬到了曼哈顿,这对我们来说是个冒险,我们发现,即使到了午夜的时候,那里还喧嚣不止,我们需要与太多陌生人打交道,参加文化娱乐活动和让人心动的活动以及纽约的特色活动费用奇高。我们那时候想要个孩子,但是,纽约根本不是我们养育孩子的地方。受我几年前经验的鼓舞,我们决定把优先考虑的问题写出来,并找到解决它们的途径。经过数小时的反复掂量,也在互联网上查了很多资料,周末的时候还多次"实地考察",搜寻的结果把我们引到了肯塔基州的一个大学城,我们觉得,在那个小镇,我们完全可以按照我们渴望的方式生活。同样,我们制订了一个"应变计划"以备不测,这个计划包括我们找工作不顺利时的应变措施,还包括如果我们认识到我们的搬迁是个错误的话应该如何搬离,等等。

现在,在我们生活的地方,邻居们彼此都很熟悉,人们下午 5 点就下班回家,以便和家人一起吃晚饭。我们有充裕的时间满足我们的业余爱好,也有充裕的时间和女儿相处,我们两人也有很多时间待在一起。我们住在一幢很有历史感的大房子里,我们的住处离小镇的主街只有两个街区远,周围环境优美极了,我们觉得，"上帝的家园"这个短语一定是为了描写我们居住的社区而发明的。很多人觉得，我们在还没有工作的时候就搬到这么一个没有亲戚的地方是个很大的冒险，但是，对我来说，我们以前不能快乐地生活才是我们最大的冒险。当然，在整个过程中，我们没有预料到的事情也发生了很多，有好的，也有坏的，不过，因为我们对搬迁提前做了极为周密的计划，所以，我们真的是适得其所了。

我有几个朋友说，我事业的新发展和搬家是我的"重生"，但是，我想，这个过程却是我利用"排除法"发现"真我"、发现恰当生活环境的必然结果，再有，就是我付诸了行动。我的年龄越大，我越清楚地认识到，我认识的很多人之所以觉得自己并不幸福，是因为他们没能对自己的生活负起责任来。他们总是抱怨自己的不如意，但是，他们从不起而行动改变自己的境况。他们常常埋怨他人让自己陷入了那种境地，总是将自己的不如意归罪于外部环境，之后，以此为借口，为自己不成功的家庭生活和职业生活开脱，为自己糟糕的情感生活和财务状况开脱。

生活总会让我们陷入暂时的困境，只有人类才会对此习以为常，要想摆脱困境，任何人都没有捷径可走，你要么掌控自己的生活，要么被生活牵着鼻子走，我选择了前者，就选择掌控自己的生活而言，我可没制订任何"应变计划"！

❖ **苏珊·勒弗，医学博士**（SUSAN LOVE, M. D.）
肿瘤学家和作家

关于苏珊·勒弗博士的个人背景，请参见第 136 页。

苏珊·勒弗博士之所以入选"新女性俱乐部"，是因为她在事业上从来没有停止过追随自己的激情——研究探索乳腺癌，即使她的执著意味着她必须做出职业发展上的牺牲和职业生涯意外变化的打击。

如果我在 30 岁时就已经知道不能冒冒失失干事情就好了。人们在二三十岁时大都会深思熟虑地安排自己未来的生活，但是，你给自己开具的"药方"很少能像你想象得那么灵验，无论你是不是愿意看到那种结果。另一方面，你永远也不要让自己拘泥在一方小天地中，尽管现实情况看似不错。

有人说，如果你遭受的打击没有让你毙命，你会变得更强壮，是的，这种说法确实适合解释我的职业生涯。当我在医学院读书的时候，我们班没有几个女生，在波士顿贝丝犹太医院，我是第一位女外科医生。之前，有一家医院曾经聘用我建立一个乳腺癌中心，当我把那件事告诉我在波士顿贝丝犹太医院的上司时，他们说他们也会为我提供同样的条件。经过一次又一次思想斗争，最后，我决定留下来。一星期以后，他们告诉我说，他们改主意了。院方说，因为我的同事认为我还没能力当一个中心的领导者，其实，他们只是不愿意受一位女领导的管理罢了。所以，我离开了波士顿贝丝犹太医院。具有讽刺意味的是，当我最后离开波士顿后，他们又遍访波士顿所有医院的女外科医生，希望发现另一个苏珊·勒弗博士。

但是，让我得到更大启示的是稍后发生的事情。1992 年，我去了加利福尼亚大学洛杉矶分校大卫·格芬医学院，那是一份我梦寐以求的工作——当一名教授，并创建一个乳腺癌中心。当你在医学院工作的时候，在一家研究中心担任教授职位是对专业发展最有帮助的方式。我一直以为，那种组合恰恰是我所渴望得到的，但是，我在那儿工作了四年以后，我觉得自己并不快乐。我很清楚，我可以做好那份工作，也可以取得专业上的成功，但是，那份工作与我的兴趣渐行渐远。

那期间，我去看过心理医生，并不是因为我觉得自己精神不正常，而是想弄清自己为什么觉得深受束缚。就是通过心理咨询，我意识到，我的未来之路与那些学院式的外科医生所选择的未来道路完全不同，因为我的热情实际上来自女性，而不是来自同事，不是来自我所在的研究机构，不是来自聘用我的人，也不是来自提拔我的人。因此，我知道，这种心态将会永远陪伴着我，我最好辞去那份曾经梦寐以求的工作。离开那个机构对我将是个很大的解脱。

1997 年，我离开了加利福尼亚大学洛杉矶分校大卫·格芬医学院，去了商学院读书，之后，我根据自己的研究成果开设了一家公司。我们做了很多工作，但是，公司是需要挣钱的，而我却想致力于彻底根治乳腺癌，有时候，这两个目标相辅相成，可有时候，它们却相互矛盾。所以，我卖掉了公司，并决定设立一个基金，因为基金更有助于进行基础研究。

从很大程度上说，我的职业生涯是曲曲折折的，不过，我的目标始终都是一样的：试图找到彻底根治乳腺癌的途径。这是驱使我不断追求的原动力。我从自己的经历中得到的启示是：你可以多次让自己"重新再来"，只要你清楚自己的长处所在，只要你清楚自己的目标是什么。一旦你对自己有了清楚的判断，你可以发现完成那些目标的很多不同途径，因为万变不离其宗，变化并不会让你成为没人能认得出的变色龙。当你的"重生"源自下列问题的时候，你的变化往往能获得成功："我应该取道高速公路呢，还是取道风景如画的大道？也许，这次，我应该取道滨海公路？"关键是你依然还能"驾驶"。不要突然想去"弃车跳伞"。你的目的地始终是一样的，只是选择的道路不同而已。

在医疗领域，我常常看到的情形是，年轻的女医生不是变换她们的工作方式，也就是说，不是"重新来过"，而是像男人一样为做好自己目前的工作历尽艰辛，与此同时，在生活中，她们还要做女人。我想，这种方式根本行不通。我们那一代职业女性之所以像男人一样地工作，是因为我们没有多少选择的余地。现在，职场中已经有了足够多的职业女性，所以，确实应该发动一场新的变革了。年轻的职业女性应该说："我们不想像男人那样规划我们的职业生涯，我们要自己创新，要设计出适合自己的职业发展道路。"到了应该考虑其他职业发展模式和其他成功途径的时候了，我们应该明白，职业发展是个流动的过程，未来的日子里，机会会不断地涌来，也会不停地溜走。我们不应该，永远也不应该放弃我们能"拥有一切"的信念，但是，我们必须明白，"拥有一切"的过程需要时间。

❖ 利萨·格尔什·霍尔（LISA GERSH HALL）
氧气传媒公司的联合创始人和首席运营官

30 岁的时候……

利萨·格尔什·霍尔新婚燕尔，是纽约一家名为弗里德曼·卡普兰和塞勒的法律事务所的合伙人。

现在……

利萨·格尔什·霍尔是氧气传媒公司的联合创始人和首席运营官。加盟氧气传媒公司之前，在 1986 年到 1998 年间，利萨·格尔什·霍尔是弗里德曼·卡普兰和塞勒法律事务所的合伙人。此间，事务所的律师从 6 人增加到了 40 多人，事务所为范围广泛的公司客户就其复杂的公司交易业务和商业诉讼提供法律咨询服务。现在，利萨·格尔什·霍尔与丈夫和两个女儿生活在纽约。

利萨·格尔什·霍尔之所以入选"新女性俱乐部",是因为她尽管对未来有些担忧,但还是离开了一个很有保障也有利于家庭生活的工作环境,而选择了一个更富有挑战性而且更令人激动的新机会,并从中学会了如何让家庭生活和新的职业理想达成完美的平衡。

对我来说,重新定位职业发展方向的过程与大多数人有所不同,因为我的职业生涯变化非常具有戏剧性——我从一位律师转而成了一个正处于创建时期的公司的合伙人。这个转换过程让我得到了这样的启示:我应该更早实施这种变换。但是,当你像我一样,已经有了孩子,而且一切都按部就班地进行的时候(我33 岁时生了第一个孩子,38 岁时生了第二个孩子)你会很容易觉得,"现在,我很清楚如何做好我目前的工作,所以,我不应该再变了,因为我要在孩子身上花费大量的时间和精力,我根本无暇应付工作的变动"。

当我大学毕业考虑自己想做什么工作时,实际上,我很想去商学院读书,但是,我又担心自己通不过分级管理录取测试(GMAT)。到了该参加分级管理录取测试或者法学院入学考试(LSATS)时,我还是选择了参加法学院入学考试,而没有去读商学院。但是,我一直对商学院心向往之,所以,当参与商业运营的机会来临的时候,我很快就意识到,这正是我许久以来一直期盼的机会。此前,我已经经历过创建企业的过程——我创办的法律事务所的规模已经成长为有50名律师的机构。我很喜欢这个事务所,而且我对它的运营状况也很满意。所以,当格里·莱柏恩①(在她的前两份工作中,我曾经以律师身份帮助过她参加商务合同谈判)对我说:"嗨,我要创建一个新公司,我想让你做我的合伙人。"我很清楚,我的职业必须要变化了,尽管我有些担心,工作变化以后的时间安排可能影响到我和孩子们的相处。

我担心,在新工作环境中,人们会不会不接受我需要带孩子的要求。以前,在我自己创办的机构中,所有人都很尊敬我,也都尊敬我的时间安排,我可以下午6 点就离开事务所,不过,如果有事情需要办理,整夜我都会招之即来。但是,在一个全新的商务环境中,你并不知道你的类似要求是否可以得到满足。

当格里·莱柏恩离开尼克公司加盟迪斯尼公司时,我再次陷入选择的两难困境。此前,作为合伙人,我和格里·莱柏恩从上一次合作开始就已经水乳交融了,如果我和她一起到新公司工作,意味着我有机会结识迪斯尼公司和美国广播公司更多的人,这是我想离开现有工作并尝试新工作颇有说服力的理由。但是,

---

① Gerry Laybourne,氧气传媒公司的董事长和首席执行官。

我也踌躇不定，我想，这时候变动工作也许时机并不合适，或许，我们还要再生一个孩子的。不过，根据我在氧气传媒公司的经验，我知道，你必须去努力冲击——需要惊险的一跳。因为孩子无论在任何年龄都需要你投入大量的时间和精力，事实上，他们年龄更大些的时候，你面临的挑战会更严峻。

我一直认为，即使正带着年幼孩子，你依然也能参加职场上的竞技，因为尽管你为已经错失了最佳的竞技状态和良好的先天条件而沮丧，可当孩子们长大以后，比如，到了接近青春期的年龄和青春期的时候，你能陪伴在他们左右会比现在显得更重要。我的孩子一个 6 岁，一个 12 岁，我能从与他们相处的过程中看出为母之道的不同。对 6 岁的孩子来说，我不需要找特别时间陪伴她，因为无论什么时候，只要我有时间，她随时都会很高兴地和我一起玩，可与 12 岁的孩子相处，情形就完全不一样了。我常常告诉别人，给孩子制订时间跨度很长的计划简直就是浪费时间，因为孩子们的变化太快、太多了！如果你想为做一个完美的母亲做计划，如果你想计划自己的时间表，你应该把计划的时间跨度限制在一年以内。我想，如果以前我就这么做的话，我的职业变动会发生得更早。我常听人们说，"当我的孩子到多大多大的时候，我就再去工作"。我则认为，如果你想恢复工作，那么，立刻就去吧！因为你永远也找不到恰当的时间。

对自己职业发展方向变化的决定，对不懈应对出现在面前的全新挑战的过程，我从来没后悔过。当你是一位律师时，你所面临的竞争环境是高度有序的，你按照付出的工作时间来获取收入。而我在新工作中，时间变得不再那么重要，更重要的是你的创想，是你完成工作的能力。记得有一天，我们一行人要去华盛顿与美国在线公司（AOL）会谈。我们乘坐的是经常晚点的飞往杜勒斯机场的航班，除了我以外，公司还有其他的三个人一起候机，我记得我当时坐在那儿想，我真不应该带这么多人一起出差，这样的行程太浪费了！随后，我意识到，我们并不是按照他们付出的工作时间来给他们支付薪水的，我们也不会根据与客户一同商讨问题的时间长短来向客户收费，我们的这个行程是为了解决问题，出于这样的目的，让每个人都到场确实很重要，他们会因此而弄清这桩生意。我很喜欢自己在工作上发生的变化，对我而言，从为决策者提供建议（律师的工作）的角色转变为决策者本身是个质的变化，这个变化让我适得其所，我知道，我永远也不会再走回头路了。

我从职业的变化和带孩子的经历中得到的启示是，孩子的适应性很强，只要你对他们负起责任来，你的任何选择都是正确的，你当然可以追求和把握那些能让你真正获得幸福而且让自己不断发展的职业机会！

❖ **参议员凯·蓓莉·哈奇森**（SENATOR KAY BAILEY HUTCHISON）
得克萨斯州的共和党议员

30 岁的时候……

凯·蓓莉·哈奇森刚刚赢得自己的首次政治选举——竞选在得克萨斯州议院中的一个席位。

现在……

凯·蓓莉·哈奇森是第一位代表得克萨斯州入选美国参议院的女议员，2001年，她被选举为共和党全国代表大会的副主席，成为共和党议会五位最高领导者之一，而且是其中的唯一女性。作为军队建设特别委员会的主席和参议院预算委员会防务预算特别领导小组的成员，凯·蓓莉·哈奇森在美国防务政策的制订中扮演着至关重要的角色。她还是提出减免已婚家庭处罚性税收法案的主要发起者，该动议为 2001 年一揽子税收改革方案以法律形式固定下来起到了关键的作用。参议员凯·蓓莉·哈奇森是家庭主妇个人退休账户法规的起草者，该项法规对居家的主妇而言，大大扩展了她们享受美好退休生活的机会，此外，她还起草了联邦反跟踪法令，并领导了该法令的通过，该项法令将越州跟踪视为违法。现在，参议员凯·蓓莉·哈奇森和做律师的丈夫雷以及儿子和女儿居住在达拉斯。这一对儿女是哈奇森夫妇在凯·蓓莉·哈奇森 58 岁、丈夫 68 岁时收养的。

参议员凯·蓓莉·哈奇森之所以入选"新女性俱乐部"，是因为她在自己的整个职业生涯中一直努力冲破玻璃屋顶的束缚，尽管实现自己的职业理想意味着她不得不通过出乎预料的途径迂回前进。

在我的生活中，曾经有好几次，我认为自己是个失败者，我想，正是因为我曾经有过那种痛切的体验，我才成了更为优秀的人。

当我从法学院毕业开始找工作的时候，我想，我也会像同学们一样得到同样的工作机会的，但是，让我意外的是，那段时间却让我第一次体会到了碰壁的痛苦。那时候，没有哪个法律事务所愿意聘用女性，而且他们并不向我隐瞒个中原因。他们坦率地说，如果他们花了很多气力培养了女同伴，可她很快就结婚走了，或者索性就不再工作了，那该怎么办？他们很担心这一点。

在此之前，我一直都能得到自己渴望得到的东西。我的中学时代很成功，我在大学也很成功，我在法学院的时光过得也很圆满。在校园里，我一直是个很活跃的人物，而且生活在一个很幸福的家庭里。当然，我也遇到些坎坷，不过，找工作这件事是我遭受的第一次真正意义上的被人拒绝。为此，我非常沮丧，而且充满挫败感，第一次，我真的开始对自己产生了怀疑："我还能取得成功吗？"

在应聘另一个律师事务所再度遭遇糟糕的面试结果以后，我在回家的路上开始想如何为我的法律学位另辟蹊径。完全出于冲动，我在一家电视台门前停下来，之后，走了进去，我对负责接待的人说："我想和人谈谈应聘工作的事。"她问："什么样的工作？"我略略想了想应该如何回答她的提问，之后随口说："新闻记者。"她说："是吗？那你应该和新闻部的领导谈谈。"那时候，我并不知道新闻部的领导是干什么的，不过，我说："是的，好的，我想和新闻部的领导谈谈。"

考虑到自己的专业背景，我想，成为一个电视记者简直是匪夷所思的想法。但是，新闻部的头儿真的出来了，真的和我谈了起来，他觉得，让一位律师来报道法庭新闻和州议会的有关新闻再好不过了。最后，我得到了那份工作，而且那份工作成了我一生的转机。在那个工作中，我学会了在其他任何地方都学不到的东西，此外，它还为我参选州议会洞开了一扇大门。当我 29 岁的时候，我赢得了第一次选举，那次成功把我引向了全新的方向。

那个经历让我得到的启发是，如果你碰了"南墙"，你应该寻找可以爬墙而过的途径，之后，爬过去，或者寻找其他绕过它的途径。你可能会发现，结果比你最初想象的还要好。有时候，紧闭的门会将你引向从来没有想象过的其他门路，因为"试探"是取得成功非常重要的前提。

❖ 劳莉·纳尔逊（LORI NELSON）
　制片总监

30 岁的时候……

劳莉·纳尔逊手握舵柄，驾驶着 40 英尺的双桅帆船在疾风巨浪中驶过好望角。

现在……

劳莉·纳尔逊是万花筒制片公司（kaleidoscope Productions）的合伙人，这是一家在阿拉巴马州伯明翰运营的由少数民族创建的公司，致力于制作多元文化的影视产品。

1977 年，劳莉·纳尔逊从加利福尼亚大学洛杉矶分校毕业以后，在好莱坞电影界工作了三年，利用一个短暂假期的机会，她离开了好莱坞，此后的十年，劳莉·纳尔逊一直醉心于全球旅行，同时，为诸如《户外》、《航海》、《巡航世界》、《道路和轨迹》以及《海疆》等航海、历险和环境类杂志撰稿。1988 年，劳莉·纳尔逊在纽约安顿下来，并和同伴一起，创建了 N＊视野制片公司（N＊Vision Productinos），这是一家为探索频道、A&E 电视网络①、迪斯尼公司、学习频道（the Learning Channel）、《新闻周刊》以及《美国新闻与世界报道》提供稿件和影视纪录片的公司。近十年以后，劳莉·纳尔逊搬到了阿拉巴马州伯明翰，与一位长久保持朋友关系的先生结了婚，她是在南非一次汽车赛上认识这位先生的。2002 年，她将 N＊视野制片公司并入万花筒制片公司。

> 劳莉·纳尔逊之所以入选"新女性俱乐部"，是因为她一直坚守自己的信念——"讲故事是很有意义的事情"，尽管通往目标的道路一度将她引入歧途。

六年前，如果你对我说，有一天，我会在阿拉巴马州的伯明翰安顿下来，并且还能在那样的地方得到生活和事业上的长足发展，我一定会认为你疯了，因为我是个曾经漫游过世界的人，而且十年来一直对在纽约和洛杉矶这样的大城市里生活迷恋不已。然而，在南方腹地，在一个将"感谢上帝赐给我们密西西比"作为座右铭的地方，我找到了让自己心满意足而且颇有成就感的生活，这种生活在纽约或在洛杉矶是不可想象的。是我对自己内心和本能的充分信任将我冒险带到了这里，到现在我才发现，在我的生活旅程中，对自己和对自己本能的信任是所有正确决定的基础。我只有在做那些需要经验、合乎逻辑的事情而意外碰上障碍或者进入死胡同的时候，才会用大脑努力摆脱困境。

当我还是个孩子的时候，就总是充满好奇心，总是喜欢四处游荡，但是，我想，随着我父亲在公司里的职位不断升迁，我们也跟随父亲从一个城市搬到另一个城市的痛苦经历，才是使我变得越来越坚韧的重要理由。我想象不出还有什么

---

① 是世界首屈一指的历史及人物传记节目制作商，旗下有《历史》、《人物志》等多个频道的节目。

比我的那种感受更痛苦的事情了：转学到新学校的第一天，在食堂里转来转去，不知道应该坐在哪儿，常常怀疑自己是否在新环境中可能永远也找不到新朋友。所以，你必须学会与人沟通，必须不被某些新东西吓倒。

不过，我的命运在我 14 岁时就注定了，那时候，自己对上帝的感觉一直让我百思不得其解，就是那时候，父亲给了我一本威尔·杜兰特①的《哲学的故事》。书中那些随着时间的流逝现在已经忘得一干二净的深邃思想让我心醉神迷，当我认识到我已经理解了它们并真的能够进行独立思考的时候，我就进入了一个充满危险思想的新世界。在很短的时间内，我就成了无神论者、不可知论者（相信无法证实上帝的存在但又不否认上帝存在可能性的人）和泛神论者，到中学即将毕业的时候，我又成了存在主义者，这意味着根据我对存在主义概念的理解，我成了一个向所有事情的动机表示对抗的叛逆者，无论是越南战争、学校的着装规范，还是对热带雨林的掠夺性破坏。

存在主义信奉的箴言是"本质先于存在"，这就意味着你在被"创造出来"之前，你就已经是你了，你并不是外部力量和外部环境塑造而成的倒霉生物，这种观念让我对自己生活于其中的野蛮世界的所有传统习俗都发起了挑战。我父母一直巴望着我能顺利获得文凭，希望我不要辜负他们的殷切期望。当我去加利福尼亚大学洛杉矶分校学电影——这是我所知道的有能力改变世界的一个媒体——的时候，他们彻底绝望了，他们觉得，毫无疑问，我会很快成为好莱坞另一个依赖毒品的、空虚的享乐主义者。让他们吃惊的是，毕业以后，我在电影制片公司得到了一份非常好的工作——与雪利·兰辛②在城里另一家公司得到的那份工作一样。

没人提前告诉我在制片公司的工作是那个样子，现实情况根本不是我们预想的那么迷人。每个 60 秒令人激动的镜头，都意味着要让人百无聊赖地等上 12 个小时，要做很多登记、记录类的工作，要顾及到很多管理细节，还要处理无休止的行政杂务。那时候，我正在挣钱还贷款，正在学习那个行业，而且我还有一个非常开明的男老板教我如何取得成功，但是，我觉得，我正在迷失自己的方向，正在洛杉矶那个神秘莫测的同时也是让人充满遐想的电影界成为一个无足轻重的小卒子。我倍感压力，夜不能寐，我所能预见到的，就是只有一点儿一点儿地在那个变幻莫测的行业里往上爬，即使在今天，那个领域也依然让人觉得变幻莫测，不同的是，以前的人们因为有海洛因，所以，更亢奋同时也更危险。我在 27

---

① Will Durant，美国最著名的通俗哲学史家、历史学家。
② 后来成了派拉蒙电影公司的执行总裁。

岁时，实际上就已经提前陷入了中年危机。当公司的调整为我创造了一个休假六个月的机会时，我的朋友杰克·爱泼斯坦①怂恿我把我经常在闲谈中谈到的故事写出来。我翻开地图册，找了一个地方，之后，打点行装，直奔西班牙的伊比沙岛②去写作。

一个装满书籍的提箱和腋下的打字机就是我的全部行李，在一块陌生的土地上走下航班的那一刻，成了我一生中具有决定意义的时刻。这可不是陌生新学校的食堂。我确实有些恐惧，但是，和上学时候的经历不同，这样一次莽撞的行程与别人无关，要怪只能怪我自己了。我辞掉了曾经梦寐以求的工作，我放弃了在电影界前途无限的职业生涯，放弃了财务无忧的保障，也离开了朋友们。从内心里，我觉得自己被写作一本书的冲动挟持了，不过我很清楚，那不过是个花招和借口而已。

然而，从这个恐惧的泥沼里，一股兴奋和激动升腾起来。从那以后，我将可以完全自由地虚构自己的未来了，我可以在毫无前提的情况下就"创作出下一个细节"……那就是我作为存在主义者的梦想。我得到的结论是，无论发生了什么，对我来说都将是一次历险，因为所有的一切都是我"自找的"。我乘公共汽车去乡村，去咖啡馆喝咖啡，以征服自己的恐惧感。没过几个小时，我就偶然碰到了一对美国夫妇，丈夫是知名的小说家，走运的是，他需要一个冬天为他看家的人。就此，我被安置到了一个不需要付租金的别墅里，还有汽车，如果我的作品写成功了，我还有现成的经纪人。家里人谁也不会相信我的运气居然好得出奇。所以，我根本不必后悔。

从那时候开始，我的生活就进入了一条我所选择的非常规的道路。在欧洲我开始为探险类杂志撰稿，同时，做全球旅行。我曾经在南极海域航行，在澳大利亚与海豚嬉戏，而且曾经孤独异常地在遥远的自然环境中独自徘徊。有时候，为了写作，为了能继续旅行，什么低贱的工作我都会去做。那种经历让我非常高兴，内心也充满感激。当然，一路走来，免不了碰到激情难耐的或者悲戚痛苦的风流韵事。在国外过了四年以后，我完成了那本名为《粉饰》的小说，小说以讽刺的手法描写了一个成年女性在电影界的故事。现在，这部长达 700 页的作品依然还保存在我母亲的阁楼上。因为我不再生活在自己的小说中了，所以，我也不那么迫切地想出版它了。

我过完 30 岁生日几个月以后，我父亲去世了，我开始意识到，我多年来的

---

① Jake Epstein，那时候是一位成功的小说家，后来成了《纽约重案组》和《洛城法网》的制片人。

② Ibiza，是巴利阿里群岛中的一个岛，位于地中海西部、马略卡岛西南。该岛吸引着众多游客和艺术家，上有罗马人、腓尼基人和迦太基人的文化遗迹。

追求还不如我的那些受到他讽刺的目标来得更清晰、更有目的性呢，那些目标是我 14 岁向父亲哭诉自己为不再相信上帝而感到害怕时谈到的目标。那时候，我的女朋友们总是说我"异想天开"、"痴人说梦"，但是，那时候我有办法对付她们的嘲讽。我的目标就是让自己经历所有的经验，并且毫无畏惧地去爱、去拥抱那些经历，无论环境多么艰苦、多么孤独，无论我会多么穷困、多么孤立。在某种程度上说，无论我们的生活情状如何，我想，我们都在一次又一次地考验自己、训练自己，通过每一次历练、渴望和每一个信念，我们都在不断地消除我们的恐惧。这就是我们发现自己的智慧、发现"真我"的过程，对我说来，这个过程就是我的"上帝"。

可能因为我在家里的八个孩子中排行老大，可能因为我看管过大部分弟弟妹妹，所以，对培养孩子的事情我并不存有什么美妙的幻想，我从来也没有把自己生育能力的"生物钟"或者结婚一类的事情当回事儿过，这些东西得以后再考虑。然而，我后来还是认识到，我该回家了，我该恢复到常规的正常生活了。再说，我享受到的热带日落已经足够一辈子享用的了。

近 40 岁的时候，我最终在纽约安顿下来，我要开始一段新的职业生涯。这次，我没有选择电影业，而是为电视台撰稿、制作记录片，现在我还在做这类的工作。我喜欢电视业，因为它的节奏很快，更有即时性，而且包罗万象。我还很清楚，在商务领域，我的情况简直不能更好了——我和蒙特利尔的两位女性组建了自己的公司，我曾经和她们在一个项目上合作过，而且我非常钦佩她们。我们在业界建立自己的声誉花了一段不短的时间，但是，我们非常幸运，因为我们有幸在让我们充满激情的领域中大展身手，从事业发展的角度说，没有什么比这个更好的了。

当我 44 岁的时候，因为生育生物钟在脑海里不断鸣响，我突然渴望有个家了。我和一位我在南非的一次汽车赛上结识的老朋友比尔再次取得了了联系。比尔生活道路的转变肇始于他在大学时读海明威的《弗朗西斯·麦康伯短暂的快乐生活》（*The Short Happy Life of Francis Macobmer*）那一段时间。他特立独行而且敢于冒险的生活态度几乎和我一模一样，他曾经游历过非洲、巴基斯坦、阿富汗和洪都拉斯，最后在伯明翰安顿下来，伯明翰是他的家乡，后来，他成了一个位高权重的政治家。我们成为挚友已经有十多年了，所以，我们在四十四五岁的时候结婚、生儿育女看起来再合适不过了。我们生儿育女的计划没有实现，我们可能想得太简单了！五年以后，我们的婚姻也出了问题。以只有我们两人能够明了的观点看来，婚姻会破坏我们的关系。不过，现在，我们依然还是最好的朋友，而且今后也还是最好的朋友。

让我意外心满意足的是我搬到伯明翰以后的日子，我是自愿搬到那儿的，因为比尔必须留在那儿，他的工作在伯明翰，而我基本上可以在任何地方工作。得知我甚至考虑要在种族主义盛行的南方生活，我在纽约的朋友们都觉得匪夷所思，人们对伯明翰的印象还停留在 60 年代，我们对伯明翰的全部认识就是警犬和高压灭火枪。可我发现，这个城市因为一度被打上种族主义的深深烙印，以至于当地居民对改善种族关系所付出的艰苦努力和高度敏感比我知道的任何地方都有过之而无不及。伯明翰是一个充满活力的城市，市民中有很多极富责任感和使命感的社会活动积极分子，此外，人们还能在大城市中享受到宁静小镇的高质量生活，这种生活质量的改善方式是从纽约借鉴来的。这是一个非常美好的地方，这里所有的人都想竭尽全力让它变得更好，以我"拯救世界的本能"来看，他们好像终于完成了自己的真正使命。或许，我的这种感觉源于我经年旅行后的筋疲力尽，但是，我确实非常喜欢南方，我喜欢它的不同寻常，喜欢它的复杂问题和传统，喜欢它破败的优雅，这里的氛围确实让我适得其所。我会不由自主地常常检查邮箱，看看下一期的《南方生活》是不是到了。我会经常吃南方特有的玉米糊。

在伯明翰，我已经完全投入到种族关系改善的工作上了，我与他人建立了深厚的而且颇有意义的友谊，我还加入了致力于推进城市发展、致力于建设一个新伯明翰的非常优秀的市民团体。伯明翰是这样一个城市，甚至整个州也一样——任何人在这里都可以产生很重要的影响。我把自己的公司与一家曾经合作过的公司合并了，那是一个由一群虽然种族各异但志趣相投的朋友们经营的一家公司，我们都很喜欢在帮助整个城市——我们的城市，伯明翰——创造未来的过程中所面临的挑战和潜力。以前谁能想象得到呢？

❖ **恰克·卡恩**（也译为夏卡康）
音乐家

30 岁的时候……

恰克·卡恩被一个失败的唱片生意搞得焦头烂额、深陷困境。她的唱片虽然成了金唱片，但她只能勉强达到收支平衡。

现在……

恰克·卡恩创建了自己的唱片公司——大地之声娱乐公司（Earth Song Entertainment）。她妹妹担任公司经理，她母亲是公司的会计。恰克·卡恩在首张独立制作的唱片中所获得的收益，比她与时代华纳兄弟公司合作整整 20 年所挣到钱还要多。恰克·卡恩 1973 年以鲁弗斯乐队（Rufus）主唱的身份登上音乐舞台，鲁弗斯乐队当时是由多种族组成的最早的几个乐队之一。在那以后，恰克·卡恩开始了辉煌的独唱生涯，曾经与我们这个时代很多最有影响力的艺术家合作过，并获得过八次格莱美奖。最近，恰克·卡恩推出了自传《恰克！穿越烈火》。

　　恰克·卡恩之所以入选"新女性俱乐部"，是因为无论生活处于极度令人激动的巅峰时，还是处于不能更坏的谷底时，她始终坚持做本真的自我。

我有一种特殊的心灵感应，它能将我从千钧一发的危险情境中解救出来。为此，我学会了听从自己本能的指引。让我实话实说吧，我曾经身处这样一个环境——如果当时我没有听从自己的本能，我就完全毁掉了。

20 世纪 80 年代，当我生活在纽约的时候，我吸毒很厉害。任何热闹而危险的地方我都去，经常外出和我不认识的人一起"飘飘欲仙"。记得有一次，我在哈莱姆①一个破败的旅馆里，和一群人一起吸毒，场面乱哄哄的，开始出现紧张气氛。在整个房间里，我只认识一个人，所以，我正是那种最容易受到灾难攻击的人。但是，我很能说会道，再者，我也没有过多考虑可能出现的后果，因为我正处在欲死欲仙的状态——吸毒者在这种状态下，最容易出现大乱子。当时，我们所有的人都极度快乐，不停地笑，不断地说着什么。突然，有"什么东西"告诉我："该走了，马上走！"我很快起身找到和我一起来的朋友，说："我们必须离开，马上！"她认为我出现了幻觉，但是，我们还是离开了那里。你猜后来怎么样了？五分钟以后，有人冲进房间向人群开枪，有人当场就被打死了。

当我第一个外孙女出生的时候，我的那种本能又出现了，但是，这次，它扮演了不同的角色。老实说，刚开始，我非常不情愿当姥姥。我刚刚 39 岁，我 21 岁时生的女儿，她 18 岁就怀孕了，我还没有为当姥姥准备好呢。我甚至曾经带我女儿去咨询有关人工流产的事情，现在想起来，我真觉得可怕，因为我现在完全反对人工流产，因为我非常喜欢我的外孙女。但是，那时候，比起当姥姥来，

---

　　① 纽约市的一个区，位于曼哈顿北部，居民大多为黑人。

我更热衷于参加晚会，更想像个摇滚明星一样生活。我吸毒的量比以前少多了，不过，经常在周末吸一些，之后，平时和大家一样（人们将这种情况称之为"偶或为之"）。

可是，当婴儿出现在家里以后，我看着她，某些东西在我心底涌上来。我立刻喜欢上了她，我对自己说："哦！天啊！真见鬼！"我要为这个孩子做一个完全不同的表率，完全不同于我在自己孩子们眼里的形象。我知道，我的孩子很替我担心，他们没受到我不良行为的影响，因为我和他们在一起时，一直很小心谨慎，从来也没在家里办过晚会或者诸如此类的事情。但是，我经常外出旅行，当我不在家的时候，我母亲会给他们灌输很多她的担心。我母亲非常关心我的幸福，关心我的生活，可她把对我的关切之情传染给了我的孩子们，所以，他们总是很为我担心。但是，当我看到外孙女时，我暗自思忖，"我永远也不会让这个孩子为我担心的。永远也不"。是的，自此，我不再吸毒。

我有一种强大的认识力，这种能力可以让我立刻起而行动并切实改变我的生活。我当然那么做了。我想，我们所有的人都有那种能力——直觉的能力和自我控制力，但是，我觉得大部分人不愿意调用自己的那些能力，因为你一旦开始应用自己的这些能力，你就再也找不到借口了，因为一旦你开始相信自己的直觉和本能，你就要永远相信它们、跟随它们的指引了，不是吗？你不能今天这么行事，之后，又回到老路上去。很多人之所以不愿意尝试，是因为那意味着永远的改变。这很难以理解，不过却是我的符咒。

现在，我外孙女 11 岁了，我总是诚实而友善地和她相处。我会谈到我以前是什么样子，现在又是什么样子。她妈妈总是让我从小姑娘那里多探听些东西，因为她告诉我她生活中发生的事情比告诉她妈妈的还多。她说我是她最好的"哥们儿"，我非常喜欢她这么称呼我。

第十章

让完美见鬼去吧

超越自己,追求自己渴望的生活

我们这一代女性是在"未来无限"理念的教导下成长起来的一代人。然而,在我们的心目中,本来对我们的成长具有积极意义的"你可以拥有一切"的文化信息,可能转化成了我们30岁或者年龄更大时"你应该拥有一切"的负疚感。这种"期望断层"导致我们访谈过的很多职业女性对自己的选择提出质疑,她们怀疑自己是不是偏离了拥有完美职业生涯、拥有完美身材、拥有完美丈夫以及拥有完美孩子的道路。但是,从坏处说,"拥有完美"完全是虚渺的幻象,从好处说,"拥有完美"至少也会让你心烦意乱,有"拥有一切"的能力,并不意味着你必须真的拥有一切。这些"新女性俱乐部"的成员之所以宣称"未来无限",是因为她们摒弃了"拥有完美"的理念,是因为她们心无旁骛地追求自己真正的理想。

❖ **苏茜·欧曼**
理财顾问和作家

---

30 岁的时候……

苏茜·欧曼30岁生日的前几个月,还是在加利福尼亚州伯克利的巴特卡普面包店每月只挣400美元的女招待。

现在……

苏茜·欧曼是《纽约时报》系列畅销书——《金钱法则》、《生活课堂》、《财富之路》、《勇于致富》和《九步达到财务自由》的作者。作为财经新闻电视网（CNBC）个人理财节目编辑，苏茜·欧曼在财经新闻电视网主持的节目每周末在全国范围播出。她还是《欧普拉杂志》的特约编辑，并以《财务自由》节目主持人身份经常出现在QVC①的相关时段。此外，根据自己的畅销书内容，苏茜·欧曼还为美国公共广播公司（PBS）的四档特别节目撰稿、合作制作和做主持。最近，《生活课堂》节目（受《金钱法则》的启发而制作的电视节目）于2003年3月在全国范围播出后，和此前播出的其他三个节目一样，立刻在公共电视网上取得了空前的成功，大发利市。作为广受赞誉的演讲者，苏茜·欧曼还在美国和南非多次发表演讲，以帮助人们改变金钱观念②。

苏茜·欧曼之所以入选"新女性俱乐部"，是因为她抵御住了想拥有"更多"的诱惑，通过专注于自己非常清晰的目标和渴望而取得了成功，同时，也获得了个人生活的幸福。她把每一次挫折都当作了一个全新的机会，因此，她觉得自己真的"拥有了一切"。

我觉得，我真的"拥有了一切"，拥有了太多，有时候，我甚至觉得自己受用不起。但是，你一定要明白，我这里所说的"一切"可能并不是大多数人所说的那个"一切"。比如，我现在只有一所房子，房子的面积是900平方英尺，是的，就是这样。我的房子在纽约，此前，我把加利福尼亚的房子卖了，那所房子也不过只有900平方英尺而已。

我想，只有我有很多所大房子，对别人来说，我可能才算得上"拥有一切"。但是，事实上，我不想要更多的了，因为我不想把自己完全彻底地抵押给财产。不过，我非常清楚，"拥有一切"对我意味着什么，是的，我所说的"拥有一切"意味着我热爱我的生活，意味着我热爱朋友们，意味着我爱每一个与我协同工作的人。我的一切都是自己的——我不欠任何人一分钱，我有自己曾经渴望的

---

① 美国QVC公司是全球最大的电视与网络百货零售商，公司以电视购物为主、网上购物为辅，它主要通过租用电视频道、全天候播放自身制作的商务节目，达到吸引电视购物者的目的。

② 个人理财（Personal Financial Planning）起源于美国，流行于全世界，这个行业的许多先驱者和实践者正在用他们的亲身经历影响着越来越多的人们。作为全球最有影响力的个人理财顾问和著名的注册个人理财规划师，苏茜·欧曼认为，个人理财的目标是帮助我们每个人实现拥有丰富生活内容和美好人生体验的深层渴望，让我们和我们所爱的人的生命中充满快乐和安宁。作为一名理财师，苏茜·欧曼帮助众多人改变了他们的财务状况，甚至是人生态度。

足够数额的存款和投资。因为我并不想追求"一切"——那些价值成百上千万美元的东西，所以，我确实已经拥有自己渴望的也是自己定义的"一切"了。我的"一切"就是非常简单化的生活。

　　人们需要自行定义自己的"幸福"和"一切"，但是，无论你如何定义，我敢肯定地说，"拥有一切"并不容易。我们在追求"一切"的路途中，总会受到各种各样的诱惑和困惑的干扰，而这些诱惑和困惑总会阻止我们对"一切"的追求步伐。问题恰恰在于，我们中的大多数人都陷入了这样的危险地带，不能自拔。我们总是想住在更大、更奇特的房子里，因为这样，人们就会注意到我们，人们就会知道我们多么富有。所以，我们中的大多数人一生都在把并不真正拥有的钱花在我们不认识甚至不喜欢的人身上。为金钱而工作，意味着你要把自己所有的时间和精力都用来捞钱，而当你把钱花在你不认识甚至不喜欢的人身上时，实在是妄自尊大的表现。确切地说，你这样做是葬送自己的生活——这又何必呢？此外，到头来，你并不会因此就"拥有一切"，反而会一无所有。所以，你必须非常清楚"拥有一切"的终极含义——"拥有一切"对你到底意味着什么？为什么？你为什么要做你现在正在做的事情？你是为自己在做这些事情呢，还是为了向他人炫耀而做这些事情呢？

　　另外，你还必须把每一次潜在的挫折都当作一个崭新的机会，都当作一个恩典。我曾经有过一个广播节目在全国联合播出，可是，广播声道无限广播公司①把它砍掉了，是的，"啪"的一下，就把它取消了。直到今天，那件事依然让我如鲠在喉，我真的不明白，为什么那么一档广告收入很多而且收听率也很高的节目就那么取消了呢？我想，大部分人经历了这种事情都会一蹶不振的，但是，我却觉得欣喜若狂，因为我并没有觉得自己被抛弃了，我想："好的，现在，我每周会有5天的自由时间了。我还可以做些别的什么工作呢？"所以，我将全部精力都投入到了电视节目的制作中，现在，我们正在制作向全球观众播出的电视节目。一扇门在我面前怦然关闭了，我反而有更从容的时间专注于自己生活中的另一个重要部分。我们已经掌握了如何制作每周播出5天的电视节目的方法，我们已经制作了近两个月的备播节目，所以，我完全可以四处去旅行了，我也可以做自己想做的事情了。因为那档被取消的广播节目需要我每周5天固守在办公室，因为那档广播节目让我与自己的理想渐行渐远，所以，它的停播是对我可以创造更多价值的生活的空前解放。当它被取消的时候，我并没有惶恐不已，相反，我觉得，"这是我碰到的最好契机"。

---

　　① Clear Channel，世界上最大的无限广播公司，拥有1200多家电台。

❖ **佩吉·奥瑞斯坦**
   作家和记者

30 岁的时候……

佩吉·奥瑞斯坦得到了一本书的写作合同，并辞去了《琼斯母亲》①的总编辑工作，在 30 岁生日到来之前的三个星期，她与丈夫斯蒂文结婚。她说，"接下来的那年过得实在不平常"。

现在……

佩吉·奥瑞斯坦是一位多次获奖的作家、编辑，是女孩和女性话题的演说家。她是《变迁：在变动的世界中，女性对性、工作、爱情和孩子的观念变迁》一书的作者，该书是对女性在二十四五岁到四十四五岁之间做出选择时所发生的自身生活与社会的冲突以及心理变迁的全面描述，同时，佩吉·奥瑞斯坦还是畅销书《校园女生：探究少女自尊与自信的断层》的作者，该书深入探讨了少女在学校和家庭这两个截然不同的环境中所面临的教育不公和自我形象认知冲突问题。此外，佩吉·奥瑞斯坦还是《纽约时代杂志》的特约撰稿人，她还为《时尚》、《魅力》、《发现》、EllE、《洛杉矶时报》、《今日美国》、《琼斯母亲》和《纽约客》等报刊撰稿。

> 佩吉·奥瑞斯坦之所以入选"新女性俱乐部"，是因为她认识到，欣然接受我们不能掌控的事情是必要的，长期的幸福比短期的得失更重要。

我记得在 34 岁时，乘火车从纽约去华盛顿，一路上，我一直都在反复考虑我是不是想成为一位母亲。那时候，我看到，尽管我的朋友们对生活的各个环节冥思苦想，可她们并没有创造出一番新天地来。当时的情况似乎是，一旦她们有了孩子——确切地说，一旦她们刚生了孩子——她们的婚姻状况就开始生变了，她们从此就陷入了女性的传统角色，要么开始陷入新的传统角色——兼职工作，

---

① Mother Jones，由密歇根州的社会人文政治文化机构"琼斯母亲"主办，是一本关于独立思想家的观察与思考的杂志，人们认为它也是一本稍稍"左"倾的、长于研究和传播思想的杂志，它令人兴奋的或出乎预料的文章常常鼓励读者用行动实行积极的社会变革。

而且还要做所有的家务活儿，要么做一份全职工作并要干至少90%的家务活儿，与此同时，她们的丈夫依然还做全职工作而且很少做家务。我觉得，并不是所有的人都应该或者一定要对半地分担家务，但是，让我困扰的是，我认识的女性对婚姻确实觉得不满意，而且也并不幸福。

我不想那样，我渴望拥有自己独立的生活，我所说的独立，不单单是指我的职业发展，也包括其他事情，也包括我的婚姻。我与我丈夫的关系对我来说，以前是，现在也是极为重要的，可是，我很多朋友们的婚姻状况变化确实让我不寒而栗——当孩子来到家庭以后，夫妇双方日渐隔膜，积怨悄然升起，日积月累。我满脑子闪现的都是些无足轻重的小事情，比如，有了孩子以后，我和丈夫怎么才能一起玩我们都很喜欢的潜水呢？以前，我们总是手拉手一起游向大海的，那种感觉浪漫极了，不过我转而想到："糟糕！我们再也不能享受那份浪漫和美好了！总得有一个人坐在海边看孩子吧！"当我预想到等我们有了孩子，我们的生活将发生多么大的变化时，我总是觉得痛苦不堪。

那段时间，我还要在全国进行以自尊为主题的巡回演讲，就是在那时，有些东西开始让我深受震动——在我们传达给少女的信息和我们传达给30岁左右的女性的信息之间存在着深深的断层。我们告诉少女们说，"你们可以做一切事情"。之后，我们转过头来，对成年女性们说，"你们不可能'拥有一切'"。而这两种观念之间存在着明显的割裂。我想，当人们试图创造令人满意的生活时，这种明显的割裂状态曾经是，而且依然还是令人困惑不已的难题。

所以，对自己为人母的感觉，对自己是不是真的想要孩子的问题，确实让我百思不得其解，但是，当我的年龄接近35岁当口时，我知道，我到了必须做出决定的时候了。后来，我丈夫的父亲去世了，他父亲的离世对我们来说，确实是改变我们生活的一个事件。举行完葬礼之后，在从洛杉矶飞回家的途中，我们决定，我们要开始生孩子了。所以，我不再服用避孕药。两个月以后，我被检查出患了乳腺癌，自此，生活开始彻底脱离正轨，而那种日子持续了好几年的时间，简直不堪回首。

对年轻的女性来说，很少有人会患上我得的那种乳腺癌——它是扩散性的，但是，它并不是极富攻击性的那种。所以，外科医生给我打电话来的时候，对我说的第一句话就是："你是个幸运的女人。"那时候听她那么说我真想回敬她："难道你疯了吗？我这么年轻得了这种病你居然说我是幸运的女人？"不过，现在回想起来，我所患的乳腺癌的性质确实值得庆幸。然而，那天，我还是觉得我的朝气被从脚底抽光了，因为35岁的人还不应该面对濒于死亡的状态，所以，那确实是一场沉重的打击。

癌症让我开始更多地思考自己的生活，它不会阻止我对生活的追求。但是，癌症也让我怒不可遏，我想，"如果我真的因为这个癌症而不能生孩子，我真的会疯了的"。尽管我多长时间才能怀孕与我所患的癌症并不直接相关，不过，我觉得我还是可以把它归罪于癌症。这样，我就可以解脱了。

在我患癌症之前，我一直是个追求卓越、极具目标导向型特质的人，一直是个渴望实现目标的人，因为我不能接受自己无法实现自己渴望的目标的事实。我是一个有能力为自己创造圆满生活的人，可是，突然间，我就是不能完成怀孕这件大事，它完全超出了我的掌控范围，所以，这令我非常痛楚。

我的身体也和我成心过不去——我觉得它在反复告诉我，我的身体存在某种缺陷。当大多数人说："喂，亲爱的，我们生个孩子吧！"以后不出三个月，她们就能怀孕了。如果你要花费五年的时间才能怀孕，而且还多次流产，你会怎么样呢？每次流产过后，如果你要再度尝试怀孕，你都必须与丈夫，也与自己再度对话："我们能再试一次吗？"我们必须一次又一次地做出决定。

那段时间，我的目标导向型的天性——一度曾经是我亲密朋友的天性——变成了非常恶劣、非常恶劣的本性，它妨碍了我的生活，它让我眼睁睁地看着自己的目标却达不到。我不具备的某些东西完全控制了我。对孩子的渴望成了我们的中心议题，随着时间的流逝，那种渴求让一切其他事情都显得黯然失色。讨论这个话题太痛苦了，因为直到现在，在很多方面我依然没有摆脱它的影响，难消心中块垒。不过，我想，我从中也得到了某些启示，那就是你必须基于你所拥有的东西生活下去。你可以为自己设定目标，但是，如果你没能达到那些目标，你就不能用具体的目标是否已经实现来判定自己的生活是否成功，努力的结果并不总能证明你的追求是否合理，你追求目标的过程以及在这个过程中所取得的成果或许和你设定的目标一样重要，甚至可能更重要。

说实话，如果事情的发展完全出乎我的预期，我真的不知道该如何应对。想到我将妊娠在家静坐九个月，对所有这些问题的认识让我开始有了不同的观点。如果我以前就能认识到这些就好了，但是，对我来说，确实花了很长时间以后，我才认识到了这些。

天啊，我的这些观点听起来好像我被彻底击败了！我一度确实痛苦不堪，不过，我不希望别人也经历一样的痛苦，如果别人经历了同样痛苦，我不会幸灾乐祸的。虽然我经历过了很多痛楚，但是，我觉得在某种程度上，自己被锻造成了更优秀的人，同时也成了更富有激情的人。我已经改掉了自己某些不达目的誓不罢休的脾气，也不再为在生活中如何"得满分"而绞尽脑汁了，而是更多地想到什么东西才能让我的整个生活顺畅地过下去。在我最沮丧的时候，至少对我来说，让我的生活更丰富多彩的恰恰是孩子以外的东西：我的婚姻、我的朋友、我的工作、我的旅行、阅读和看电影。

人们总是徒劳地讨论职业女性的工作与家庭之间的竞争，总是徒劳地讨论女性的独立与女性传统角色之间的矛盾，我觉得这种讨论让人很不舒服，好像两者之间是水火不容的，好像我们的生活只有这两项内容。对所有遭受心理折磨的女性来说，她们依然误以为工作是一种选择，事实上，工作是必需品，如果在我最艰难的时期没有工作让我全身心投入，如果工作对我不那么重要，我真不知道我怎么才能挺过来。所以，我的观点是：我要感谢上帝的慈悲，让我能拓展自己的职业生涯；我要感谢上帝的慈悲，给了我可以通过多年的努力和坚韧来完善自己的机会。工作让我发现了自己的价值所在，工作让我获得了成就感，工作让我的生活更有意义，同时，工作让我挣到了钱，可以让我在追求目标的过程中做些让自己幸福快乐的事情。过去，工作对我来说非常重要，现在，依然非常重要。

❖ 艾里斯·克拉斯诺
　　作家和记者

关于艾里斯·克拉斯诺的个人背景，请参见第139页。

艾里斯·克拉斯诺之所以入选"新女性俱乐部"，是因为她领悟到，在婚姻关系中，欣然接受并不完美的部分才是使婚姻存续下去的关键。

幸福而令人心满意足的婚姻与不断出现的惊喜几乎毫无关系，相反，婚姻的幸福在于向繁琐的日常生活和生活中出现的摩擦妥协。学会欣然接受日常生活的琐碎是打开通向婚姻幸福之门的金钥匙，因为琐碎的生活恰恰是婚姻生活的安慰剂，是日常生活的主旋律。我是独自在厨房听着四个都不到三岁的孩子（因为有一对双胞胎）狂喊乱叫的时候悟出这一点的。

我辞掉了华盛顿合众国际社的工作——人物特写作家，那是一份令人激动不已的工作——而选择留在家里带孩子。我记得当我还是孑然一身毫无牵挂的时候，有一天，我走进办公室，编辑对我说，"今天，你要去采访小野洋子①，中午之前你要赶到那儿，下午五点之前要赶回来"。其实，那种工作状态并不少见。可现在，我穿着沾满孩子屎尿的灰色睡衣，要给两个孩子同时喂早饭，在我给三岁的孩子喂饭的时候，那个一岁的小家伙却不停地在我腿上跳来跳去。查克要去上班了，他打扮得干净利落，穿着笔挺的衬衫，系着饰扣式领带，欢快地跑向他那辆熠熠生辉的汽车，把我抛在身后，这让我懊恼不已。

后来，在一个忙忙碌碌的早晨，当四个孩子围在我身边的时候，我突然笑了。我平生第一次意识到，我在家庭里到底是什么角色了，是的，我就是家庭的"辐条"，是我让家庭这个车轮顺利前进的。我觉得自己完全被"束缚"住了，但是，这种束缚是一种很甜蜜的感觉。

在生活中，真正的冲突是当"非凡"变成"平凡"的时候，不可避免地，这种情况会反复发生，尤其是在婚姻关系中。我并不是说婚姻注定要归于乏味和了无生气，但是，如果你想知道真正的答案，我可以告诉你：婚姻有可能成为地狱。婚姻确实是一个"围城故事"，而身处婚姻关系中的感觉未必比孑然一身的感觉更美妙。所以，如果你已经结婚，你还是努力去爱你的伴侣吧，尤其是当你们已经有了孩子的时候。

数十年来，女性一直被人误导，人们总是让她们对婚姻怀有不切实际的预期。所以，结婚之前，我们总是想，"我马上就会拥有幸福了"。但事实却是，在你走上红地毯之前，你就应该是一个不依赖于他人的完整的人，一个快乐、幸福的人，惟如此，你才能享受到婚姻的幸福。没有任何其他人可以让你幸福，你必须自己寻求幸福。这也是婚外情频频发生的缘由。在婚姻中，两人要共同使用卫生间，有共同的亲戚，要共同分担开销，从而，人们会想，"天啊！这太乏味了，这可不是我渴望的婚姻生活"。之后，他们遇到了新人——他们从来没有共同生活过的，而且也并不真正了解的但却是梦寐以求的新人，所以，怦然心动、心潮澎湃。在海滨度假胜地，他们演绎轰轰烈烈的风流韵事，他们确信，"哇！这个人才真正了解我"。事实上，那个时候，他们彼此所知甚少。试图与"完美先生"生活在一起的狂热激情，常常熄灭得更快。

在我自己的婚姻中，正当我经历第一年的困境时，正当我遭遇琐碎生活的打击时，我的几个朋友离婚了。她们说，"你知道，这桩婚姻根本不能给我带来幸福"。我必须承认，如果我让自己的婚姻解体，也会出于同样的理由。但是，值

---

① Yoko Ono，也译为大野洋子，约翰·列侬的遗孀，1933 年 2 月 18 日生于日本东京，14 岁时随父母移居美国。成年后，她逐渐步入纽约前卫派艺术圈，成为一名诗人、电影制作人和抽象艺术家。1968 年她在伦敦结识了约翰·列侬，一年后他俩喜结良缘。

得庆幸的是，我看到了那些再婚的人所面临的窘境，她们说，"你看，这个人也不能给我带来幸福。与其这样，我还不如和第一人过下去呢"。那些第二次甚至第三次结婚的人也常说："怎么搞的，真是怪事，为什么我就碰不上合适的人呢？"

其实，这并不是什么费解的问题。你必须自己把握自己。婚姻并不是为了让你幸福而设计的，你必须自己追寻幸福。幸福来自你的心泉，来自你的心底，而不是来自他人，即便你像我一样，刚好拥有这个星球上最完美的丈夫。人们的想法总是多变的，今天，我会那么想，哈哈！明天，我可能会演绎出版本完全不同的另一个故事。婚姻也是一样，今天，它可能是天堂，明天就可能成为地狱。当我面临困境时，我父亲总是对我说，"艾里斯，你得适应事情的跌宕变化"。这就是我应对婚姻关系的方法，你必须适应它，当你沉郁、沮丧的时候，你必须不容置疑地忠实你的婚姻，最终，就像秋千一样，你还会从令人沮丧的低谷"荡"上来的。

❖ **罗赞娜·阿凯特**
   演员、导演

30 岁的时候……

罗赞娜·阿凯特作为演员，因为在《刽子手之歌》、《情到深时》和《下班后》等影片中出演角色，在业界开始声名鹊起。

现在……

2003 年，罗赞娜·阿凯特以其广受赞誉的导演处女作《寻找黛伯拉·温格》奠定了自己在电影界的地位，这是一部探讨好莱坞明星年龄问题的纪录片①。20世纪80年代后期和90年代初，在重返好莱坞在《无处可逃》、《低俗小说》、《撞车》、《真情告白》、《整九码》和《错爱》等影片中担任角色之前，罗赞娜·阿

---

① 电影演员出身的罗赞娜·阿凯特为这部纪录片请来了一大堆世界著名的女演员，譬如美国性感女星莎朗·斯通、帕特丽西雅·阿奎特、乌比·戈德堡、莎尔玛·海耶克、戴安娜·莱恩、梅格·瑞恩、珍·方达、达丽尔·汉纳、法国女星艾曼努艾尔·贝阿尔等，她们在片中坦诚叙述各自的经历、私生活、演艺生涯、家庭及其工作的压力等。

凯特曾经在欧洲生活和工作了六年时间。现在，她和女儿居住在加利福尼亚。

罗赞娜·阿凯特之所以入选"新女性俱乐部"，是因为她利用自己掌握的资源检视了好莱坞很少为40岁以上女性提供扮演角色机会的事实，同时，她还揭示了好莱坞女演员在保持身材姣好和相貌完美的强大压力下不惜用人工的方法保春。此外，罗赞娜·阿凯特还不断为自己的才能找到突破点。

我拍摄的纪录片《寻找黛伯拉·温格》是关于好莱坞明星40岁以后的境况的，因为作为一个同龄女演员，我想，现在是我们，同时也是全社会，认识到女性的魅力来自她们内涵的时候了。我觉得，年龄会影响到所有女性的职业发展，但是，好莱坞女演员受到的年龄威胁要强烈得多。几天前，我和一个漂亮、身材娇小而且还很年轻的28岁女演员在一起时得知，她正在注射去皱抗衰老的保妥适。我问她："你在注射什么？你为什么要注射保妥适？为什么？"我还没有向衰老屈服，尽管我所面临的压力日渐增加。

是的，我不再年轻了，但是，女性居然对这种"人造的姣好相貌"趋之若鹜确实让我感到惊恐，人们甚至觉得我们老了的时候不应该以老态出现。在其他文化背景中，人们允许你脸上长出皱纹，而且人们依然觉得你是美丽的；在其他地方，人们允许你真实地展示自己的智慧，可现在，令人遗憾的是，在这个地方，在我所在的这个圈子，你只要出门，就有被摄像机捕捉到的可能，其实，我们都要面临这样的事实：如果没有化妆就从瑜伽课出来，任何人看起来都不会光彩照人！而化妆正是让所有女性趋之若鹜的环节，因为整个美容产品行业都在不断告诉我们，我们看起来必须要光彩夺目，而且，无论何时何地。所以，即使没有摄像机跟踪你，但你感受到的压力依然无处不在。

在好莱坞，人们摆脱这种压力的唯一方法就是一走了之。我曾说过，"我想做幕后工作，因为我不想生活在那种重压之下"。我自然会变老，可我不想让人们看到我成了老丑婆！但是，弗朗西斯·麦克杜蒙德①就不买账。她从不矫饰自己！弗朗西斯·麦克杜蒙德很性感，充满个人魅力，而且只做本真的自己，她说，如果我们不买那种"潜规则"的帐，如果我们抵制那种压力的侵害，我们就能找到为53岁女人设计的角色，我们就能扮演好这样的角色，因为我们的实际

---

① Frances McDormand，美国著名女演员，奥斯卡最佳女主角得主，曾出演过《麦德琳》、《天堂之路》、《孤星》、《冰血暴》、《仰光以远》、《短路》、《密西西比在燃烧》、《血迷宫》和《天才小子》等多部影片。

状况和不再年轻的女性角色是一样的。职业女性必须认识到，我们就像一个部落，如果我们能紧密团结起来，我们就能改变世界，就能改变人们对年龄问题的认识。

❖ 盖尔·埃文斯
  作家、美国有线新闻网首位女性高级副总裁

---

30 岁的时候……
是一位居家母亲。

现在……
盖尔·埃文斯是畅销书《玩似男人赢似女人》的作者，该书已经被翻译为18 种文字，并成为全球畅销书。她的近著《她赢了，你就胜利了》于 2003 年 5 月出版发行。

在林登·约翰逊①总统执政期间，盖尔·埃文斯在白宫的特别顾问处工作，其间，对促成总统建立"就业机会均等委员会"起到了关键作用，并于 1966 年促成了《人权法案》的通过。她曾经为了养育三个孩子而一度中断了自己的职业生涯，20 世纪 80 年代，盖尔·埃文斯再度复出，在美国有线新闻网开始了自己另一阶段的辉煌职业生涯，她在美国有线新闻网的职位升迁平步青云。2001 年退休之前，盖尔·埃文斯全面负责美国有线新闻网国内新闻网的人才网罗、培训工作，负责监管美国有线新闻网的所有国内、国际访谈节目，并负责预约访谈嘉宾，访谈节目每年要邀请 25000 位嘉宾。现在，盖尔·埃文斯还是佐治亚州立大学杜普里管理学院的客座教授，她主持的名为《这个世界并不只属于男人》的广播节目，每周在全美国的 1900 家广播电台联合播出。

盖尔·埃文斯之所以入选"新女性俱乐部"，是因为她在自己的全部职业生涯中，一直将引导女性的生活作为最首要的任务。此外，她还勇于冒险，并领悟到，"完美"并不是成功的必要条件。

---

① Lyndon B. Johnson，美国著名总统，在肯尼迪遇刺后接任总统职位。

从我内心来说，我所冒的最大风险就是，尽管我长得不漂亮，但我依然愿意站在公众面前，最初，我是出现在各种会议上，现在，则是站在听众和电视观众面前，站在讲台上。对我而言，长相不漂亮一度是最让我痛苦的事情。如果你看到在我的生活中一直都是我好朋友的人，你会发现，她们大多长得非常漂亮。我一直觉得，相貌是阻碍我取得成功的最大障碍，事实上也是这样。我真的以为，每次我试图冲破职业发展的束缚而未果，都是因为我的相貌。

多年以来，我在美国有线新闻网遇到的最大挑战就是说服一位公众人物接受电视访谈。我的秘书罗宾告诉我为什么我可能永远也说服不了他，我想，他是故意拒绝我的预约的。对女性来说，长得漂亮确实很重要。多年来，通过观察，我得到的一个切实的结论就是，在一个成功的女性群体中，几乎每个人都很迷人。你从来也不会看到一个特别丑陋的女人担纲总经理职位，不过，你还会发现，很多男性领导者常常像猪一样地又蠢又肥，而且丑陋不堪，在女性中则几乎没有这种情况。所以，相貌对我来说一直是个老大难的问题，尽管现在的情况比我年轻的时候好多了。现在，我比我的实际年龄看起来要年轻些，当人们得知我已经是五个孙子的奶奶时，他们常常不吝溢美之辞，他们的夸赞平复了我以前的感觉，但是，我可能只有到更老的时候才能对此置之度外的。

我获得成功的渠道就是一定要成为一个群体中反应最机敏的人。然而，当我来到美国有线新闻网工作的时候，我却比任何人对这个行业的了解都少，因为电视对我来说完全是个全新的领域。再有，在电视圈里，一个人的形象当然非常重要，所以，从事这样的工作对我来说确实困难重重。我没有觉得自己完全超越了"低人一等"的心理阴影，但是，我依然全力以赴，依然勇往直前。最终，我对这个领域的恐惧——"哦！上帝啊，我干吗要在这儿工作呢？"——被应对挑战的激动战胜了。

过去数年来，我反复承担的另一个风险就是，我并不追求事事完美。我学会了告诉自己，"在这件事情上，我已经做得够多的了，我该做另一个事情了，我必须不断前进"。小时候，人们总是告诉我要力求完美，但是，确信自己对某个议题已经知道得够多了以后，我会放下它，再去做其他事情，这是我与那些在美国有线新闻网没能取得我所取得的成功的女同事之间的重大区别。在我还是个学生的时候，我就这么处理问题了，这让很多人无可奈何。我笃信不疑的是，考试得"B"和得"A"没有什么本质区别，从得"B"到得"A"之间的学识在我的生活中根本用不上，那些东西常常是些没用的知识，如果将来有一天你真的需要那些知识了，你也完全可以再去查找，所以，在考试中，我能得到"B＋"的分数就心满意足了。我的这种取向让我父母懊恼不已。他们总是对我说，"可是，盖尔，你本来是很出色的"。我则总是对他们说，"但是，如果那样的话，我就学不到更多东西了"。在我的职业生涯中，如果我总是力求得到"A"，我敢肯定，我一定取得不了这么多的成绩。而且，我也不会聘用那些只想得"A"的人。"完美"的唯一功能就是让你浪费时间，因为你永远也达不到完美无缺的境界。我想，这就是让很多职业女性深陷其中、不能自拔的泥沼所在。

❖ 朱蒂·布卢姆
作家

关于朱蒂·布卢姆的个人背景，请参见第 155 页。

朱蒂·布卢姆之所以入选"新女性俱乐部"，是因为她认识到，真正的幸福常常源于失败，发端于不成功的开始和艰苦的工作，源于放弃看似"完美"而实际上却是错误的生活。

从 20 岁到 30 岁的十年是我生活最糟糕的阶段。或许，那是因为当我 21 岁的时候我深爱的父亲突然去世了，就在我的婚礼将要举办的几个星期前，我父亲去世了，我当时真的不知道如何应对那个沉痛的打击；或许，那是因为我总以为自己必须完美，尽管我很清楚，我远说不上完美；或许，那是因为我成长于 20 世纪 50 年代，那时候，女性并没有多少选择的自由（至少，我觉得女性没有多少选择的余地）。我还记得，我母亲曾经对我说过："你最好在大学里就找好丈夫，因为除了在大学里，你还能在哪儿碰上合适的男人呢？"所以，就像所有的乖乖女一样，我在纽约大学即将完成大三学业之前就结婚了。

我自己还是个孩子，可是，不久，我就生了自己的宝宝。我的两个孩子让我心醉神迷，但与此同时，我觉得自己受到了婚姻的很多牵绊，在我们居住的郊外社区，妻子们不但要全权负责带孩子，而且还要打理全部家务，同时，还要确保她们的丈夫（挣钱养家的人）不受干扰地投入到工作中去。在我们的婚姻关系中，我并不是个平等的伴侣（可那时候哪个妻子会奢望成为与丈夫平起平坐的平等伴侣呢），但是，我觉得，自己既然选择了这种生活，我既然从小到大都被灌输那种生活理念，我就要全力以赴地不辜负我母亲和我丈夫的期望，尽管我当时还没有清楚地意识到这一点。

左邻右舍的其他女性和我的生活没有什么两样，除了她们看起来很幸福以外。我是个非常善于模仿的人，所以，我尽量表现得像她们一样，装作也很幸福、也很心满意足的样子。后来我才知道，她们认为我是处理婚姻关系和家庭生活的典范。在我结婚之前，和我一起长大的伙伴在我的生活中占有很重要的一席之地，她们也都在忙于扮演各自的角色。养育孩子是我们的终极责任，我们都在全力以赴，同时，我们把其他的一切都埋藏在心底。我们总是粉饰太平，彼此相互应付，但是，如果我们彼此能更真诚些，无论对我们自己，还是对孩子，都会大有裨益的。想想看，我们本来可以打个电话，说，"今天我觉得无聊极了，孤独得难以忍受，我实在不知道应该干些什么"。但是，那时候，在人们中间似乎有个不成文的法则，让我们觉得，我们不能对生活提出质疑，不能承认我们的生活出了问题。我想，那种状态实在让我疲惫不堪。总是佯装幸福确实让人精疲力竭，因为那是个弥天大谎。

那时候，我们还都不知道"忧郁症"这类字眼，几年以后，当我发现我的三个童年伙伴结婚以后的几年相继因为忧郁症而被送进了医院时，我才认识到了问题的严重性。事实上，我们都还没有为婚姻、为人母和承担家庭的责任做好准备。

当我 27 岁时，我开始了写作，当时，完全是因为想摆脱绝望的境地，尽管我那时还没有清楚地意识到。那时候，我的孩子一个两岁，一个四岁。我报名参加了纽约大学成人教育学院开设的儿童文学创作课程，我总是盼望每周上课的那个晚上。我为自己拥有写作的条件激动不已，每天早晨，当孩子们上幼儿园的时候，我就开始写。在我学那个课程的第二个学期，一家出版机构接受了我的第一篇作品，一年以后，我的第一本书出版了。

写作拯救了我的生活，无论是从实际上理解，还是从象征的角度来理解。如果我没有找到我创造力的发泄途径，坦白地说，我真的不知道我后来会怎么样。我的身体状况一直不好，有心理压力过大的原因，但也不全是。奇怪的疾病是在我 30 岁生日的时候突然爆发的，我的身体一下子就垮了，体温高达 105 华氏度，全身关节剧痛。眼睛肿胀得睁不开。当时，我病得确实非常厉害，我甚至连生死都不在乎了。医生一直也没有诊断出我到底患的是什么病。我服用了他给我开的"可的松"以后，我的病情好转起来，但是，恢复体重用了好几个月的时间，而恢复体力的时间还要长。我丈夫不喜欢我给他添乱，而我病倒绝对搞乱了他的生活。

在我的个人生活中，我所冒的最大风险就是承认自己的失败——共有两次。我们结婚16年以后，我带着两个孩子（一个12岁，一个14岁）离开了家。我并不是说我丈夫是个坏人，我觉得，我们到了承认彼此并不合适的时候了。那是1975年，我终于获得了梦寐以求的自由！但是，我对没有男人的生活毫无准备，为此，我轻易就和出现在我生活中的第一个男人结了婚，我原以为那不过是一段浪漫的风流韵事，但是，结婚以后，我确信，我可以让它圆满起来。没过多久我就发现，要想获得完美的婚姻，首要的前提就是要选对伴侣。结婚之前，我并没有花时间去真正了解他，这对我来说，已经是第二次了。离过一次婚已经够糟糕的了，再度离婚简直难以想象，不过，我总算挺过来了，我的孩子们也和我一起渡过了难关。

对自己和他人承认自己犯了错误确实是件很不容易的事情，但是，承认自己的错误，也是一种解脱和超拔。没有什么比拒不悔改更能让自己受到伤害的了，尽管开始的时候，你总是认定自己挺不过来。生活就是一系列沉沉浮浮，无论你多么成功，你也逃脱不了。你不能计划和"预谋"你的生活，因为你永远也不知道等待你的是什么。对我来说，弄清楚并接受这样的观念是我成年生活中最宝贵的经验。

今天，我已经知道顺应那个观念了。我和同一个男人已经一起生活了24年，这次，我们在结婚之前彼此就进行了深入的了解。我现在的生活，无论是我的职业生活，还是个人生活，都比我在30岁时想象的要好得多。

❖ 瑞姬·柯里曼
　　有线法制频道分析家、资深庭审律师

30岁的时候……

瑞姬·柯里曼作为地方检察官助理，在马萨诸塞州的坎布里奇为约翰·柯里（现为参议员）工作。

今天……

瑞姬·柯里曼在洛杉矶为有线法制频道和美国国家广播公司的《今日报道》提供法律分析、咨询，她还是《洛杉矶时报》畅销书《美梦成真：一位不懈追求的女性改变命运的故事》的作者。从 1994 年到 2003 年，她在纽约一直担任有线法制频道节目主持人，负责分析全国各地的庭审状况并向公众传播法律执行程序。作为有 28 年执业经验的律师和哥伦比亚大学法学院的副教授，瑞姬·柯里曼被《时代》杂志评为全国最杰出的五位女性庭审律师之一。此外，她还是波士顿的柯里曼—来昂—辛德勒—格罗斯律师事务所的律师，瑞姬·柯里曼目前与丈夫比尔·布拉顿——洛杉矶警察局局长——居住在洛杉矶。

> 瑞姬·柯里曼之所以入选"新女性俱乐部"，是因为她认识到，做出个人生活和职业发展的暂时牺牲，可以确保婚姻更为幸福，可以确保自己的职业生涯得到更长足的发展。

2003 年，当我丈夫接受了洛杉矶警察局局长的任命以后，我卖掉了海滨的房子和在纽约的公寓，辞去了我深爱的工作。我离开了收入颇丰的职位，可在我丈夫的任职地，我根本还没有找到任何工作。确切地说，我的那次搬迁就像跳下了悬崖，而且是"自由落体式"的。

在我成年以后的所有生活中，我总是把职业发展的需要置于个人生活之上。尽管我口头上承认，我的那个选择是在改变自己的初衷，而且报刊文章也不时报道说，我们将看到"一位全新的瑞姬·柯里曼"或者"全新的而且是改良了的瑞姬·柯里曼"，事实上，我不过是采用了一个"障眼法"，其实，我依然还会回到"工作优先发展，个人幸福过后考虑"的老路子上去。从很多方面来说，我对待配偶或者伴侣的方式是：让他们以传统的方式对待女性——让他们去做自己想做的事情。

1999 年，当我和丈夫比尔·布拉顿结婚的时候，我很清楚，经过艰苦的努力，我的生活已经达到了某种境界——我已经为真正的、负责任的婚姻关系准备好了，是的，真正的婚姻关系。他无疑是我事业上和心智上的平等伙伴，我们俩人是这个世界上最为雄心勃勃的人，人们把我们当作事业发展的"弄潮儿"和楷模。当他在私人机构工作的时候，我们的爱情关系发展得如火如荼。此前，他曾经担任过纽约交通警察局的局长、波士顿警察局警长和纽约警察局警长。当我们在 50 岁坠入爱河的时候，我们两人都已经为承担家庭责任做好了准备——我们彼此要为对方的幸福承担 100% 的责任。我们认为工作就是工作，不应该让工作成为耗尽我们精力的职业，我们最先想到的总是"我们"，这就是我们快乐的源泉，有时候，因为总是先想到"我们"，我们会为此而欣喜若狂，而且我们总是对我们的婚姻关系心满意足。

2002 年 7 月 4 日，那是周末，夕阳西下，在游泳池边，我对比尔和几位最亲密的朋友说，我觉得自己的生活已经完美无缺了，我别无所求……我永远也不希望发生任何变化。生活的各个方面都让我全然感受到了内心的平和，我们居住的房子是我们可以一起变老的房子，我在有线法制频道的工作，再加上在哥伦比亚大学法学院的教学工作，我可以做上一辈子，我的朋友们也都在身边，招之即来，比尔的家，也成了我的家，就在不远的波士顿，一切还能更好吗？我还有什么不满足的呢？

一星期以后，比尔从洛杉矶商务旅行回来，对我说，有人找到他，让他提出担任洛杉矶警察局局长职务的申请，他有一星期的时间考虑是不是申请那个职位。我不置可否，没有表态。周末，我一会儿沉默不语，一会儿恼羞成怒。他怎么能对我们的生活做出这种事情来呢？他怎么会想担任这样一个职务呢？他为什么要这么做？我们已经拥有了让别人艳羡不已的一切，他为什么只是为了一份工作就要彻底颠覆我们的生活呢？我的房子，我的房子，我的房子怎么办？我的工作，我的工作，我的工作怎么办？

有一段时间，当我冷静下来时，我就用处理复杂业务的方式尽量客观地综合权衡我们的情况。我找出便笺纸，从正反两方面提出问题，之后，再给出答案，然后，我再设身处地地从他的角度来权衡同样的问题。当他从网球训练课回来以后，对我说，他不去申请那个职位了，他说，他以前对我以及我们的生活考虑得不够充分，他的态度是真诚的，他确实是那么想的，这个强有力的领导者会真的放弃这样一个机会的。到那时候，实际上我已经为他的赴任做好了准备，所以，我问他为什么想申请那个职位，他解释说，"9·11"恐怖袭击以后，他觉得自己无能为力、无所作为，他说，他不知道自己的身份到底是什么，所以，通过这份工作，他可以彻底改变警察局的状况，他可以通过这份工作让警察重新获得自豪感，他可以通过这份工作改变人们的生活，而且可以拯救数百人的生命。后来，我清楚了，那就是他的使命感，那就是他的命运，就像我曾经选择的道路一样。与此同时，我也明白了，和他一起参与变革也是我的使命，也是我的命运。

当然，他后来得到了那份工作，确实，他也是那个职位的恰当人选，那让他欢欣鼓舞、激动不已。2002 年 10 月，他搬到了洛杉矶。我则在每个周末游走在两个城市之间，那种日子持续了 9 个月，我会在每个星期五晚上的九点抵达洛杉矶，紧张地过完周末以后，我会搭乘星期日晚上十点的"红眼航班"离开洛杉矶，星期一早晨六点到纽约，奔回家，洗个澡，之后，去电视台做每周播出五次的直播节目，如此循环往复。在洛杉矶，在我们弄好新家之前，我们一直住在饭店里。造成那种局面，责任在我，因为我大部分时间都逗留在纽约，我要卖掉在纽约的公寓，要卖掉在那儿的房子，要坚持工作，要一周七天都保持精神焕发的状态。我把公寓卖掉以后，在同一幢大楼里，我又租了一位法官的公寓，因为他和妻子每个月只有 7 天到 10 天的时间住在那里。这样一来，如果他们回来住，我就可以拎着自己的外套、内衣和化妆品穿过走廊，去和在走廊另一头的我的教母一起住去了，她已经 86 岁了。

面对生活情境的变迁，我可以无所作为，可以放弃自己的追求，可以屈从生活的变化，当然，我也可以对这一切视而不见，一如既往地做我自己的工作——用自己的工作来替代维持婚姻关系的艰苦努力。但是，我没有，我最后还是选择了生活，选择了爱情，选择了"我们"，而不是"我"。

你看，我得到的褒奖有多么巨大啊！终于，我和我无与伦比的丈夫生活在了自己的新家里，那的确是"我们的"新家，不只是我的新家。它如此美好，如此宁静。

在事业的发展上，我的成就感日渐增加。我哪能没有工作呢？我哪能没有朋友来拜访呢？如果你消除恐惧，一切都会好起来。我继续我在有线法制频道法律分析家的工作，直到今年春天，当我和老板创造性地找到继续合作的方法之前，这种合作还是不可想象的，所以说，你完全可以创造出你渴望的东西，完全可以得到你需要的东西。我还将为一家居于主导地位的电视网工作——有人说，我在洛杉矶根本做不了那份工作。另外，我还出版了一本书，而且还要继续我在全国的演讲之旅。在洛杉矶，人们不断邀请我在各种慈善活动和公众活动中发表主题演讲。我加入了旨在引导年轻人以及反对家庭暴力的团体，这是我的理想。我还和丈夫一同参与社区的活动，我为他深感自豪，他说，他也为我深感骄傲，我知道，那是他的切实感觉。我们正在协同努力把这个城市建设得更好，我们能看到人们流露出的感激之情。

第十一章

勇气和优雅

坚守自己的价值观

美国首位第一夫人玛莎·华盛顿曾经说过，"我从自己的经历中得知，我们的幸福和苦难在很大程度上取决于我们的感受和我们的情感取向，而不是取决于我们所处的环境"。"新女性俱乐部"的成员们凭借非凡的意志力、勇气和清楚的信念，一次又一次地闯过了最为艰难的困境，她们用自己的成功证实了玛莎·华盛顿的论断。在完全无望的情境中，这些勇敢而优秀的职业女性向我们证明，当你本色地展示自我的时候，一切确实皆有可能。

❖ **杰拉尔丁·费拉罗**
前国会女议员和副总统候选人

---

30 岁的时候……

杰拉尔丁·费拉罗是个居家母亲。

现在……

作为第一位获得美国两大党提名角逐副总统的女性，杰拉尔丁·费拉罗为自己赢得了在历史上的地位。1978 年，杰拉尔丁·费拉罗在纽约昆斯区的第九国会选区第一次入选国会，她在众议院任职三届。在国会，她是努力使"男女权利平等宪法修正案"得以通过的领军人物。她被克林顿总统任命为美国派往联合国人权委员会代表团的领导者。她还积极参与到国家外交政策的制订过程中，并是全国民主党国际事务理事会成员，同时，她还是美国对外关系委员会的成员。除了大量的文章以外，杰拉尔丁·费拉罗还写作了两本书：《费拉罗：我的故事》和《杰拉尔丁·费拉罗：改变历史》，她在《费拉罗：我的故事》中详细描述了1984年的大选。此外，杰拉尔丁·费拉罗还是福克斯电视网的政治分析家。

> 杰拉尔丁·费拉罗之所以入选"新女性俱乐部"，是因为她以满腔热情和高尚的品格向政治领域、职业生涯和个人生活广泛开战。

当我第一次得知我患了癌症时，我觉得自己好像吃了一记闷棍，那个打击太让我意外了。那时候，我刚刚成功入选参议院，尽管我常常觉得过于疲劳，早晨常常因为起不了床而赶不上 6:30 的地铁，而且一天下来总是觉得筋疲力尽的，不过，我并没有想很多，我想，"我最后一次参加竞选都过去六年的时间了，六年的时间当然会发生很多变化"。那时候，我觉得自己总是疲劳是因为自己老了。

竞选结束以后，我去医生那里进行每年例行的体检。过去多年来，他总是告诉我，如果我的身体状况一切正常，他就不会告诉我体检结果了，但是，如果有什么问题，他会给我打电话的。这次，他就给我打了电话。他说，我好像是患了白血病或者恶性淋巴瘤，也可能是多发性骨髓瘤。我以前听说白血病和恶性淋巴瘤，可没听说过多发性骨髓瘤。当他对我解释说多发性骨髓瘤像其他两种一样都是血癌的时候，我完全被惊呆了。我走到我丈夫的办公室——他的办公室就在我办公室的隔壁——对他说，"我得和你说件事"。

接下来的那周，我的检测结果出来了，他们证实，我得的就是多发性骨髓瘤。我听到这个消息的第一反应就是，"感谢上帝，幸好是我得了，而不是我的孩子们"。之后，我问医生："我还有多少时间？"他说："通常，病人会有三到五年的时间，但是，我有很多病人的存活时间要远远超过三到五年。"我好像又吃了一闷棍，这一闷棍就是我即将离开人世的现实。就像我难以接受这么残酷的现实一样，在某种程度上，我丈夫受到的震动还要更大，这个消息让他几乎快疯了。

当我看到了我丈夫的反应以后，我决定，在圣诞节之前不告诉我的孩子们。所以，我一直等到过了新年，当我们度假回来时，我才告诉了他们。那是令人心痛的时刻，因为我们是一个彼此间非常亲密的家庭。最后，他们每人都用自己的方式——根据他们自己的经验和所受过的训练——来面对我的健康问题。那时候，唐娜是美国国家广播公司《今日报道》节目的制片人，她立刻上网开始查找相关资料。她找到了"多发性骨髓瘤研究基金会"，她给他们打电话，想尽可能多地了解这种疾病，而且还自愿帮助他们筹集资金。后来，她在《今日报道》节目中加入了有关多发性骨髓瘤的内容。我儿子和我丈夫一样一起在自己的律师事务所工作，因为我丈夫约翰总是全程陪着我去看医生、接受治疗，我们的儿子说，"不用担心业务上的事情，我会打理好一切的"。确实，他把律师事务所的工作做得很好。我的小女儿劳拉是个医生，所以，她立刻和有关专家联系给我会诊，她还陪着我去波士顿的医院接受检查和治疗。我们一直培养四个孩子要成为善于行动的人，结果，他们确实做到了。

有几年的时间，除了家人和几个非常亲密的朋友以外，我没和任何人谈过我的健康问题。当你在为公众服务的机构中工作的时候，人们有权知道你的一切。但是，我已经不在处理公共事务的办公室工作了，所以，我想保留我的生活隐私，当然也包括我的病情。当你得了癌症这类疾病的时候，不可避免地，你会想："为什么是我？"在我的近亲中，没有谁得过癌症，但是，我还是感到担心，尽管这种病是基因病变引发的，不过，我会不会已经把它遗传给子女和孙子女了呢？这种疾病是环境诱发的吗？

我被诊断出多发性骨髓瘤大约两年半以后，我接到了"多发性骨髓瘤研究基金会"的经理打来的电话，她说，她在说服国会举行一个有关血癌研究听证会的过程中遇到了障碍，她问我能不能帮忙，我说，"告诉参议院的工作人员，让他们偷偷告诉参议员，如果他要举行一个听证会，我会去作证的"。我女儿唐娜问我："你真想介入这件事吗？"我告诉她，我已经准备好了。

我不知道自我在听证会上作证以后，有多少人曾经和我联系过，我也不知道还会有多少继续和我联系，不过，我对任何一位和我讨论多发性骨髓瘤问题的病人的电话一直都是来者不拒。他们打电话来告诉我他们的状况怎么样了，他们也问我我的病情如何。我想，你们真应该听听有些医生给病人们都推荐了什么样的治疗方案！我并不是说他们的医生愚蠢透顶，但是，他们毕竟不是多发性骨髓瘤治疗专家，所以，他们提出的治疗方案确实极为激进，因为他们真的不知道其他治疗方法。那个听证会促成了一项2.5亿美元的血癌研究法案的通过，同时，还促成了2500万美元的血癌教育法案的通过，对此，我感到非常自豪。

大约过了两个月，我接到我的血液检测结果以后，女儿劳拉给我打来电话，她说，"妈妈，你知道吗，癌症退缩了"。我笑了笑问她是不是指我的检测结果，她说，"不是，不过你的病情也确实好转了。我是说，你真的很幸运。过去三年来，关于癌症的研究取得了长足的进展"。是的，自从我被检查出癌症以后，确实出现了新的治疗方法，现在，我就在接受一种新药的临床治疗。但是，我幸运

地得到顶级专家的最好治疗常常让我不安，因为并不是每个病人都能得到我所享受到的治疗的，这也是我为什么全力推进美国的医疗保障方案和保险业资助癌症治疗药物研究的原因，因为这些药物确实可以改变病人的生活和命运。我是幸运的，可以全天候地工作，可以旅行，还可以为福克斯电视网工作，我可以做一切事情，为此，我的感觉好极了，不过，很多多发性骨髓瘤病人并没有我这么走运。

过去 25 年来，我有机会接触世界各国的政要，有机会接触美国的活动家和运动领袖，但是，对我来说，我得到的最有价值的建议则来自我的母亲———一位初中毕业的女性。她告诉我，当厄运当头时，你需要看看到底出了什么问题，看看你是不是可以改变和修正那些问题，如果你可以改变和修正它们，当然很好；如果你无计可施，那么，你只要汲取教训就可以了，之后，你要继续前行。这正是我面对生活的态度。我不会在回顾过去的时候无奈地说，"唉，如果当初我做好了那件事……或者，如果那件事情没有发生……"问题是那些事情已经发生了，所以，还是继续前进吧。我想，这是直面挫折的唯一途径，是直面个人厄运的唯一方式。我母亲的建议也在我与癌症抗争的过程中给予了我很多帮助。我并没有坐以待毙，我并没有沉沦下去。我不会死于癌症，我要带着它一同前行。

所以，我们再回到"为什么偏偏是我"那个问题时，当我们超越让我罹患癌症的原因本身时，我确实觉得：我患上这种病的原因之一，是因为上帝想利用我。我从来也不认为自己患上了多发性骨髓瘤是很值得庆幸的事，但是，我很高兴我能利用自己的疾病来帮助他人。我母亲的声音一直在我耳边回响："不要坐以待毙，不要垂头丧气，振作起来，看看你怎么才能让事情好转起来。"

❖ 南希·格雷斯
　有线法制频道主持人、前控诉律师

---

30 岁的时候……

南希·格雷斯在佐治亚州负责对重罪提起公诉，同时，在佐治亚大学法学院教授诉讼学。

现在……

南希·格雷斯是有线法制频道每天播出的报道庭审情况的节目《结辩》（也译为《总结陈词》）的主持人。此前，她曾以一位联邦法官法务助理的身份，与美国联邦贸易委员会一起，参加了执行反托拉斯法和消费者权益保护法的工作。她作为法律评论员，经常成为美国有线新闻网《拉里·金直播》（也译为《拉里·金现场》）节目的座上宾，此外，还经常出现在财经新闻电视网、美国全国广播公司有线电视新闻网、福克斯新闻频道、美国国家广播公司的《今日报道》节目和美国广播公司的《早安，美国》以及《观察》等节目中。

作为莎士比亚文学作品的爱好者，南希·格雷斯的理想是成为一个英语教授，但是，她的梦想被未婚夫遭到误杀的事件击得粉碎。那个事件促使她走进了法学院，成了一名重罪公诉人，同时，她还不遗余力地维护受害者的权益。她曾经为亚特兰大的一个"受虐待妇女中心"热线提供过 10 年的帮助。作为亚特兰大的一名律师，她曾经接过一百多桩案子，无一落败。

南希·格雷斯之所以入选"新女性俱乐部"，是因为她始终坚守自己认为真正重要的东西，为追求自己的目标，心无旁骛，而且不言放弃。

身为一个年轻的金发女人，在南方的法庭对重罪犯人提起诉讼本身就要面临严峻的挑战，就像其他女性在类似的场合遭遇的那样，法官偶尔会把你的外貌与审理过程联系起来①，在公开的庭审场合，对方律师可能用词轻谩，还可能含沙射影地评论、攻击你。然而，我认为，我对他们的轻谩做出反应时要考虑到，我所处的独特地位并不仅代表我自己，我把握的原则是：我处理的案件是第一位的，我不能以任何形式损害到审理的结果。有时候，一个快速机智的辩驳可以让对方律师不敢越轨，不过有时候，我会佯装没有注意到某些环节，将精力全部集中于如何击败对方律师上。因为陪审团的判决结果能说明一切，我为什么还要在咄咄逼人、纠缠不休的对方律师身上浪费精力呢？我需要关注的是我的"战利品"——陪审团的判决结果。

不过我记得与这么一位非常富有攻击性的被告律师"短兵相接"的故事，他是那种大男子气概过度显露的家伙，他真的向法庭递交了一份书面动议，想让法庭禁止我在庭审场合穿短裙和低胸的宽松上衣，而且想让法庭禁止我在陪审团面

---

① 在欧美地区，有很多人认为金发女郎徒有虚名、不够聪明伶俐。

前弯身的动作。被告律师递交书面动议的时候，正是在一桩强奸杀人案通过在死者已经腐烂的尸体取样进行的复杂 DNA 检测案情即将大白于天下的时候。那天晚上，当我听到有人将一些书面材料"嗖"的一下塞进门里的时候，我正在办公室加班。我把材料捡起来，很快地看了看，之后，坐下来，泪流满面。想到有人将当众宣读这类事情，想到有人认为我试图靠情色手段来赢得诉讼，我感到非常困窘。这不但是对我的羞辱，也是对受害者灵魂的亵渎，难道死者的生命就如此低贱吗？

出席庭审的时候，我大都穿很简单的黑色直筒式宽松女装，而且衣服会将从脖子到膝盖的所有部分都遮盖住，因为穿这类衣服便于走动。被告律师提出的动议只是试图让我分心，是想羞辱我，而且也试图转移别人对案情本身的注意力——尽管只能持续片刻的时间。第二天在法庭上，对于他提出的动议我只字不提，并假装根本没注意到有很多记者在场，假装没留意现场还有其他人也在听法庭宣读那份动议。那位法官是我近十年前处理第一桩案件时的法官。在南方，当就动议展开辩论时，律师通常都要站起来陈述自己的观点。我记得，当时我拒绝为那项动议站起来，我就那么直直地看着法官的脸，等待着结果。他看了看那份动议文件，宣布那份动议不予讨论，被告律师的野心就此被彻底击垮了，对了，补充说一点，我赢了那场官司。

❖ **克劳迪娅·肯尼迪**
前美国陆军少将

有关她的背景情况请见第 141 页。

克劳迪娅·肯尼迪将军之所以入选"新女性俱乐部"，是因为她在 32 年的军旅生涯中，作为不遗余力地为女性士兵的权益而辩护的将军广为人知。她因为成功阻断了另一位将军——以其对自己进行性骚扰为理由——平步青云的升迁之路而广受全国人民的赞誉。在我们对她进行的访谈中，她谈到了自己如何冒着退役前可能会完全"身败名裂"的风险，鼓起揭发史密斯将军丑行的勇气的过程。

起初，我觉得那天史密斯将军在我办公室的丑行只是个人问题，所以，我那时候想，我只要离他远远的就可以了。我给负责我日程安排的主任参谋打电话，告诉她，"有几个人不能再到我的办公室来了"。我把史密斯的名字混在了其他几个人的名字中，因为我想，主任参谋会问我到底出了什么事情，可我不想让别人知道那件事。如果你想保守一个秘密，你会对任何人都封锁事情的原委。尽管那时候我就知道，如果我不将那件事捅出去，很可能，他还会对其他人如法炮制，但是，我觉得在那段时期，军队里发生的丑事已经够多的了。我们经历了阿伯丁事件，我们还经历了麦克肯尼总军士长性丑闻，我们经历得确实已经太多了，我们大可不必再用将军对将军的性骚扰来凑这个热闹了①。

　　我眼看着史密斯从一星将军升迁到两星将军，我想，"那是他们的事情，与我无关"。但是，当史密斯将军被推举为副监察长——负责监察军队中高级军官失当行为的重要职位的人选时，我想，"哦！人们在这件事情上走得太远了，我必须得插手"。他即将担任的是行使神圣职责的职位，我不能让他如愿以偿，我不能不告诉军方他对我的丑行。不过如何处理那件事成了一个问题。我应该与他当面对质吗？我是不是告诉一个可能将事情转告给他人的人？我应该就此事写一封匿名信吗？我想到了所有不让自己的名声牵连进去的可能方式。最后，因为他的新任命非同小可，我下定了决心，我有义务和责任揭露他的丑行。

　　我等了几个星期，看会不会有其他人先于我揭发他，我那时候想，也许，有人遭受过更恶劣的侵害，或者有人比我更有站出来揭露史密斯的勇气，但是，没人站出来。最后，我对自己说，"好吧，还等什么呢？看你的了，肯尼迪"。为此，我咨询了部队的一位资深律师，他刚好没有军职，我知道，我已经断了自己退却的后路，因为没有哪一个律师听完我的陈述以后会说，"哦！肯尼迪将军，请保持缄默，这种事情千万不能告诉别人"。不过我也并不指望他们会为我保密。

　　我的挺身而出是个巨大的风险，而且风险很快就显现出来了，为了这件事，我在很多方面付出了代价。有些人的行为确实极为卑劣，他们给我写恐吓信，在信中说些很可怕的事情。我还收到过死亡威胁。我记得有一个人给我写了这样一封信，他说，"你很快就会看到，人们会离你远远的，人们都不会理睬你

---

　　①　性攻击和性骚扰行为在美军中时有发生。从1996年开始，美国各地的军营不断爆出性丑闻，其中马里兰州的阿伯丁新兵训练中心发生的性丑闻令人触目惊心。这个新兵训练中心每年为1万多名新兵提供为期3个月的基本训练，但在新兵接受训练期间，至少有30多名女兵在短短的两年内遭到一些教官的强奸和性骚扰。当东窗事发后，一些教官还对年轻无助的女兵发出死亡威胁——如果她们向上级反应情况的话。近年来，美军高层将领牵扯进性丑闻的事件也屡见不鲜，其中，1995年国防部主管性骚扰案件的最高长官麦克肯尼总军士长本人因性骚扰而被革职最富戏剧性。

的"。我感觉到，后来的情形确实就像信里所说的那样，人们离我远去，事实上，大部分人并不想那么做，但是，他们被自己的工作和任务已经搞得焦头烂额了，所以，我并不埋怨他们不能团结在我周围，人们在重压下常常不能明辨是非，他们对事物的判断常常是"非黑即白"的二元论，他们会想，"如果我对你很友善，那就意味着我公开认同你说过的和做过的一切了"。而这样做会带来什么样的结果呢？显然，公开认同你的方式是行不通的。另一方面，在人们对我的行为做出的反应中，也有很多让人感动的时刻，我的同事们和年轻的军官以及军士给与我默默的、同时也是很有意义的支持，他们的支持对我来说是无价的，而且让我记忆犹新，也是我在那个时期一直感受得到的，是他们对士兵要相互忠诚誓言的虔诚。

过去数年来，对那件事我想了很多，我也问过自己："如果我用不同的方式来处理那件事会怎么样呢？如果我不把那件事搞得满城风雨会怎么样呢？"但是，事实上，在那件事情的处理上，我不可能做得更慎重了，不可能做得更小心了，不可能使用更少的语言来表述了。我极所能免于让自己成为公众舆论和个人谈资的目标，不过，当事情公之于众的时候，我知道，那个事件确实是人们乐此不疲的谈资。我之所以挺过来了，是因为我有一个坚强的信念。你必须清楚自己拥有什么，必须清楚自己没有什么，对我而言，我拥有无可辩驳的亲历事实，但是，对这个事件所产生的结果就不是我所能掌控的了。

有时候，你预见不到某些事情会产生什么样的结果，这时候，你需要关注应该采取的行动。所以，经常地，当你听说某个人做了很不道德或者可耻的事情时，你会听到人们说，"哦，是吗？乔不会那样吧，我每周六都和他一起打高尔夫球，他不可能做出那样的事情来，他是个很顾家的好男人"。人们这种反应的错误在于，他们评价的是乔这个人，实际上，这种情况下，他们应该评论的是那个事件本身。如果你在工作中受到了侵害，那么，你应该关注的问题是，你受到侵害这件事是不是你供职的机构或者公司反对的行为，他们是不是命令禁止那类事件发生。如果那确实是你所在的公司明令禁止的行为，那么，他们就必须恪守自己的原则和规章，无论他们是否善于处理这类问题，你都应该通过推进让他们恪守原则的进程，通过让他们承担责任，来推进公司的进步。

30 岁的时候……

吉妮·鲍尔刚刚辞掉了证券经纪人的工作，和出生不久的儿子待在家里。

现在……

吉妮·鲍尔是三个孩子的母亲，是在纽约世界贸易中心 2001 年 9 月 11 日遭到的恐怖袭击中丧生的受害者的遗孀，而且还是为"9·11"受害者家属争取权益的重要积极分子。在促成联邦政府通过为受害者家属减免税收法案的努力中，吉妮·鲍尔一马当先，同时，她还积极参与到在曼哈顿重建世界贸易中心计划的制订过程中。最近，她被任命为新泽西州博彩公司总经理，在 2002 财年，该公司为提高教育水平、为旨在发展残疾人和退伍军人事业的项目，贡献了 7.54 亿美元。

> 吉妮·鲍尔之所以入选"新女性俱乐部"，是因为她为我们阐释了什么是达观，告诉了我们如何才能迅速从灾难中恢复过来，同时，她还让我们看到如何在促进重大法案通过的过程中发挥出我们的潜能。

在生活中，有时会出现令人悲痛的事情，你只有经过了重大的精神创伤以后才能更真切地了解自己，才能更真切地了解自己的愿望。我的生活可以分为截然不同的两个部分——"9·11"之前的生活和"9·11"以后的生活。

我是在初中遇到我丈夫的，所以，我们从很小的时候就是朋友了。当我们大学即将毕业时，我们开始了约会。很快就认识到，我们即将走到一起。一年以后，我们结婚了，那时我 23 岁。

二十多岁的时候，我是美林公司的金融顾问。在我所在的机构，我是很少的女性雇员中的一个，同时，我也是我们那个团队里工作业绩最好的员工。我很清楚，我并不是金融天才，也不是证券投资高手，但是，我的工作相当出色，我想，这主要是因为我从不装成别人，我就是我。我的工作是研究美林公司的投资分析报告，之后，将其推荐给我的客户。我很清楚我在其中的角色是什么。最初，人们看到我时，总是有些迟疑，因为我很漂亮，而且我还很年轻，再者，我还是个女人。但是，我总是保持本真的自我，从来也没有试图装扮成其他类型的人，我觉得这就是我前进的驱动力。那时候在职业上取得的成功确实给了我很多信心。

几年很快就过去了，我们决定要生儿育女了。可要想养孩子，我再继续做类似的工作几乎是不可能的（那时候，人们还不能通过计算机从事远程工作），此外，我们都很清楚，我们并不是只想生一个孩子。结果，我们决定，我以后待在家里，照看家庭生活。

到 30 岁时，我已经是有一个宝宝的居家母亲了。那种生活对我来说是个重大的转变，有时候，那种日子让我感到困惑，不过总体说来我过得很幸福，主要因为我丈夫非常了不起。戴维从来也没让我觉得因为自己做了居家母亲而无足轻重，从来没有。他还很理解我，他知道照看家庭的生活有时候也会让人很沮丧、心情很糟。有时候，当我想到我们在一起的生活时，我总是觉得我们的生活美好得令人难以置信。我丈夫非常爱我，也非常宠爱我们的孩子，我们彼此之间充满尊重和爱恋。我们住在一个完美的郊外社区，那儿也是我们两人长大的地方。我们的生活确实是圆满实现了的"美国梦"。

之后，"9·11"事件发生了。

我记得那天天气非常好，早晨，我像往常一样，清理厨房，之后准备和几个女性朋友去打网球。上午 8:20，我和戴维聊了些什么，都是无关紧要的话，他说，他上午 10 点在办公室有一个销售会议要开。厨房的电视开着。我永远也忘不了我从电视里看到的飞机撞上大楼的情景，我立刻就瘫倒在地，我知道，戴维就在那儿，我知道，他在第 105 层，我知道，最起码他也会受伤的。转瞬之间，我想了很多。

那星期其余的时间我真不知道是怎么过来的了。事发之后，我第一个本能的反应就是把孩子们从学校接回来。我从来也没对他们说过谎。我告诉他们，情况看起来很不好，我们还没有听到爸爸的消息，我只知道他一定在那儿。周末的时候，我们接受了这样的现实——他确实是走了。

你就是不能相信这样的事实——一天，你生龙活虎的丈夫离家去工作，之后，再不会回来了。你永远也不会想到，怎么都不会想到，他就那样在恐怖袭击中永远消失了。简直是一场噩梦。我不知道在那之后的几个星期我是怎么处理完善后事宜的，我总觉得，他好像还和我在一起。

那时是 10 月初，突然之间，我就成了 45 岁的孀居家庭主妇，还有三个正值少年的孩子需要照顾。我丈夫一直是个挣钱养家的好手，虽然我们可以得到慈善捐助，但是，我一直都是捐助别人的人，我的自尊不允许我接受别人的慈善捐助款。不过，我知道，我得做些什么，我不想让我们的孩子为生活的问题担心，他们经历的已经够多了，我想让他们知道，他们的妈妈也完全可以照顾好他们。

我偶然想到了一个主意。联邦政府会将那些在战斗中牺牲的美国士兵的家属在士兵牺牲当年和前一年所缴纳的税金返还给他们。我想，"我们也应该享有同样的政策"。而且我们享受这样的政策也很公平。毕竟，是你缴纳的税金，从情理上那些钱当然应该保护你，应该保证你的生活稳定。我丈夫在坎特·费茨杰拉德金融投资公司①工作的收入很高，所以，他工资收入的三分之一多都作为税收上缴了。那些钱当然不是个小数目，而且对我们很重要。所以，我决定抓住这个想法不放。

有时候，我想，你的生活会受到某些东西的导引，尽管你并不想刻意追求那种角色。这次，无论我是否喜欢，我都要坚持下去，因为我觉得除了做下去以外，我别无选择。所以，我召集了其他一些孀居的女性，一起走向了华盛顿。我们和参议院的顶级领导者进行了交流，向他们解释，为什么他们应该签署这项法案。如今，在政治领域，没有什么问题是可以很快得以解决的，但是，我要努力推进这个进程，我说，"你不能让我们无所事事地坐等，不能让我们的生活中再出现其他不测事件，我们想要这个法案立刻生效"。

尽管我们的家庭一直并不缺少社会良知，但是，我从来都不热衷于政治问题。然而，现在，在我丈夫去世一个月以后，我则成了社会活动的积极分子，我这个对政治问题一贯麻木的小小家庭主妇正在游说一项法案的通过，正在与公众发生广泛的联系。我对自己也感到很惊奇，因为我确实很擅长此道。我再次认识到，我的工作之所以卓有成效，是因为我从不装成别人的样子，我就是我。我没有佯装自己是个税务专家，没有装成政治家，也没有装作律师。我传达出的信息很简单，我只是解释这项法案对我以及像我一样的其他女性如何大有帮助。你猜怎么样？他们没人能对此提出质疑。当你很清楚自己是谁的时候，当你传达的信息简洁明了的时候，人们自然会倾听你的想法。

那是 12 月 21 日，当国会议员丹尼斯·海斯特尔特（Dennis Hastert）的办公室打来电话的时候，我正在家里清理厨房，电话里说，"鲍尔夫人，请看国会电视台②的节目，因为你提出的那项法案正在表决"。简直太奇妙了！就是那一时刻，我意识到，我并不只是一个妻子和母亲，我是可以和华盛顿最受人尊敬的议

---

① Cantor Fitzgerald，美国著名的金融公司。

② C－Span，是美国公共事务有线电视网（Cable Satellite Public Affairs Networks）的简称，又被称作'国会电视台'，大量节目时段都用于直播国会辩论、政治会议、记者招待会等等，在美国众多的有线电视网中，C－Span独树一帜，在美国的政治生活中发挥着重要的作用。

员协商某些事情的女性。那段经历唤醒了我内心的某些东西，自从我 30 岁辞掉工作以后，它们就一直蛰伏在我的内心深处，它们提升了我的自信，它们提醒我，我在生活中还可以做其他事情。

我丈夫的生活非常成功——他取得了所有可能的成功。有时候，我对他心存敬畏，因为我觉得我并没有像他那样的成就感。当然，我是一个很有成就感的母亲，同时，也是个很有成就感的妻子，但是，我的全部生活在很大程度上不过就是这两种角色。

白宫邀请我们去见总统，而且要在他签署法案的时候和他在一起。当我大儿子和总统握手的时候，总统对他说："好好照顾你的妈妈。"

戴维很懂礼貌，因为我一直那么教导他。他向总统点点头，之后说："是的，先生，我会的。但是，我希望你能抓住本·拉登。"

总统的眼中盈满泪水，因为他知道，这个失去了父亲的 16 岁孩子实际上是在对他说："我会做好我应该做好的事情，但是，我希望你也做好你的事情。"那是一个非常动人的场面，也是最让我自豪的场面。

每一天，我都在思念我的丈夫，但是，我知道，我能给他的最大安慰就是拓展我的生活疆域，就是比以前更好地生活。我们都可以通过让自己的生活更充实而从恐怖袭击的阴影中走出来，而且不需别人的捐助和怜悯。我当然也有沮丧、绝望的日子，但是，每当我觉得自己情绪低落到极点的时候，我总是提醒自己，时间是我们得到的最好馈赠。我并不认为我生活中最美妙的时光已经一去不复返了。现在，我正向着另一个方向进发，这个方向是我以前没有想到的，而且当然也不是我自己选择的方向，不过，这就是我的生活，这就是我所拥有的，我会充分利用所有的条件，尽量做得更好的。

译者致谢

本书的翻译工作得到了胡文萍、石晶、赵平、周丽玉、徐华、张森、刘心、刘扬涛、熊建生、平艳、樊跃、王海江、董江红、刘桂海、何朝斌、崔占会、周铁成等师友的全程帮助、指导，在此深表谢意。